普通高等教育"十一五"国家级规划教材

世纪计算机科学与技术实践型教程

王永茂 编著

JSP程序设计
——用JSP开发Web应用

丛书主编 陈明

清华大学出版社
北京

内 容 简 介

JSP可以无缝地运行在UNIX、Linux、Windows等操作平台上，是目前热门的跨平台动态Web应用开发技术。全书共分11章，内容包括JSP语法、JSP内置对象、客户标签、在JSP中使用JavaBean和Servlet基础、数据库的访问、JSP和EL、JSP标记库、用MVC创建Web应用等。本书配有大量例题，并且给出了相关程序代码，对实例做了深入的分析。

本书语言简练，讲解清晰，强调Web开发的实践，每章还附有实验与训练指导，非常适合作为高等院校JSP程序设计课程的教材，也适合初学者使用。

本书封面贴有清华大学出版社防伪标签，无标签者不得销售。
版权所有，侵权必究。侵权举报电话：010-62782989 13701121933

图书在版编目（CIP）数据

JSP程序设计——用JSP开发Web应用 / 王永茂编著．—北京：清华大学出版社，2010.11
（2016.2重印）
（21世纪计算机科学与技术实践型教程）
ISBN 978-7-302-24095-2

Ⅰ.①J… Ⅱ.①王… Ⅲ.①JAVA语言－主页制作－程序设计－高等学校－教材
Ⅳ.①TP393.092

中国版本图书馆CIP数据核字（2010）第224206号

责任编辑：谢 琛 张为民
责任校对：白 蕾
责任印制：何 芊

出版发行：清华大学出版社
　　　网　　址：http://www.tup.com.cn, http://www.wqbook.com
　　　地　　址：北京清华大学学研大厦A座　　　邮　　编：100084
　　　社 总 机：010-62770175　　　邮　　购：010-62786544
　　　投稿与读者服务：010-62776969，c-service@tup.tsinghua.edu.cn
　　　质 量 反 馈：010-62772015，zhiliang@tup.tsinghua.edu.cn

印 装 者：三河市春园印刷有限公司
经　　销：全国新华书店
开　　本：185mm×260mm　　　印　张：23.25　　　字　数：544千字
版　　次：2010年11月第1版　　　印　次：2016年2月第4次印刷
印　　数：8001～9000
定　　价：42.00元

产品编号：039453-02

21 世纪计算机科学与技术实践型教程

编辑委员会

主　　任：陈　明

委　　员：毛国君　　白中英　　叶新铭　　刘淑芬　　刘书家
　　　　　汤　庸　　何炎祥　　陈永义　　罗四维　　段友祥
　　　　　高维东　　郭　禾　　姚　琳　　崔武子　　曹元大
　　　　　谢树煜　　焦金生　　韩江洪

策划编辑：谢　琛

21 世纪计算机科学与技术实践型教程

序

21世纪影响世界的三大关键技术：以计算机和网络为代表的信息技术；以基因工程为代表的生命科学和生物技术；以纳米技术为代表的新型材料技术。信息技术居三大关键技术之首。国民经济的发展采取信息化带动现代化的方针，要求在所有领域中迅速推广信息技术，导致需要大量的计算机科学与技术领域的优秀人才。

计算机科学与技术的广泛应用是计算机学科发展的原动力，计算机科学是一门应用科学。因此，计算机学科的优秀人才不仅应具有坚实的科学理论基础，而且更重要的是能将理论与实践相结合，并具有解决实际问题的能力。培养计算机科学与技术的优秀人才是社会的需要、国民经济发展的需要。

制定科学的教学计划对于培养计算机科学与技术人才十分重要，而教材的选择是实施教学计划的一个重要组成部分，《21世纪计算机科学与技术实践型教程》主要考虑了下述两方面。

一方面，高等学校的计算机科学与技术专业的学生，在学习了基本的必修课和部分选修课程之后，立刻进行计算机应用系统的软件和硬件开发与应用尚存在一些困难，而《21世纪计算机科学与技术实践型教程》就是为了填补这部分空白。将理论与实际联系起来，使学生不仅学会了计算机科学理论，而且也学会应用这些理论解决实际问题。

另一方面，计算机科学与技术专业的课程内容需要经过实践练习，才能深刻理解和掌握。因此，本套教材增强了实践性、应用性和可理解性，并在体例上做了改进——使用案例说明。

实践型教学占有重要的位置，不仅体现了理论和实践紧密结合的学科特征，而且对于提高学生的综合素质，培养学生的创新精神与实践能力有特殊的作用。因此，研究和撰写实践型教材是必需的，也是十分重要的任务。优秀的教材是保证高水平教学的重要因素，选择水平高、内容新、实践性强的教材可以促进课堂教学质量的快速提升。在教学中，应用实践型教材可以增强学生的认知能力、创新能力、实践能力以及团队协作和交流表达能力。

实践型教材应由教学经验丰富、实际应用经验丰富的教师撰写。此系列教材的作者不但从事多年的计算机教学，而且参加并完成了多项计算机类的科研项目，他们把积累的经验、知识、智慧、素质融合于教材中，奉献给计算机科学与技术的教学。

我们在组织本系列教材过程中，虽然经过了详细的思考和讨论，但毕竟是初步的尝试，不完善甚至缺陷不可避免，敬请读者指正。

本系列教材主编　陈明
2005年1月于北京

前　　言

　　JSP(Java Server Pages)可以无缝地运行在 UNIX、Linux、Windows 等操作平台上，是目前热门的跨平台动态 Web 应用开发技术。它充分继承了 Java 的众多优势，包括一次编写随处运行的承诺、高效的性能以及强大的可扩展力。特别是结合 Servlet 和 JavaBean 技术，使得 JSP 技术较其他 Web 开发技术有显著的优势。

　　本书面向刚刚接触 JSP 的开发人员，但要求他们对 Java 不陌生，甚至要对 Web 开发有一定的了解。本书通过大量实例和实验与训练指导，必将使读者对 JSP 的认识有大幅度的提高。

　　第 1 章以一个 JSP 实例讲解如何利用 MyEclipse 开发工具开发部署 JSP 程序，如何构建 JSP 开发环境，包括 JDK、Tomcat 和 MyEclipse。

　　第 2 章介绍 JSP 语法，包括注释、变量和方法声明、表达式、JSP 指令、JSP 动作等，为以后开发 Web 应用程序打下基础。

　　第 3 章介绍 JSP 8 个常用内置对象，并通过实例介绍它们的具体应用。

　　第 4 章介绍客户标签，包括标签文件和自定义标签库的构建，并通过实例加深对客户标签的理解。

　　第 5 章介绍如何编写 JavaBean，如何在 JSP 中使用 JavaBean。

　　第 6 章介绍创建和部署 Servlet、Servlet 基本结构、Servlet 使用类和接口、Servlet 生命周期、用 Servlet 维护 Session 信息、Servlet 之间通信、Servlet 过滤器等。

　　第 7 章介绍使用 JSP 访问数据库，包括 JDBC 概述、使用 JDBC-ODBC 桥接器访问数据库、使用 JDBC 驱动程序访问数据库、对数据库的各种操作、分页显示记录、查询电子表格和数据库连接池等。

　　第 8 章介绍 JSP 表达式语言(EL)，并提供大量实例。

　　第 9 章介绍 JSP 标记库(JSTL)，并提供大量实例。

　　第 10 章介绍流行的模型-视图-控制器(MVC)模式，并通过实例加深对 MVC 的理解。

　　第 11 章以一个 BBS 论坛为例，介绍如何使用 JSP 开发 Web 应用程序。

　　另外，每章的最后都有实验与训练指导，这对课程的学习非常有帮助。

　　在本书写作过程中，多次得到北京北大方正软件技术学院计算机软件技术系主任袁东光老师的指点，在此向他表示衷心的感谢，我还要感谢我的同事李锦、宋远行、王颖玲和董小园几位老师。

作　者
2010 年 10 月

目 录

第 1 章 了解 JSP ································ 1
  1.1 什么是动态网页 ································ 1
  1.2 什么是 JSP ································ 2
  1.3 第一个 JSP 程序 ································ 2
  1.4 开发 JSP 动态网站 ································ 3
    1.4.1 创建一个 Web 项目 ································ 3
    1.4.2 设计 Web 项目目录结构 ································ 4
    1.4.3 编写 Web 项目代码 ································ 5
    1.4.4 部署 Web 项目 ································ 6
    1.4.5 运行 Web 项目 ································ 6
  1.5 JSP 运行原理 ································ 7
  1.6 JSP 程序的运行环境 ································ 7
    1.6.1 安装和配置 JDK ································ 7
    1.6.2 Tomcat 简介 ································ 7
    1.6.3 JSP 开发工具 MyEclipse ································ 8
  1.7 学好 JSP 相关技术 ································ 8
  1.8 实验与训练指导 ································ 8

第 2 章 JSP 语法 ································ 9
  2.1 注释 ································ 10
    2.1.1 HTML 注释 ································ 10
    2.1.2 JSP 注释 ································ 11
  2.2 变量和方法声明 ································ 11
  2.3 表达式 ································ 12
  2.4 JSP 指令 ································ 12
    2.4.1 page 指令 ································ 13
    2.4.2 include 指令 ································ 15
    2.4.3 taglib 指令 ································ 16

2.5 JSP 动作 ………………………………………………………………………………… 17
　　2.5.1 <jsp:include>动作 ………………………………………………………… 17
　　2.5.2 <jsp:param>动作 …………………………………………………………… 18
　　2.5.3 <jsp:forward>动作 ………………………………………………………… 20
　　2.5.4 <jsp:plugin>动作 …………………………………………………………… 21
　　2.5.5 <jsp:useBean>动作 ………………………………………………………… 23
2.6 实验与训练指导 ………………………………………………………………………… 23

第 3 章 JSP 内置对象 24

3.1 out 对象 ………………………………………………………………………………… 24
3.2 request 对象 …………………………………………………………………………… 25
3.3 response 对象 ………………………………………………………………………… 31
3.4 session 对象 …………………………………………………………………………… 35
　　3.4.1 session 的常用方法 ………………………………………………………… 36
　　3.4.2 session 跟踪 ………………………………………………………………… 42
3.5 application 对象 ……………………………………………………………………… 45
3.6 config 对象 ……………………………………………………………………………… 48
3.7 pageContext 对象 ……………………………………………………………………… 50
3.8 exception 对象 ………………………………………………………………………… 52
3.9 实验与训练指导 ………………………………………………………………………… 53

第 4 章 客户标签 55

4.1 标签文件 ………………………………………………………………………………… 55
　　4.1.1 静态标签文件 ………………………………………………………………… 55
　　4.1.2 动态标签文件 ………………………………………………………………… 56
4.2 自定义标签库的构建 …………………………………………………………………… 58
　　4.2.1 标签处理程序的结构 ………………………………………………………… 58
　　4.2.2 标签描述符文件 ……………………………………………………………… 59
　　4.2.3 包含客户标签的 JSP 文件执行序列 ……………………………………… 61
4.3 实验与训练指导 ………………………………………………………………………… 73

第 5 章 在 JSP 中使用 JavaBean 76

5.1 编写 JavaBean …………………………………………………………………………… 76
5.2 使用 JavaBean …………………………………………………………………………… 77
　　5.2.1 <jsp:useBean> ………………………………………………………………… 77
　　5.2.2 <jsp:setProperty> …………………………………………………………… 79
　　5.2.3 <jsp:getProperty> …………………………………………………………… 79
5.3 JSP+JavaBean 编程实例 ………………………………………………………………… 81

5.4 实验与训练指导 ……………………………………………………………… 90

第 6 章 Servlet 基础 ……………………………………………………………… 95

6.1 创建和部署 Servlet …………………………………………………………… 95
   6.1.1 创建 Servlet …………………………………………………………… 95
   6.1.2 Servlet 部署描述文件 web.xml ……………………………………… 99
   6.1.3 部署 Servlet …………………………………………………………… 100
6.2 Servlet 的基本结构 …………………………………………………………… 101
6.3 创建 Servlet 使用的某些类与接口 …………………………………………… 102
   6.3.1 HttpServlet 类 ………………………………………………………… 102
   6.3.2 HttpServletRequest 接口 ……………………………………………… 103
   6.3.3 HttpServletResponse 接口 …………………………………………… 103
   6.3.4 ServletConfig 接口 …………………………………………………… 103
   6.3.5 ServletContext 接口 ………………………………………………… 103
6.4 Servlet 生命周期 ……………………………………………………………… 104
6.5 通过 JSP 页面调用 Servlet …………………………………………………… 104
   6.5.1 通过表单向 Servlet 提交数据 ……………………………………… 104
   6.5.2 通过超链接访问 Servlet ……………………………………………… 106
6.6 用 Servlet 维护 Session 信息 ………………………………………………… 107
   6.6.1 使用 HttpSession 接口 ……………………………………………… 108
   6.6.2 Cookie ………………………………………………………………… 108
6.7 Servlet 之间通信 ……………………………………………………………… 114
6.8 Servlet 过滤器 ………………………………………………………………… 117
6.9 实验与训练指导 ……………………………………………………………… 126

第 7 章 访问数据库 ……………………………………………………………… 128

7.1 JDBC 概述 …………………………………………………………………… 128
7.2 使用 JDBC-ODBC 桥接器访问数据库 ……………………………………… 129
7.3 使用纯 Java 数据库驱动程序 ………………………………………………… 134
   7.3.1 连接 SQL Server 数据库 …………………………………………… 134
   7.3.2 连接 Oracle 数据库 ………………………………………………… 137
   7.3.3 连接 MySql 数据库 ………………………………………………… 137
7.4 查询操作 ……………………………………………………………………… 138
   7.4.1 Statement ……………………………………………………………… 138
   7.4.2 PreparedStatement …………………………………………………… 139
   7.4.3 CallableStatement …………………………………………………… 141
7.5 插入、更新和删除操作 ……………………………………………………… 146
   7.5.1 插入记录 ……………………………………………………………… 146

7.5.2 更新记录 ·········· 150
7.5.3 删除记录 ·········· 152
7.6 分页显示记录 ·········· 154
7.7 查询 Excel 电子表格 ·········· 163
7.8 数据库连接池 ·········· 165
7.9 实验与训练指导 ·········· 171

第 8 章 JSP 和 EL ·········· 186

8.1 EL 及其在 JSP 中的重要地位 ·········· 186
8.2 EL 语法 ·········· 189
8.3 EL 运算符 ·········· 190
8.4 EL 表达式中的隐含对象 ·········· 197
8.5 函数 ·········· 204
8.6 实验与训练指导 ·········· 207

第 9 章 JSP 标记库 ·········· 211

9.1 JSTL 标准标签库 ·········· 211
9.1.1 什么是 JSTL ·········· 211
9.1.2 如何使用 JSTL ·········· 211
9.2 JSTL 核心标签库 ·········· 212
9.2.1 通用标签 ·········· 212
9.2.2 条件标签 ·········· 215
9.2.3 迭代标签 ·········· 216
9.2.4 URL 标签 ·········· 221
9.2.5 格式标签 ·········· 228
9.3 实验与训练指导 ·········· 242

第 10 章 使用 MVC 创建 Web 应用 ·········· 255

10.1 MVC 中的几个概念 ·········· 255
10.2 使用 MVC 创建 Web 应用的实例 ·········· 255
10.3 实验与训练指导 ·········· 264

第 11 章 BBS 论坛 ·········· 273

11.1 数据表 ·········· 273
11.2 数据表对应的 JavaBean ·········· 274
11.3 创建 Dao 接口 ·········· 277
11.4 实现类 DaoFromDB ·········· 278
11.5 用户注册页面 ·········· 284
11.6 用户登录页面 ·········· 286
11.7 发帖 ·········· 289

11.8 浏览帖子 ··· 291

11.9 回复帖子 ··· 293

11.10 实验与训练指导 ·· 294

  11.10.1 实训项目1——用JSP实现用户管理及登录模块 ············ 294

  11.10.2 实训项目2——PFC购书网 ··································· 322

附录A JSP程序的运行环境 ··· 335

A.1 安装和配置JDK ·· 335

  A.1.1 安装JDK ··· 335

  A.1.2 配置JDK环境变量 ·· 335

A.2 Tomcat简介 ·· 336

  A.2.1 获取Tomcat安装程序包 ······································ 336

  A.2.2 安装 ·· 336

  A.2.3 Tomcat的子目录 ·· 337

  A.2.4 Tomcat的启动和停止 ··· 337

  A.2.5 server.xml配置简介 ··· 339

  A.2.6 web.xml配置简介 ··· 340

A.3 安装和配置MyEclipse ·· 341

  A.3.1 配置JDK ··· 341

  A.3.2 配置服务器 ·· 342

附录B 表单 ·· 345

B.1 表单标签 ··· 345

  B.1.1 method属性 ·· 345

  B.1.2 target属性 ··· 346

B.2 控件 ··· 346

  B.2.1 text控件 ·· 346

  B.2.2 password控件 ··· 347

  B.2.3 复选框 ·· 347

  B.2.4 单选按钮 ··· 347

  B.2.5 提交按钮submit和重置按钮reset ·························· 347

  B.2.6 普通按钮button ··· 348

  B.2.7 列表项select ··· 348

  B.2.8 file文件域 ·· 348

  B.2.9 hidden隐藏域 ·· 348

  B.2.10 文本域textarea ·· 349

B.3 常用的表单事件 ··· 349

B.4 表单实例 ··· 349

参考文献 ·· 358

第 1 章 了解 JSP

1.1 什么是动态网页

动态网页指在服务器端运行的程序或者网页,它需要使用服务器端脚本语言,比如目前流行的 JSP(Java Server Pages,Java 服务器网页技术)等。当在百度网页搜索栏输入 Servlet 时,就会自动排列出所有有关 Servlet 的网址链接,如图 1.1 所示。

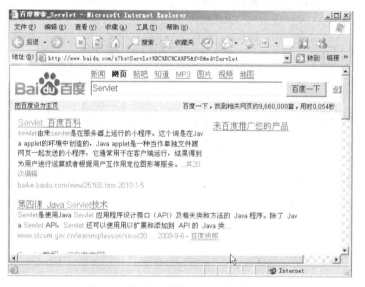

图 1.1 使用百度搜索 Servlet 的结果

看到动态网页效果后,可将动态网页的一般特点简要归纳如下:
(1) 动态网页以数据库技术为基础,可以大大降低网站维护的工作量。
(2) 采用动态网页技术的网站可以实现更多的功能,如用户注册、登录、在线调查、用户管理、订单管理等。
(3) 动态网页实际上并不是独立存在于服务器上的网页文件,只有当用户请求时服务器才返回一个完整的网页。
(4) 动态网页中的"?"对搜索引擎检索存在一定的问题,搜索引擎一般不可能从一个网站的数据库中访问全部网页,或者出于技术方面的考虑,搜索蜘蛛不去抓取网址中"?"

后面的内容,因此采用动态网页的网站在进行搜索引擎推广时需要做一定的技术处理才能适应搜索引擎的要求。

1.2 什么是JSP

JSP是由Sun公司倡导、许多公司共同参与建立的一种动态网页技术标准,是基于Java Servlet及整个Java体系的Web开发技术,它运行在服务器上,用于辅助对Web请求的处理。目前,它已经成为开发动态网页的主流技术之一,被认为是最有前途的Web技术之一。

JSP技术便于Web设计者与Web开发者独立地工作,Web设计者可以用HTML设计与表达Web页面布局,独立工作的Web开发者可使用Java代码和关于业务逻辑的其他JSP特定标签。同时构造静态和动态内容,促进了开发高质量应用和提高了生产率。

编译后的JSP页面生成服务小程序(Servlet)。

1.3 第一个JSP程序

例 1-1

first_example1.jsp:

```jsp
<%@page language="java" import="java.util.*" pageEncoding="GB 2312"%>
<html>
  <head>
    <title>first_example</title>
  </head>
  <body>
  <h1>第一个jsp实例</h1>
   <h2>
   <%--This is jsp content--%>
    <%Calendar rightNow=Calendar.getInstance();%>
    当前日期是:
    <%=
rightNow.get(Calendar.YEAR)%>:<%=rightNow.get(Calendar.MONTH)+1%>:<%=
rightNow.get(Calendar.DAY_OF_MONTH)%>
    <br>
    当前时间是:
    <%=
rightNow.get(Calendar.HOUR_OF_DAY)%>:<%=rightNow.get(Calendar.MINUTE)%>
   </h2>
  </body>
</html>
```

运行结果如图 1.2 所示。

图 1.2　first_example1.jsp 的运行结果

例 1-1 中代码由两部分组成：HTML 代码和 JSP 代码（粗体部分）。在传统 HTML 文件中加入 JSP 代码，就构成了 JSP 网页，以 JSP 文件形式存在，下面对例 1-1 进行解释说明：

（1）JSP 指令放在"＜％@"和"％＞"之间。

例如：

`<%@page language="java" import="java.util.*" pageEncoding="GB 2312"%>`

（2）JSP 注释放在"＜％--"和"--％＞"之间。

例如：

`<%--This is jsp content--%>`

（3）JSP 脚本放在"＜％"和"％＞"之间，是标准 Java 代码。

例如：

`<%Calendar rightNow=Calendar.getInstance();%>`

（4）JSP 表达式放在"＜％＝"和"％＞"之间。

例如：

`<%=rightNow.get(Calendar.YEAR)%>`

1.4　开发 JSP 动态网站

1.4.1　创建一个 Web 项目

首先创建一个项目，项目名为 jsp1，过程分别如图 1.3、图 1.4 和图 1.5 所示。

图 1.3　创建项目

图 1.4 选择 Web Project

图 1.5 输入项目名称 jsp1

1.4.2 设计 Web 项目目录结构

如图 1.6 所示，Web 项目目录结构由 MyEclipse 自动生成。

（1）src 目录：存放 Java 源文件。

（2）WebRoot 目录：是 Web 应用顶层目录，由以下部分组成。

① 静态文件：包括 CSS 文件、图像文件、HTML 文

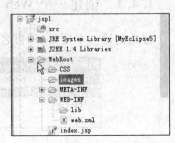

图 1.6 Web 项目目录结构

件。图像文件集中存储在 images 目录下。

② META-INF 目录：系统自动生成，存放系统描述信息。

③ WEB-INF 目录：由以下部分组成：

lib 目录：存放.jar 或.zip 文件，如 mysql-connector-java-5.0.4-bin.jar。

web.xml：Web 应用初始化配置文件。

④ JSP 文件：动态页面的 JSP 文件。

1.4.3 编写 Web 项目代码

（1）右击 WebRoot，在弹出快捷菜单中选择 New→JSP（Advanced Templates），如图 1.7 所示。

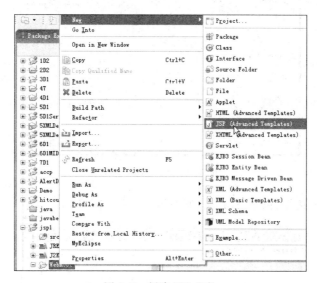

图 1.7　创建 JSP 文件

（2）输入文件路径及名称，如图 1.8 所示。

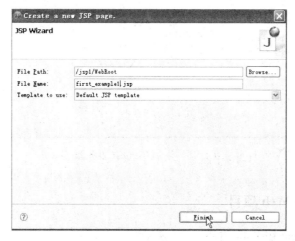

图 1.8　输入文件路径及名称

(3) 编写 first_example1.jsp 的代码。

1.4.4 部署 Web 项目

(1) 单击 中的"部署"按钮,在打开的对话框的 Project 下拉列表中选中 jsp1,如图 1.9 所示。

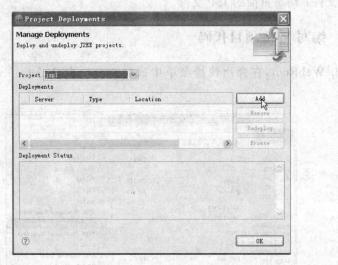

图 1.9 选中 jsp1 项目

(2) 单击 Add 按钮,添加 Tomcat 服务器,如图 1.10 所示。

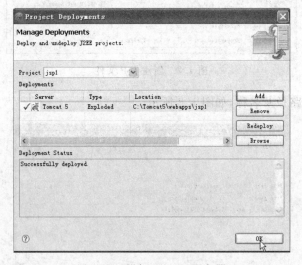

图 1.10 添加 Tomcat 服务器

1.4.5 运行 Web 项目

(1) 启动 Tomcat 服务器,如图 1.11 所示。

图1.11 启动 Tomcat 服务器

(2) 打开浏览器,如图 1.12 所示。

图1.12 打开浏览器

(3) 在浏览器地址栏中输入 http://localhost:8080/jsp1/first_example1.jsp 并按 Enter 键,运行结果如图 1.1 所示。

1.5 JSP运行原理

首先由浏览器向 Web 服务器(本书 Web 服务器以 Tomcat 为例)提出访问 JSP 页面的请求(request),然后由 JSP 容器将 JSP 转换成 Servlet,产生的 Servlet 经过编译后生成类文件,然后把类文件加载到内存进行执行。最后由 Web 服务器将执行结果响应(response)给客户端浏览器。

JSP 在第一次执行后即被编译成类文件,当再次调用时,如果 JSP 容器没有发现该 JSP 页面被修改,就会直接执行编译后的类文件,而不是重新编译 Servlet。当然,如果 JSP 容器发现该 JSP 页面被修改过,就需要重新进行编译。

1.6 JSP程序的运行环境

1.6.1 安装和配置 JDK

安装和配置 JDK 的操作参见附录 A。

1.6.2 Tomcat 简介

Tomcat 是 jakarta 项目中的一个重要的子项目,是 Sun 公司推荐的运行 Servlet 和 JSP 的容器,其源代码是完全公开的。需要注意,Tomcat 是基于 Java 的,因此它的正常运行离不开 JDK。

Tomcat 安装和配置情况见附录 A。

1.6.3 JSP 开发工具 MyEclipse

MyEclipse 安装和配置情况见附录 A。

1.7 学好 JSP 相关技术

1. Java 基础知识

JSP 使用 Java 作为基本语言，JSP 文件实际就是一些 JSP 定义的标记、Java 程序和 HTML 文件的混合体，要学好 JSP，必须掌握 Java 语言的基本知识。

2. HTML 基础知识

使用 JSP 开发动态网页，最终产生的结果中超过 90％以上将是 HTML 文件，因此，JSP 程序员要全面理解 HTML 语言。

3. JavaScript 基础知识

JavaScript 允许在客户端执行逻辑判断，这意味着客户端和服务器之间的交互次数会少一次。因此，掌握 JavaScript 开发知识非常必要。其中包括掌握 JavaScript 基本语法、CSS 样式特效和使用 JavaScript 进行客户端验证。

4. 数据库基础知识

JSP 大都和数据库相关，要求了解数据库基本知识、关系数据库基本原理和 SQL 语言。

如果想关注 JSP 最新发展，可登录 http://java.sun.com/products/jsp 网站。

1.8 实验与训练指导

（1）安装和配置 JDK。
（2）安装和配置 Tomcat。
（3）安装和配置 MyEclipse。

第 2 章　JSP 语法

JSP 页面是通过在 HTML 中嵌入 Java 脚本语言来响应动态请求的,从 first_example1.jsp 中不难看出。如将它们细分,JSP 页面由静态内容、注释、声明、表达式、指令、动作、Java 程序片段等元素组成,下面通过 second_example1.jsp 来展示几个比较常用的 JSP 页面元素。

例 2-1

second_example1.jsp:

```jsp
<%@page language="java" import="java.util.Calendar" pageEncoding="GB 2312"%>
<html>
  <body>
  <%!Calendar rightNow;%>
  <%rightNow=Calendar.getInstance();%>
  <!--This is HTML content(客户端可以看到源代码)-->
  <!--当前日期是:
  <%=rightNow.get(Calendar.YEAR)%>:
  <%=rightNow.get(Calendar.MONTH)+1%>:
  <%=rightNow.get(Calendar.DAY_OF_MONTH)%>
  -->
  <%--This is JSP content(客户端不可以看到源代码)--%>
  <%!int total,begin,end;                    //变量声明
     public int sum(int a,int b)             //方法声明
     {
     total=0;
     for(int i=a;i<=b;i++)
     total+=i;
     return total;
     }
  %>
  <%begin=1;
     end=50;
     total=sum(begin,end);                   //Java 程序片段
  %>
  <h2>
```

```
        从
        <%=begin %><!--jsp表达式-->
        到
        <%=end %>
        的和为
        <%=total %>
      </h2>
   </body>
</html>
```

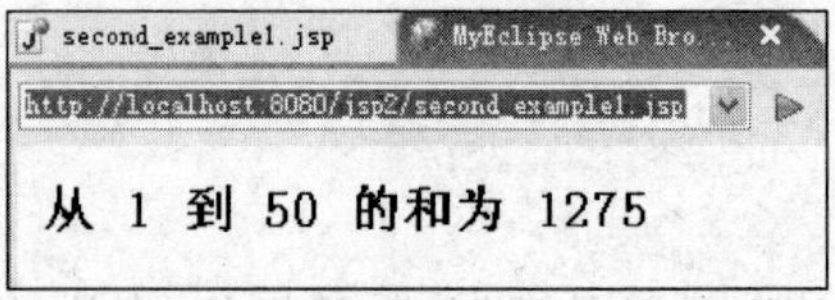

图 2.1　second_example1.jsp 的运行结果

运行结果如图 2.1 所示。

在图 2.1 所示窗口中右击，选择"查看源文件"命令，如图 2.2 所示。

图 2.2　浏览器客户端查看到的源代码

2.1　注　释

2.1.1　HTML 注释

HTML 注释语法：

`<!--content[<%=expression %>]-->`

在 second_example1.jsp 中代码：

```
<!--This is HTML content(客户端可以看到源代码)-->
<!--当前日期是:
<%=rightNow.get(Calendar.YEAR)%>:
<%=rightNow.get(Calendar.MONTH)+1 %>:
<%=rightNow.get(Calendar.DAY_OF_MONTH)%>
-->
```

以上注释在浏览器客户端可以看到源代码,通过查看源文件显示为:

```
<!--This is HTML content(客户端可以看到源代码)-->
<!--当前日期是:
 2008:8:18
 -->
```

2.1.2 JSP 注释

JSP 注释语法:
<%--JSP content--%>与<%/ * comment * /%>效果一致。
在 second_example1.jsp 中代码:

```
<%--This is JSP content(客户端不可以看到源代码)--%>
```

以上注释在客户端通过查看源代码时看不到注释中的内容,安全性较高。

2.2 变量和方法声明

JSP 中变量和方法声明语法:

```
<%declaration;[declaration;]…%>
<%!declaration;[declaration;]…%>
```

在 second_example1.jsp 中代码:

```
<%!int total,begin,end;                    //变量声明
    public int sum(int a,int b)            //方法声明
    {
      total=0;
      for(int i=a;i<=b;i++)
      total+=i;
      return total;
    }
%>
```

上面例子中声明了 3 个变量和 1 个方法 sum()。"<%!"和"%>"之间声明的变量在整个 JSP 页面内部有效,与"<%!"和"%>"标记符在 JSP 页面中的位置无关。而"<%"和"%>"之间声明的变量称为局部变量,局部变量有效范围与其声明的位置有关,即声明后才可以在后继的小脚本和表达式中使用。

小脚本就是在 JSP 页面嵌入的一段 Java 代码,编写语法:

```
<%Java 代码 %>
```

比如下面代码就会出现"a can not be resolved."这样错误的信息。

```
<%=a %>
<%int a=3; %>
```

而下面代码是正确的。

```
<%=a %>
<%!int a=3; %>
```

2.3 表 达 式

JSP 中表达式语法：

<%=expression %>

输出 begin 的值：

```
<%=begin %>
```

又如：

```
<%@page language="java"  pageEncoding="GB 2312"%>
<html>
  <body>
  <%!int a,b,c;                       //变量声明
     public int sum(int a,int b)      //方法声明
     {
     c=a+b;
     return c;
     }
  %>
  <%a=2;
    b=3;
    c=sum(a,b);                       //Java 程序片段
  %>
   <h2>
   输出 c:<%=c %><!--输出 c 值 5-->
   </h2>
  </body>
</html>
```

2.4 JSP 指令

JSP 指令影响由 JSP 页面生成的 Servlet 的整体结构。
JSP 指令一般格式：

<%@directive{attribute="value"}%>

在 JSP 中，主要有 3 种类型指令：page，include 和 taglib。

2.4.1 page 指令

page 指令用来定义 JSP 文件中的全局属性,它描述了与页面相关的一些信息。
page 指令语法:

```
<%@page
[language="java"]
[import=" package.class,…"]
[info="text"]
[errorPage="relativeURL"]
[contentType="mimeType[;charset=characterSet]"|
    "text/html;charset=ISO 8859-1"]
[pageEncoding="GB 2312"]
[isErrorPage="true|false"]
%>
```

(1) language="java"声明 JSP 程序文件所使用语言,默认为 Java。
(2) import="package.class,…"中 import 属性用来指定 JSP 网页中需要导入的包。例如:

```
<%@page import="java.util.*"%>
<%@page import="java.sql.*"%>
```

如果用一个 import 指明要载入的多个包,需要用逗号","隔开。如:

```
<%@page import="java.util.*","java.sql.*"%>
```

对于 java.lang.*、javax.servlet.*、javax.servlet.jsp.* 和 javax.servlet.http.* 这 4 个包在 JSP 编译时已经导入,不需要再指明。

(3) info="text"中 info 属性设置 JSP 页面的文本信息,可以通过 getServletInfo()方法获得该字符串。

例 2-2

second_example2.jsp:

```
<%@page language="java" info="北京北大方正软件技术学院" pageEncoding="GB 2312" %>
<html>
  <body>
    <%String s=getServletInfo();%>
    <h2>
    <%=s %>是培养软件程序员的摇篮!
    </h2>
  </body>
</html>
```

运行结果如图 2.3 所示。

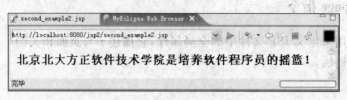

图 2.3　获取 info 属性的值

(4) errorPage="relativeURL"

errorPage 属性指明若当前页面产生异常,重定向到指定的 relativeURL 页面处理该异常。

(5) isErrorPage="true|false"

isErrorPage 属性设置当前 JSP 页面是否为错误处理页面,默认值为 false。当设置为 true 时,该页面可以接收其他 JSP 页面出错时产生的 exception 对象,并通过该对象取得从发生错误网页传出的错误信息,其语法如下:

```
<%=exception.getMessage()%>
```

例 2-3

second_example3.jsp：

```
<%@page language="java" pageEncoding="GB 2312" errorPage="error.jsp"%>
<html>
  <body>
    <%!int a=0; %>
    <%=2008/a %>
  </body>
</html>
```

error.jsp：

```
<%@page language="java" pageEncoding="GB 2312" isErrorPage="true"%>
<html>
  <body>
  <font color="red">
  <h2>
  错误原因:
  <%=exception.getMessage()%>
  </h2>
  </font>
  </body>
</html>
```

运行结果如图 2.4 所示。

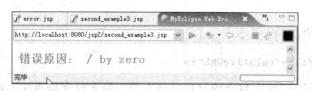

图 2.4 second_example3.jsp 的运行结果

（6）contentType="mimeType[;charset=characterSet]"|
"text/html;charset=ISO 8859-1"]

contentType 属性标明即将发送到客户程序的文档的 MIME 类型。JSP 页面默认 MIME 类型是 text/html，默认字符集是 ISO 8859-1。MIME 类型有 text/html、application/msword、image/jpeg、image/gif、application/vnd.ms-excel 等。

（7）pageEncoding="GB 2312"

如果只想更改字符集，使用 pageEncoding 更简单。如：

```
<%@page pageEncoding="GBK" %>
```

如果要显示中文，一般设置字符集为 GB 2312 或 GBK。

例 2-4

second_example4.jsp：

```
<%@ page language="java" contentType="application/vnd.ms-excel" pageEncoding="GBK"%>
<%--There are tabs,not spaces,between columns.--%>
姓名	年龄	电子邮件
张三	20	zhangsan@pfc.edu.cn
李四	19	lisia@pfc.edu.cn
王五	20	wangwua@pfc.edu.cn
```

运行结果如图 2.5 所示。

图 2.5 在浏览器中显示 Excel 文档

2.4.2 include 指令

用 include 指令指出编译 JSP 页面时要插入的文件名（以相对 URL 形式），所以被包括文件内容成为 JSP 页面的一部分。它通常用来包含网站中经常出现的重复性页面，例如网站导航栏。

include 指令语法：

```
<%@ include file="relativeURL"%>
```

使用 include 指令，这个包含的过程是静态的。静态包含是指这个被包含文件将插入到 JSP 文件中放置＜％@include％＞的地方。一旦包含文件被执行完，那么主 JSP 文件的过程将被恢复，继续执行下一行。但要注意在这个包含文件中不能使用＜html＞、＜/html＞、＜body＞、＜/body＞标记，因为这样将会影响在源 JSP 文件中同样的标记，有时会导致错误。

例 2-5

second_example5.jsp：

```
<%@page language="java" pageEncoding="GBK"%>
 <html>
 <body>
 <h2>
 今天日期是：<%@ include file="date.jsp" %>
 <br>
 晴见多云
 </h2>
 </body>
 </html>
```

date.jsp：

```
<%@page language="java" import="java.util.Calendar" pageEncoding="GBK"%>
<%!Calendar rightNow;%>
<%rightNow=Calendar.getInstance();%>
<%=rightNow.get(Calendar.YEAR)%>:
<%=rightNow.get(Calendar.MONTH)+1%>:
<%=rightNow.get(Calendar.DAY_OF_MONTH)%>
```

运行结果如图 2.6 所示。

图 2.6　second_example5.jsp 的运行结果

2.4.3　taglib 指令

taglib 指令告诉容器一个特定 JSP 需要哪个标记库。详细讲解见第 4 章。

2.5 JSP 动作

2.5.1 <jsp:include>动作

<jsp:include>动作在主页面被请求时,将次级页面的输出包含进来。注意:被包含页面不是完整的 Web 页面。包含文件可以是 HTML 文件、纯文本文件、JSP 页面或 Servlet(如文件是 JSP 页面和 Servlet,则包含进来的只是页面的输出,不是实际的代码)。但在任何情况下,客户看到的都是合成后的结果。因此,如果主页面和包含进来的内容中都含有诸如 DOCTYPE、BODY 等标签,那么客户看到结果中这些标签将会出现两次,有时会导致错误。

1. <jsp:include>动作语法

```
<jsp:include page="relativeURL"[flush="true|false"]>
```

其中,page 指定所包含的文件。建议将被包含文件的页面放在 WEB-INF 目录中,这样可以防止客户偶然访问这些页面(这些页面一般都不是完整 HTML 文档)。flush 指定在将页面包含进来之前是否应清空主页面的输出流(默认 false)。

例 2-6

second_example6.jsp:

```
<%@page pageEncoding="GBK" %>
<html>
<body>
<h3>
    <div align="center">some news !</div>
    <ol>
    <li><jsp:include page="/WEB-INF/item1.html"/></li>
    <li><jsp:include page="/WEB-INF/item2.html"/></li>
    <li><%@include file="/WEB-INF/item3.jsp" %></li>
    </ol>
</h3>
</body>
</html>
```

item1.html:

```
<b>我院 167 人志愿者团队服务"鸟巢"</b>
<a href="http://www.pfc.edu.cn">more details...</a>
<br>
```

item2.html:

```
<b>清华学子赴镇坪暑期支教活动纪实 </b>
```

```
<a href="http://www.tsinghua.edu.cn">more details...</a>
<br>
```

item3.jsp:

```
<%@page pageEncoding="GBK" %>
    <b>校党委书记闵维方亲切慰问国家体育场北大志愿者</b>
    <a href="http://www.pku.edu.cn">more details...</a>
    <br>
```

运行结果如图 2.7 所示。

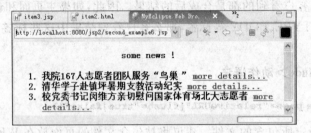

图 2.7　second_example6.jsp 的运行结果

2. ＜%@include%＞指令与＜jsp:include＞动作区别

(1) ＜%@ include %＞指令是在主 JSP 页面转换成 Servlet 时,将文件包含到文档中。而＜jsp:include＞动作在主 JSP 页面被请求时,将次级页面的输出包含进来,因此所包含文件变化总会被检查到,更适合包含动态文件。

(2) 使用 include 指令的页面要比使用 jsp:include 的页面难维护得多。因为相关规范要求服务器能够检测出主页面什么时候发生了更改,并不要求它们能检测出包含文件什么时候发生了改变(并且重新编译 Servlet),因此,大多数服务器中,包含文件发生更改时,对于所有用到该文件的 JSP 文件,都要更新它们的修改日期。

(3) include 指令更为强大。include 指令允许所包含文件含有影响主页面的 JSP 代码,比如响应报头设置和字段的定义。

例如,pfc.jsp 包含下面代码:

```
<%!int count=0;%>
```

这种情况下,可以在主页面 mainpfc.jsp 中执行下面的任务:

```
<%@include file="pfc.jsp" %>
<%=count++;%>
```

这样使用 jsp:include 是不可能的,因为 count 变量未定义。

2.5.2　＜jsp:param＞动作

在标准动作＜jsp:include＞和＜/jsp:include＞、＜jsp:forward＞和＜/jsp:forward＞、＜jsp:plugin＞和＜/jsp:plugin＞、＜jsp:params＞和＜/jsp:params＞之间可以通过

第2章 JSP语法

<jsp:param>动作指定参数。

<jsp:param>动作语法：

```
<jsp:param name="参数名" value="值" />
```

例 2-7

second_example7.jsp：

```
<%@page language="java" pageEncoding="GBK"%>
<html>
  <body>
  <h3>
    文件包含之前主页面：
    <br>fgColor:<%out.print(request.getParameter("fgColor"));%>
       
bgColor:<%out.print(request.getParameter("bgColor")); %>
    <jsp:include page="/WEB-INF/pfc.jsp">
    <jsp:param name="fgColor" value="red"/>
    </jsp:include>
    文件包含之后主页面：
    <br>fgColor:<%out.print(request.getParameter("fgColor"));%>
       
bgColor:<%out.print(request.getParameter("bgColor")); %>
  </h3>
  </body>
</html>
```

pfc.jsp：

```
<%@page language="java"  pageEncoding="GBK"%>
<html>
  <body>
  <h3>
    次级页面：
    <br>fgColor:<%out.print(request.getParameter("fgColor"));%>
       bgColor:
    <%out.print(request.getParameter("bgColor")); %>
  </h3>
  </body>
</html>
```

在地址栏输入 http://localhost:8080/jsp2/second_example7.jsp? bgColor="green"，运行结果如图 2.8 所示。

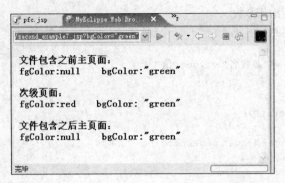

图 2.8 second_example7.jsp 的运行结果

2.5.3 ＜jsp:forward＞动作

＜jsp:forward＞动作语法：

`<jsp:forward page="relativeURL">`

执行＜jsp:forward＞动作，当前请求会转发给另一个页面（可以是 JSP、Servlet、HTML 文件等），当前 JSP 处理会终止。

注意：在使用 forward 之前，主页面不能有任何内容已经输出到客户端，否则会发生异常（IllegalStateException）。如果你使用了非缓冲输出的话，那么使用＜jsp:forward＞时就要小心。如果在你使用＜jsp:forward＞之前，JSP 文件已经有了数据，那么文件执行就会出错。

如果在＜jsp:forward＞之前有很多输出，前面的输出已使缓冲区满，将自动输出到客户端，那么该语句将不起作用，这一点应该特别注意。

另外，它不能改变浏览器地址，刷新的话会导致重复提交。

推荐完全避免使用＜jsp:forward＞，若希望执行类似任务，请使用 Servlet 调用 RequestDispatcher 的 forward 方法。

例 2-8

second_example8.jsp：

```
<%@page language="java"  pageEncoding="GBK" %>
<html>
  <body>
  <%
  double i=Math.random();
  %>
  <jsp:forward page="data.jsp">
  <jsp:param name="data" value="<%=i %>" />
  </jsp:forward>
  </body>
</html>
```

data.jsp：

```jsp
<%@page language="java"pageEncoding="GBK"%>
<html>
  <body>
    <font size="6">
      <%String s=request.getParameter("data");
      out.print("传过来的值是:"+s);
      %>
    </font>
  </body>
</html>
```

运行结果如图 2.9 所示。

图 2.9 second_example8.jsp 的运行结果

注意：<jsp:forward page="data.jsp">当前请求会转发给 data.jsp 页面。

2.5.4 <jsp:plugin>动作

<jsp:plugin>动作提供一种在 JSP 文件中嵌入客户端运行 Java 程序（如 Applet、JavaBean）的方法。JSP 在处理这个动作的时候，将根据客户端浏览器的不同，执行后将分别输出 OBJECT 或 EMBED 这两个不同的 HTML 元素。

<jsp:plugin>动作语法：

```
<jsp:plugin
type="bean|applet"
code="classFileName"          [codebase="classFileDirectoryName"]
[name="instanceName"]         [align="left|right|top|bottom|middle"]
[width="displayPixels"]       [height="displayPixels"]
[hspace="leftRightPixels"]    [vspace="topBottomPixels"]
[<jsp:params>
<jsp:param name="parameterName" value="parameterValue"/>
</jsp:params>]
[<jsp:fallback>message</jsp:fallback>]
</jsp:plugin>
```

（1）type="bean|applet"：被执行插件类型，该属性没有默认值，必须指定为 Bean 或 Applet。

（2）code="classFileName"：将被插件执行的 Java 类文件名称，文件必须以 .class

结尾,必须位于 codebase 属性指定的目录中。

(3) codebase="classFileDirectoryName":Java 类文件所在目录。没有该属性,表明类文件和 JSP 文件在同一目录下。

(4) name="instanceName":指定 Bean 或 Applet 实例的名字,它将会在 JSP 的其他地方调用。这使得被同一个 JSP 调用的 Bean 或 Applet 之间通信成为可能。

(5) align="left|right|top|bottom|middle"和 Bean:Applet 对象的位置。

(6) width="displayPixels"和 height="displayPixels":Bean 或 Applet 对象显示的宽度、高度,单位像素。

(7) hspace="leftRightPixels"和 vspace="topBottomPixels":Bean 或 Applet 对象显示时距屏幕左右、上下的距离,单位像素。

(8) <jsp:fallback>:当浏览器不能正常显示 Applet 或 Bean 时,显示一段替代文本给用户。

例 2-9

second_example9.jsp:

```
<%@page contentType="text/html; charset=GB 2312"%>
<HTML>
<BODY>
<CENTER>
<jsp:plugin type="applet" code="HelloWorld.class"  height="40" width="320">
<jsp:params>
<jsp:param name="name" value="jsp"/>
</jsp:params>
<jsp:fallback>无法加载 Applet</jsp:fallback>
</jsp:plugin>
</CENTER>
</BODY>
</HTML>
```

HelloWorld.java(Applet):

```
import java.applet.Applet;
import java.awt.Graphics;
public class HelloWorld extends Applet
{
    String name;
    public void init()
    {
     name=getParameter("name");
    }
    public void paint(Graphics g)
    {
       g.drawString("This demo show jsp:plugin usage,the
```

```
            "+name+" is<br>a parameter!", 60,25);
    }
}
```

运行结果如图 2.10 所示。

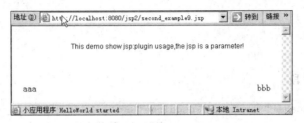

图 2.10   second_example9.jsp 的运行结果

2.5.5   <jsp:useBean>动作

详细讲解见第 5 章。

2.6   实验与训练指导

（1）创建 a.jsp 文件，声明整型变量 c 和函数 mul()，mul()定义如下：

```
public int mul(int a,int b)
{
    c=a*b;
    return c;
}
```

利用 JSP 表达式输出调用 mul(3,4)的值。

（2）创建 b.jsp 文件，在其中创建一整型数组 A[]={0,1,2,3}，输出 A[4]的值，产生异常，要求再创建一错误处理页面 error.jsp 文件，取得从 b.jsp 网页传出的错误信息。

（3）编写 3 个 JSP 页面：main.jsp、circle.jsp 和 ladder.jsp 页面，将三个 JSP 页面放到同一 Web 服务目录下。main.jsp 使用 include 动作标记加载 circle.jsp 和 ladder.jsp。circle.jsp 可以计算并显示圆的面积，ladder.jsp 可以计算并显示梯形的面积。当 circle.jsp 和 ladder.jsp 被加载时获取 main.jsp 页面 include 动作标记的 param 子标记提供的圆的半径以及梯形的上底、下底和高的值。

第 3 章　JSP 内置对象

有如下代码片段：

```
<%@page language="java" pageEncoding="GBK"%>
<%request.setAttribute("aa","<h3>揭开JSP神秘面纱!</h3>");
   out.print(request.getAttribute("aa"));
%>
```

在代码中用到名为 out 的对象,但在整个页面中没有出现 new 关键字。也就是说没有实例化 out 对象,但在 JSP 程序中却可以使用它,同样,request 对象也是如此。这是什么原因呢？

原来 out 和 request 都是 JSP 的内置对象。所谓内置对象指在 JSP 页面中已经默认内置的 Java 对象。它们在 JSP 页面初始化时生成,由容器实现和管理。这些对象可以直接在 JSP 页面使用。经常使用的 JSP 内置对象有 out、request、response、session、application、config、pageContext 和 exception,下面将分别介绍。

3.1　out 对象

out 对象用来向客户端输出数据,被封装为 javax.servlet.jsp.JspWriter 类对象,通过 JSP 容器变换为 java.io.PrintWriter 类对象。Servlet 使用 java.io.PrintWriter 类对象向网页输出数据。

例 3-1
b.jsp:

```
<%@page language="java" pageEncoding="GB 2312"%>
<html>
  <body>
  <%
  out.print("<font size=4 color=red>");
  out.print("北大方正");
  out.print("</font>");
  %><!--在网页上输出"北大方正",字体4号,颜色红色-->
  </body>
</html>
```

运行结果如图 3.1 所示。

图 3.1　b.jsp 的运行结果

注意：out.print("北大方正")；在浏览器上显示"北大方正"。

3.2　request 对象

　　HTTP 协议是客户与服务器之间提交请求信息（request）与响应信息（response）的通信协议。request 对象是从客户端向服务器发出请求，代表客户端请求信息，主要用于接收客户端通过 HTTP 协议传送给服务器的数据。该对象继承 ServletRequest 接口，被包装成 HttpServletRequest 接口。

　　request 对象常用方法如表 3.1 所示。

表 3.1　request 对象常用方法

方 法 名 称	说　　明
String getParameter(String name)	用来获取用户提交的数据
String[] getParameterValues(String name)	返回指定参数所有值
setCharacterEncoding(String charset)	设置响应使用字符编码格式
void setAttribute(String name, java.lang.Object value)	在请求转发时，经常要把一些数据传到转发后的页面处理，使用该方法
Object getAttribute(String name)	在请求转发后的页面使用该方法获取属性值
removeAttribute(String attName)	把设置在 request 范围内的属性删除
getRemoteAddr()	获得客户端 IP 地址
Cookie[] getCookies()	返回客户端 Cookie 对象，结果是一个 Cookie 数组

例 3-2

requesta.jsp：

```
<html>
<head>
<meta http-equiv="Content-Type" content="text/html; charset=GBK">
</head>
<body>
<form action="get.jsp" method="post" name="form1">
please enter your school name
```

```
<Input type="text" name="schoolname">
<Input type="submit" name="submit" value="提交">
</form>
</body>
</html>
```

get.jsp：

```
<%@page language="java" contentType="text/html; charset=GBK" %>
<html>
<head>
<meta http-equiv="Content-Type" content="text/html; charset=GBK">
</head>
<body bgcolor="yellow">
<p>获取文本框提交的信息：
<% String textContent=new
String(request.getParameter("schoolname").getBytes("ISO 8859-1")); %>
<%=textContent %>
<p>获取按钮的标题：
<% String buttonName=new
String(request.getParameter("submit").getBytes("ISO 8859-1")); %>
<%=buttonName %>
</body>
</html>
```

运行结果如图 3.2 所示。

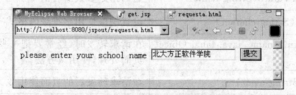

图 3.2 requesta.jsp 的运行结果

在文本框输入北大方正软件学院，单击"提交"按钮，运行结果如图 3.3 所示。

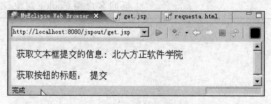

图 3.3 输入信息提交后结果

注意：在 requesta.jsp 中，文本框名字为 schoolname，在该文本框中输入"北大方正软件学院"，单击"提交"按钮，由表单 action 即 get.jsp 处理，request.getParameter("schoolname")得到用户提交的数据，在这里，

```
new String(
request.getParameter("schoolname").getBytes("ISO 8859-1"));
```
是用来处理汉字输入后显示为乱码的一种解决方法。

这样,在浏览器中显示用户在 requesta.jsp 的文本框 schoolname 中输入的"北大方正软件学院"。

例 3-3

third_example1.jsp:

```
<%@page language="java" contentType="text/html; charset=gb2312"%>
<html>
<script language="javascript">
function checkEmpty(form)
{
for(i=0;i<form.length;i++)
{
if(form.elements[i].value=="")
{
alert("表单信息不能为空");
return false;
}
}
}
</script>
<body>
  <form name="form1" method="post" action="a.jsp" onSubmit=
  "return checkEmpty(form1)">
    <table border="0">
      <tr>
        <td>输入姓名:</td>
        <td><input type="text" name="textOne"></td>
      </tr>
      <tr>
        <td>选择性别:</td>
        <td><INPUT type="radio" name="sex" value="男" checked="default">男</td>
        <td><INPUT type="radio" name="sex" value="女">女</td>
      </tr>
      <tr>
        <td>选择您喜欢的专业:</td>
        <td><input type="checkbox" name="item" value="NIIT">NIIT</td>
        <td><input type="checkbox" name="item" value="对日软件">对日软件</td>
        <td><input type="checkbox" name="item" value="中加合作">中加合作</td>
        <td></td>
      </tr>
```

```
      <tr>
        <td>隐藏域的值为:</td>
        <td><input  type="hidden" name="major" value="对日软件">对日软件</td>
      </tr>

    </table>
    <input type="submit" name="Submit" value="提交">
    <INPUT TYPE="reset" value="重置">
  </form>
</body>
</html>
```

a.jsp:

```
<%@page contentType="text/html; charset=GB 2312" %>
<html>
<%request.setCharacterEncoding("GB 2312");%>
<body><div align="center">
    <table border="0">
      <tr>
        <td>您的姓名:</td>
        <td><%=request.getParameter("textOne")%></td>
      </tr>
      <tr>
        <td>您的性别:</td>
        <td><%=request.getParameter("sex")%></td>
      </tr>
      <tr>
        <td>您喜欢的专业:</td>
        <%String itemName[]=request.getParameterValues("item");
        if(itemName==null)
        {   out.print("<td>"+"都不喜欢"+"</td>");
            out.print("</tr>");
        }
        else
        {   for(int k=0;k<itemName.length;k++)
            {   out.print("<td>"+itemName[k]+"</td>");
            }
             out.print("</tr>");
        }
        %>

      <tr>
        <td>获取隐藏域的值为:</td>
        <td><%=request.getParameter("major")%></td>
```

```
        </tr>
    </table>

    <a href="third_example1.jsp">返回</a>
    </div>
</body>
</html>
```

运行结果如图 3.4 所示。

图 3.4 third_example1.jsp 的运行结果

输入"张三",单击"提交"按钮,结果如图 3.5 所示。

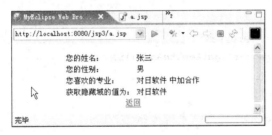

图 3.5 输入信息提交后结果

注意:在 a.jsp 中,request.setCharacterEncoding("GB 2312");设置响应使用字符编码为 GB 2312。

在 a.jsp 中,String itemName[]=request.getParameterValues("item"),返回 third_example1.jsp 中名字为 item 的检查框的所有值,它是一字符串数组。

例 3-4

third_example2.jsp:

```
<%@page contentType="text/html;charset=GB 2312"%>
<%
    request.setAttribute("name", "北大方正软件学院");
    request.setAttribute("stucount", "7000 人");
    request.setAttribute("tel", "010-51108888");
    request.setAttribute("city", "北京");
%>
<jsp:forward page="b.jsp" />
```

b.jsp：

```jsp
<%@page contentType="text/html;charset=GB 2312"%>
<%request.removeAttribute("city"); %>
<table border="1">
    <tr>
        <td>学院名称:</td>
        <td><%=request.getAttribute("name")%></td>
    </tr>
    <tr>
        <td>学生人数:</td>
        <td><%=request.getAttribute("stucount")%></td>
    </tr>
    <tr>
        <td>电话:</td>
        <td><%=request.getAttribute("tel")%></td>
    </tr>
    <tr>
        <td>所在城市:</td>
        <td><%=request.getAttribute("city")%></td>
    </tr>
    <tr>
        <td>客户端 IP:</td>
        <td><%=request.getRemoteAddr()%></td>
    </tr>
</table>
```

运行结果如图 3.6 所示。

图 3.6　third_example2.jsp 的运行结果

注意：在 third_example2.jsp 中，request.setAttribute("name","北大方正软件学院")；把数据"北大方正软件学院"设定在 request 范围内，转发后页面 b.jsp 使用 request.getAttribute("name")，得到数据"北大方正软件学院"。

request.getRemoteAddr()，返回提交数据的客户端 IP，本例为 127.0.0.1。

例 3-5

f.jsp：

```jsp
<%@page contentType="text/html;charset=GB 2312"%>
```

```
<%
    String uName="John";
    String uSex="man";
    request.setAttribute("name", uName);
    request.setAttribute("sex", uSex);
%>
<jsp:forward page="rmAttribute.jsp"/>
```

rmAttribute.jsp：

```
<%@page contentType="text/html;charset=GB 2312"%>
<%
    request.removeAttribute("name");
    request.removeAttribute("sex");
%>
<table border="1">
    <tr>
        <td>姓名:</td>
        <td><%=request.getAttribute("name")%></td>
    </tr>
    <tr>
        <td>性别:</td>
        <td><%=request.getAttribute("sex")%></td>
    </tr>
</table>
```

运行结果如图 3.7 所示。

图 3.7　f.jsp 的运行结果

注意：在 rmAttribute.jsp 中，request.removeAttribute("name");把设置在 request 中的属性 name 删除，所以 request.getAttribute("name")，显示 null。

3.3　response 对象

response 对象与 request 对象正好相反，所包含的是服务器向客户端作出的应答信息。response 被包装成 HttpServletResponse 接口，它封装了 JSP 的响应，被发送到客户端以响应客户端请求。因输出流是缓冲的，所以可以设置 HTTP 状态码和 response 头。

response 对象常用方法如表 3.2 所示。

表 3.2 response 对象常用方法

方法名称	说明
addCookie(Cookie cookie)	添加一个 Cookie 对象,用来保存客户端用户信息。用 request 对象的 getCookies()方法可以获得这个 Cookie
setContentType（String contentType）	设置响应 MIME 类型。例如：response.setContentType('application/msword;charset=GB 2312')
setCharacterEncoding(String charset)	设置响应使用字符编码格式
setHeader（String name,String value）	设定指定名字的 HTTP 文件头的值,如该值存在,会被新值覆盖。例如,在线聊天室,当 refresh 值为 5 时,就表示页面每 5 秒就要刷新一次 response.setHeader("refresh","5")
sendRedirect(URL)	将用户重定向到一个不同的页面 URL。调用此方法,终止以前的应答,更改浏览器内容为一个新的 URL。注意:使用 sendRedirect 重定向是没办法通过 request.setAttribute 来传递对象到另外一个页面的
String encodeURL（String url）	将 url 予以编码,回传包含 sessionId 的 URL。用 response.sendRedirect(response.encodeURL(url))的好处就是它能将用户的 session 追加到网址的末尾,也就是能够保证用户在不同的页面时的 session 对象是一致的。这样做的目的是防止某些浏览器不支持或禁用了 Cookie 导致 session 跟踪失败
String encodeRedirectURL(String url)	对于使用 sendRedirect()方法的 URL 进行编码

例 3-6

refresh.jsp：

```
<%@page language="java" contentType="text/html; charset=GBK" %>
<html>
<body>
<p>response 自动刷新</p>
当前时间为:
<%response.setHeader("Refresh","10");
out.println(""+new java.util.Date());%>
</body>
</html>
```

运行结果如图 3.8 所示。

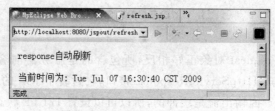

图 3.8 refresh.jsp 的运行结果

注意：response.setHeader("Refresh","10")指 10 秒钟后会重新加载页面本身，通过该方法可以设置页面自动刷新时间间隔。

例 3-7

cookie.jsp：

```jsp
<%@page language="java" contentType="text/html; charset=GBK"%>
<html>
<head>
<meta http-equiv="Content-Type" content="text/html; charset=GBK">
<title>保存数据到 cookie</title>
</head>
<%
request.setCharacterEncoding("GBK");
String name=request.getParameter("Name");
String major=request.getParameter("major");
Cookie cookies[]=request.getCookies();
//存取 name 变量
 if(cookies!=null)
{
    for(int i=0;i<cookies.length;i++)
    {if(cookies[i].getName().equals("name"))

        name=cookies[i].getValue();
    }
}
else if(name!=null)
    {
        Cookie c=new Cookie("name",name);
        c.setMaxAge(50);
        response.addCookie(c);
    }
//存取 major 变量
if(cookies!=null)
{
    for(int i=0;i<cookies.length;i++)
    {if(cookies[i].getName().equals("major"))

        major=cookies[i].getValue();
    }
}
else if(name!=null)
    {
        Cookie c=new Cookie("major",major);
```

```
        response.addCookie(c);

    }
%>
<body>
<P>保存数据到 cookie 的测试</P>
<form action="cookie.jsp" method="post">
 姓名:<input type="text" name="Name"
value="<%if(name!=null)out.println(name);%>">
 专业:<input type="text" name="major"
value="<%if(major!=null)out.println(major);%>">
 <input type="submit" value="保存">
</form>
your name is<%if(name!=null)out.println(name);%>;
<br>
your major is<%if(major!=null)out.println(major);%>;
</body>
</html>
```

运行结果如图 3.9 所示。

图 3.9 cookie.jsp 的运行结果

输入"张三"和"软件技术",单击"保存"按钮,运行结果如图 3.10 所示。

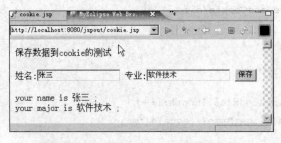

图 3.10 输入信息提交后结果

说明:

(1) Cookie cookies[]=request.getCookies();返回 Cookie 类型数组。

(2) Cookie c=new Cookie("major",major);创建 Cookie 对象 c。

(3) response.addCookie(c);添加一个 Cookie 对象 c。

例 3-8

third_example3.jsp：

```
<%@page pageEncoding="GBK"%>
<html>
<body>
<%
String address=request.getParameter("where");
if(address!=null)
{
if(address.equals("pfc"))
response.sendRedirect("http://www.pfc.edu.cn");
else if(address.equals("pku"))
response.sendRedirect("http://www.pku.edu.cn");
else if(address.equals("buaa"))
response.sendRedirect("http://www.buaa.edu.cn");
}
%>
<b>Please select:</b><br>
<form action="third_example3.jsp" method="GET">
<select name="where">
<option value="pfc" selected>go to pfc
<option value="pku">go to pku
<option value="buaa">go to buaa
</select>
<input type="submit" value="go" name="submit">
</form>
</body>
</html>
```

注意：如果 address 值为 pfc，将用户重定向到 http://www.pfc.edu.cn。使用 <jsp:forward>，在转到新的页面后，原来页面 request 参数是可用的，同时在转到新的页面后，新页面地址不会在地址栏中显示出来。而使用 sendRedirect 方法，重定向后在浏览器地址栏会出现重定向后页面的 URL。

3.4 session 对象

在 Web 应用中，当一个客户首次访问服务器上的某个 JSP 页面时，JSP 引擎（比如 Tomcat）将为这个客户创建一个 session 对象，当客户关闭浏览器离开之后，session 对象被注销。

设置 session 是为了服务器端识别客户。由于 HTTP 协议是无连接的，客户浏览器与服务器建立连接，发出请求，得到响应。一旦发送响应，Web 服务器就会忘记你是谁。

下一次你再做请求的时候，Web 服务器不会认识你。换句话说，它们不记得你曾经做过请求，也不记得它们曾经给你发出过响应，什么都不记得了。有时这样做没什么，但有些时候可能需要跨多个请求保留与客户的会话状态。比如在网上购物这样的应用中，当客户在选完商品后，进入结算页面后，服务器端需要知道这个客户的购物车中有哪些商品。在网站计数器应用中，服务器端同样需要知道是一个新客户访问网站，还是老客户在进行刷新操作，以正确统计访问量。上述的这些需求，都需要通过 session 实现。

3.4.1 session 的常用方法

session 对象常用方法如表 3.3 所示。

表 3.3　session 对象常用方法

方法名称	说明
setAttribute(String attName, Object value)	设定指定名字属性值，并把它存储在 session 对象中
getAttribute(String attName)	获取指定名字属性值，若属性不存在，返回 null
Enumeration getAttributeNames()	返回 session 对象中存储的每一个属性对象，结果是枚举类对象
removeAttribute(String attName)	删除指定属性
setMaxInactiveInterval(int interval)	设置 session 有效时间，单位为秒
getMaxInactiveInterval()	获取 session 对象生存时间，单位为秒
invalidate()	销毁 session，并释放所有与之相关联的对象。要牢记会话与用户相关联，而不是单个 Servlet 或 JSP 页面
getId()	返回当前 session 的 ID
isNew()	判断当前用户是否为新用户，可以判断用户是否刷新了当前页面。如果用户还没有用这个会话 ID 做过响应，isNew() 就返回 true

例 3-9

third_example4.jsp：

```
<%@page pageEncoding="GB 2312"%>
<HTML>
<BODY>
   欢迎访问,请输入姓名
   <FORM>
       <INPUT type="text" name="name">
       <INPUT type="submit" name="submit" value="提交">
   </FORM>
   <%String name=request.getParameter("name");
       if(name==null)
       {  name="";
       }
```

```
         else
         { byte b[]=name.getBytes("ISO 8859-1");
           name=new String(b);
           session.setAttribute("customerName",name);
         }
    %>
    <%if(name.length()>0)
       {
    %>
     <A HREF="book.jsp">欢迎去选书!</A>
    <%}
    %>
<FONT>
</BODY>
</HTML>
```

book.jsp：

```
<%@page pageEncoding="GB 2312" %>
<HTML>
<BODY>
<A HREF="third_example4.jsp">修改姓名!</A>
<p>
请选择您要购买的书：
   <FORM>
       <input type="checkbox" name="item" value="Java">Java
       <input type="checkbox" name="item" value="JSP">JSP
       <input type="checkbox" name="item" value="Struts">Struts
       <p>
       <input type="submit" name="submit" value="提交">
   </FORM>
   <%String book[]=request.getParameterValues("item");
     if(book!=null)
     { for(int k=0;k<book.length;k++)
        { session.setAttribute(book[k],book[k]);
        }
     }
   %>
   <A HREF="count.jsp">去结账!</A>
</BODY>
</HTML>
```

count.jsp：

```
<%@page import="java.util.*" pageEncoding="GB 2312" %>
<HTML>
```

```
<BODY>
这里是结账处:
<% String personName=(String)session.getAttribute("customerName");
    out.print("<br>您的姓名:"+personName);
    Enumeration enumGoods=session.getAttributeNames();
    out.print("<br>购物车中的商品:<br>");
    while(enumGoods.hasMoreElements())
        { String key=(String)enumGoods.nextElement();
          String goods=(String)session.getAttribute(key);
          if(!(goods.equals(personName)))
            out.print(goods+"<br>");
        }
%>
<p>
<A HREF="book.jsp">请继续购买书籍!</A>
<BR><A HREF="third_example4.jsp">修改姓名!</A>
</BODY>
</HTML>
```

输入 http://localhost:8080/jsp3/thid_example4.jsp 运行,输入"张三",单击"提交",之后单击"欢迎去选书"超链接,结果如图 3.11 所示。

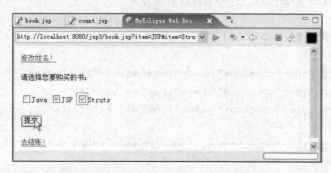

图 3.11 third_example4.jsp 的运行结果(一)

在图 3.11 中,选中要购买图书,单击"提交"按钮,之后单击"去结账"超链接,结果如图 3.12 所示。

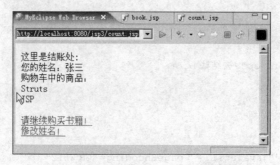

图 3.12 third_example4.jsp 的运行结果(二)

第3章 JSP内置对象

说明：

（1）session.setAttribute("customerName",name);设定指定名字customerName属性值为"张三"，并把它存储在session对象中。

（2）session.getAttribute("customerName");获取指定名字为customerName属性值"张三"。

（3）Enumeration enumGoods＝session.getAttributeNames();返回session对象中存储的每一个属性对象,结果是枚举类对象。

修改book.jsp为：

```
<%@page import="java.util.*" pageEncoding="GB 2312"%>
<HTML>
<BODY>
<A HREF="third_example4.jsp">修改姓名!</A>
<p>
请选择您要购买的书：
  <FORM>
      <input type="checkbox" name="item" value="Java">Java
      <input type="checkbox" name="item" value="JSP">JSP
      <input type="checkbox" name="item" value="Struts">Struts
      <p>
      <input type="submit"  name="submit" value="提交">
  </FORM>
<%!ArrayList a=new ArrayList(); %>
<%   String book[]=request.getParameterValues("item");
 if(book!=null)
    {for(int k=0;k<book.length;k++)
      { a.add(book[k]);
      }
    }
  session.setAttribute("key",a);
  %>
  <A HREF="count.jsp">去结账!</A>
</BODY>
</HTML>
```

修改count.jsp为：

```
<%@page import="java.util.*" pageEncoding="GB 2312"%>
<HTML>
<BODY>
这里是结账处：
<%String personName=(String)session.getAttribute("customerName");
   out.print("<br>您的姓名:"+personName);
   out.print("<br>购物车中的商品:<br>");
```

```
            ArrayList b=(ArrayList)session.getAttribute("key");
                    Object c[]=b.toArray();
                    if(c!=null)
        {for(int k=0;k<c.length;k++)
         { out.print(c[k]+"<br>");
          }
        }
%>
<p>
<A HREF="book.jsp">请继续购买书籍!</A>
<BR><A HREF="third_example4.jsp">修改姓名!</A>
</BODY>
</HTML>
```

这样当两次选择同一本书时,就会打印两次这本书,如图 3.13 所示。

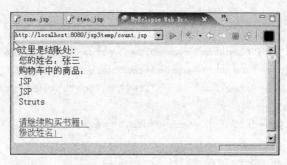

图 3.13 同一本书选择两次

例 3-10 设计网站计数器。

cone.jsp:

```
<%@page pageEncoding="GB 2312" %>
<HTML><BODY bgcolor=yellow>
 <jsp:include page="counter.jsp"/>
<P>Welcome 欢迎您访问本站,这是本网站的 cone.jsp 页面
   <BR>您是第
        <%=(String)session.getAttribute("count")%>
  个访问本网站的客户。
   <A href="ctwo.jsp">欢迎去 ctwo.jsp 参观</A>
</BODY></HTML>
```

ctwo.jsp:

```
<%@page pageEncoding="GB 2312" %>
<HTML><BODY bgcolor=cyan>
<jsp:include page="counter.jsp"/>
<P>欢迎您访问本站,这是本网站的 ctwo.jsp 页面
   <BR>您是第
```

```
            <%=(String)session.getAttribute("count")%>
个访问本网站的客户。
            <A href="cone.jsp">欢迎去 cone.jsp 参观</A>
</BODY></HTML>
```

counter.jsp:

```
<%@page contentType="text/html;charset=GB 2312" %>
<%@page import="java.io.*" %>
<%!int number=0;
      File file=new File("countNumber.txt");
      synchronized void countPeople()                //计算访问次数的同步方法
       { if(!file.exists())
          { number++;
             try{ file.createNewFile();
                   FileOutputStream out=new FileOutputStream(file);
                   DataOutputStream dataOut=new
                       DataOutputStream(out);
                   dataOut.writeInt(number);
                   out.close();
                   dataOut.close();
                 }
             catch(IOException ee){}
          }
          else
          {  try{  FileInputStream in=new FileInputStream(file);
                   DataInputStream dataIn=new DataInputStream(in);
                   number=dataIn.readInt();
                   number++;
                   in.close();
                   dataIn.close();
                   FileOutputStream out=new FileOutputStream(file);
                   DataOutputStream dataOut=new
                       DataOutputStream(out);
                   dataOut.writeInt(number);
                   out.close();
                   dataOut.close();
                 }
             catch(IOException ee){}
          }
       }
%>
<%   String str=(String)session.getAttribute("count");
     if(session.isNew())
       { out.println("请首先访问其他网页");
```

```
            }
        else
        {   if(str==null)
            {   countPeople();
                String personCount=String.valueOf(number);
                session.setAttribute("count",personCount);
            }
        }
%>
```

运行结果如图 3.14 所示。

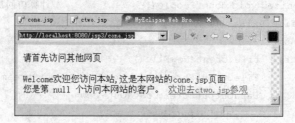

图 3.14　cone.jsp 页面

单击"欢迎去 ctwo.jsp 参观"超链接,运行结果如图 3.15 所示。

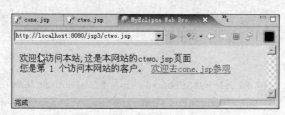

图 3.15　ctwo.jsp 页面

再单击"欢迎去 cone.jsp 参观"超链接,运行结果如图 3.16 所示。

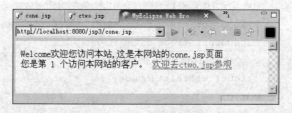

图 3.16　再次回到 cone.jsp 页面

再打开一个浏览器页面,输入 http://localhost:8080/jsp3/cone.jsp,运行结果如图 3.17 所示。

3.4.2　session 跟踪

因为 HTTP 协议是无连接的,浏览器访问网页的过程是:建立连接,发出请求,得到

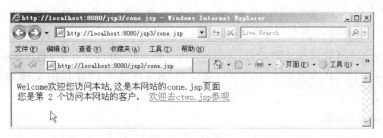

图 3.17 第三次进入 cone.jsp 页面

响应,然后关闭连接。就是说,连接只针对一个请求/响应过程。由于 HTTP 连接不会持久保留,所以容器就识别不出发出第二个请求的客户与前一个请求的客户是不是同一个客户。比如在网上购物这样的应用中,当客户在选完商品后,进入结算页面后,服务器端需要知道这个客户的购物车中有哪些商品。JSP 解决这类问题的方法就是 session 跟踪,通过 session 跟踪来辨认客户端,一般 session 跟踪有以下几种方法:

- 使用 Cookie;
- URL 重写;
- 使用隐藏表单域。

1. Cookie

Cookie 是 Web 服务器发送至客户端浏览器的小段文本信息,在以后访问该服务器时浏览器会不做任何修改地向服务器返回这些信息,可见 Cookie 目的是方便用户以及向服务器端传送相关信息。

当一个用户首次访问服务器上的一个 JSP 页面时,JSP 引擎产生一个 session 对象,同时分配一个 String 类型的 ID 号(session ID),JSP 引擎同时将这个 ID 号发送到用户端,存放在 Cookie 中,这样 session 对象和用户之间就建立了一一对应的关系。当用户再访问连接该服务器的其他页面时,不再分配给用户新的 session 对象,直到关闭浏览器或该 session 达到最大生存时间后,服务器端该用户的 session 对象才取消,并且和用户对应关系消失。当重新打开浏览器再连接到该服务器时,服务器为该用户创建一个新的 session 对象。

1) Cookie 的发送

(1) 创建 Cookie 对象:

`Cookie cookie=new Cookie("name","value");`

(2) 设置最大时效:

`cookie.setMaxAge(60);`

(3) 将 Cookie 放入到 HTTP 响应报头:

`response.addCookie(cookie);`

如果你创建了一个 Cookie,并将它发送到浏览器,默认情况下它是一个会话级别的Cookie,存储在浏览器的内存中,用户退出浏览器之后被删除。如果你希望浏览器将该

Cookie 存储在磁盘上,则需要使用 setMaxAge(),并给出一个以秒为单位的时间。将最大时效设为 0 则是命令浏览器删除该 Cookie。

发送 Cookie 需要使用 HttpServletResponse 的 addCookie 方法,将 Cookie 插入到一个 Set-Cookie HTTP 请求报头中。同样要记住响应报头必须在任何文档内容发送到客户端之前设置。

2) Cookie 的读取

(1) 调用 getCookies() 方法。要获取由浏览器发送来的 Cookie,需要调用 HttpServletRequest 的 getCookies 方法,这个调用返回 Cookie 对象的数组,对应由 HTTP 请求中 Cookie 报头输入的值。

(2) 对数组进行循环,调用每个 Cookie 的 getName 方法,直到找到感兴趣的 Cookie 为止。

例如:

```
String cookieName="userID";
    Cookie cookies[]=request.getCookies();
    if(cookies!=null){
       for(int i=0;i<cookies.length;i++){
        Cookie cookie=cookies[i];
       if(cookieName.equals(cookie.getName())){
         doSomethingWith(cookie.getValue());
       }
      }
    }
```

2. URL 重写

如果客户端不支持 Cookie,那么客户在不同网页之间的 session 对象可能是互不相同的,因为服务器无法将 ID 存放到客户端,就不能建立 session 对象和客户的一一对应关系。可以通过 URL 重写来实现 session 对象的唯一性。

所谓 URL 重写,就是当客户从一个页面连接到同一 Web 服务目录一个页面时,通过向这个新的 URL 添加参数,把 session 对象的 ID 传带过去,这样就可以保证客户在该网站各个页面中的 session 对象是完全相同的。以 http://host/path/file.html/;jsessionid=a1234 为例,jsessionid=a1234 作为会话标识符附加在 URL 尾部。就是 URL+;jsessionid=a1234。

不能对静态页面完成 URL 重写。使用 URL 重写只有一种可能,就是作为会话一部分的所有页面都是动态生成的。不能编码会话 ID,因为 ID 在运行之前并不存在。所以依赖于会话,就要把 URL 重写作为一条后路,另外,因为需要 URL 重写,就必须在响应 HTML 中动态生成 URL。这意味着必须在运行时处理 HTML。

如果客户不接受 Cookie,URL 重写是自动的,但只有当你对 URL 完成了编码时它才奏效。必须通过 response 对象调用 encodeURL() 或 encodeRedirectURL() 方法来运行所有 URL,其他的所有事情都由容器来做。

比如从 a.jsp 页面重定向到 b.jsp 页面，但还想使用一个会话，就要首先在程序片实现 URL 重写：

String str=response.encodeRedirectURL("/b.jsp");

然后将连接目标写成<%=str%>即可。

注意：URL 重写有如下缺点。

对所有的 URL 使用 URL 重写，包括超链接、form 的 action 和重定向的 URL。每个引用你的站点的 URL，以及那些返回给用户的 URL（即使通过间接手段，比如服务器重定向中的 Location 字段）都要添加额外的信息。

这意味着在你的站点上不能有任何静态的 HTML 页面（至少静态页面中不能有任何链接到站点动态页面的链接）。因此，每个页面都必须使用 Servlet 或 JSP 动态生成。即使所有的页面都动态生成，如果用户离开了会话并通过书签或链接再次回来，会话的信息都会丢失，因为存储下来的链接含有错误的标识信息，该 URL 后面的 session ID 已经过期了。

3. 使用隐藏表单域

HTML 表单可以含有如下条目：

\<input type="hidden" name="session" value="a1234"\>

这个条目含义为：在提交表单时，要将指定的名称和值自动包括在 GET 和 POST 数据中。这个隐藏域可以用来存储有关会话信息。但它主要缺点是：仅当每个页面都是有表单提交而动态生成时，才能使用这种方法。单击常规的<A></A>超文本链接并不产生表单提交，因此隐藏的表单域不能支持通常的会话跟踪，只能用于一系列特定的操作中，比如在线商店的结账过程。

3.5 application 对象

对于一个容器而言，每个用户都共同使用一个 application 对象，这和 session 对象是不一样的，它用于实现用户间数据共享。服务器启动后，就会自动创建 application 对象，这个对象一直会保持，直到服务器关闭为止。

application 对象常用方法如表 3.4 所示。

表 3.4 application 对象常用方法

方法名称	说 明
setAttribute(String attName,Object value)	设定指定名字属性值
getAttribute(String attName)	获取指定名字属性值
Enumeration getAttributeNames()	返回所有 application 对象的属性名字，结果是枚举类对象
removeAttribute(String attName)	删除指定属性
String getRealPath(String path)	返回虚拟路径的真实路径

例 3-11

third_example5.jsp：

```jsp
<%@page pageEncoding="GB 2312" %>
<HTML><BODY>
<FORM action="messagePane.jsp" method="post" name="form">
    输入您的名字:<BR><INPUT type="text" name="peopleName">
    <BR>输入您的留言标题:<BR>
    <INPUT type="text" name="Title">
    <BR>输入您的留言:<BR>
<TEXTAREA name="messages" ROWs="10" COLS="36"></TEXTAREA>
    <BR><INPUT type="submit" value="提交信息" name="submit">
</FORM>
<FORM action="showMessage.jsp" method="post" name="form1">
    <INPUT type="submit" value="查看留言板" name="look">
</FORM>
</BODY></HTML>
```

messagePane.jsp：

```jsp
<%@page import="java.util.*" pageEncoding="GBK" %>
<HTML><BODY>
    <%!Vector<String>v=new Vector<String>();
        int i=0; ServletContext application;
        synchronized void sendMessage(String s)
         {application=getServletContext();
          i++;
         v.add("No."+i+","+s);
         application.setAttribute("Mess",v);
         }
    %>
    <%String name=request.getParameter("peopleName");
      String title=request.getParameter("Title");
      String messages=request.getParameter("messages");
        if(name==null)
          {name="guest"+(int)(Math.random() * 10000);
          }
        else
         {byte a[]=name.getBytes("ISO 8859-1");
          name=new String(a);
          }
        if(title==null)
          {title="无标题";
          }
        else
         {byte a[]=title.getBytes("ISO 8859-1");
```

```
                title=new String(a);
            }
            if(messages==null)
              {messages="无信息";
              }
            else
            {byte a[]=messages.getBytes("ISO 8859-1");
             messages=new String(a);
            }
            String s="姓名:"+name+"# "+"标题:"+title+"# "+"内容:"+"<BR>"+messages;
            sendMessage(s);
            out.print("您的信息已经提交!");
    %>
  <A HREF="third_example5.jsp">返回
</BODY></HTML>.
```

showMessage.jsp:

```
<%@page import="java.util.*" pageEncoding="GBK" %>
<HTML><BODY>
    <%Vector v=(Vector)application.getAttribute("Mess");
        for(int i=0;i<v.size();i++)
          { String message=(String)v.elementAt(i);
            StringTokenizer fenxi=new StringTokenizer(message,"# ");
              while(fenxi.hasMoreTokens())
                 { String str=fenxi.nextToken();
                   out.print("<BR>"+str);
                 }
            }
     %>
</BODY></HTML>
```

运行结果如图 3.18 所示,输入内容单击"提交信息"按钮,之后单击"查看留言板"按钮,结果如图 3.19 所示。

图 3.18 third_example5.jsp 的运行结果(一)

图 3.19 third_example5.jsp 的运行结果(二)

说明：

```
ServletContext application;
application=getServletContext();
```

得到 application 对象。

3.6 config 对象

config 对象被封装成 javax.servlet.ServletConfig 接口，表示 Servlet 的配置。当一个 Servlet 初始化时，容器把某些信息通过此对象传递给 Servlet。

config 对象常用方法如表 3.5 所示。

表 3.5 config 对象常用方法

方 法 名 称	说　　明
getInitParameter(String name)	获取名字为 name 的初始参数值
Enumeration getInitParameterNames()	获取这个 JSP 所有初始参数的名字
getServletContext()	返回执行者 Servlet 上下文

例 3-12

third_example6.jsp：

```jsp
<%@page import="java.util.*" pageEncoding="GB 2312"%>
<html>
    <body>
        <%
        Enumeration a=config.getInitParameterNames();
        while(a.hasMoreElements())
            { String name=(String)a.nextElement();
            if(name.equals("pfc")||name.equals("pku"))
              { String value=config.getInitParameter(name);
               out.print("参数名:"+name+"  "+"参数值:"+value+"<br>");
              }
            }
        %>
    </body>
</html>
```

还要配置 Web.xml 文件：

```
<?xml version="1.0" encoding="UTF-8"?>
<web-app version="2.4"
    xmlns="http://java.sun.com/xml/ns/j2ee"
    xmlns:xsi="http://www.w3.org/2001/XMLSchema-instance"
    xsi:schemaLocation="http://java.sun.com/xml/ns/j2ee
    http://java.sun.com/xml/ns/j2ee/web-app_2_4.xsd">
<servlet>
    <servlet-name>pfc</servlet-name>
    <jsp-file>/third_example6.jsp</jsp-file>
    <init-param>
    <param-name>pfc</param-name>
    <param-value>北大方正软件技术学院</param-value>
    </init-param>
    <init-param>
    <param-name>pku</param-name>
    <param-value>北京大学</param-value>
    </init-param>
</servlet>
    <servlet-mapping>
    <servlet-name>pfc</servlet-name>
    <url-pattern>/third_example6.jsp</url-pattern>
    </servlet-mapping>
</web-app>
```

运行结果如图 3.20 所示。

图 3.20　third_example6.jsp 的运行结果

说明：

(1) 其中：

```
<init-param>
    <param-name>pfc</param-name>
    <param-value>北大方正软件技术学院</param-value>
</init-param>
```

设置初始化参数名为 pfc，参数值为"北大方正软件技术学院"。

(2) Enumeration a=config.getInitParameterNames();获取这个 JSP 所有初始参数的名字，返回一个枚举。

(3) String value=config.getInitParameter(name);获取名字为 name 的初始参数值。

3.7 pageContext 对象

pageContext 对象被封装成 javax.servlet.jsp.PageContext 接口,它为 JSP 页面包装页面上下文,提供存取所有关于 JSP 程序执行时期所要用到的属性方法。

pageContext 对象常用方法如表 3.6 所示。

表 3.6 pageContext 对象常用方法

方法名称	说明
forward(String relativeURL)	把页面转发到另一个页面或者 Servlet 组件上
getAttribute(String name[,int scope])	获取属性的值
getException()	返回当前的 exception 对象
getRequest()	返回当前的 request 对象
getResponse()	返回当前的 response 对象
getServletConfig()	返回当前页面的 ServletConfig 对象
getServletContext()	返回 ServletContext 对象,这个对象对所有页面都是共享的
getSession()	返回当前页面的 session 对象
setAttribute(String name,String value)	设置属性值
removeAttribute(String name)	删除指定属性
invalidate()	返回 ServletContext 对象,全部销毁

例 3-13

third_example7.jsp:

```jsp
<%@page pageEncoding="GBK"%>
<html>
<body>
<form method=post action="PageContext1.jsp">
<table>
<tr>
<td>姓名</td>
<td><input type=text name=name></td>
</tr>
<tr colspan=2>
<td><input type=submit value=登录></td>
</tr>
</table>
</body>
</html>
```

PageContext1.jsp:

```jsp
<%@page pageEncoding="GBK"%>
```

```
<%
ServletRequest req=pageContext.getRequest();
String name=req.getParameter("name");
byte b[]=name.getBytes("ISO 8859-1");
name=new String(b);
out.println("name="+name);
pageContext.setAttribute("userName",name);
pageContext.getServletContext().setAttribute("sharevalue","多个页面共享的值");
pageContext.getSession().setAttribute("sessionValue","只有在session中才是共享的值");
out.println("<br>pageContext.getAttribute('userName')=");
out.println(pageContext.getAttribute("userName"));
%>
<a href="PageContext2.jsp">下一步--&gt;</a>
<hr>
可以在PageContext中设置属性
```

PageContext2.jsp：

```
<%@page pageEncoding="GBK"%>
pageContext的测试页面-获得前一页面设置的值:<br>
<%
out.println("<br>pageContext.getAttribute('userName')=");
out.println(pageContext.getAttribute("userName"));
out.println("<br>pageContext.getSession().getAttribute('sessionValue')=");
out.println(pageContext.getSession().getAttribute("sessionValue"));
out.print("<br>");
out.println("pageContext.getServletContext().getAttribute('sharevalue')=");
out.println(pageContext.getServletContext().getAttribute("sharevalue"));
%>
```

在地址栏输入 http://localhost:8080/jsp3/third_example7.jsp 运行，结果如图3.21所示。

图3.21　third_example7.jsp 的运行结果（一）

输入"张三"，单击"登录"，结果如图3.22所示。

单击"下一步"超链接，如图3.23所示。

重新启动一个IE浏览器，输入 http://localhost:8080/jsp3/PageContext2.jsp，结果如图3.24所示。

图 3.22　third_example7.jsp 的运行结果(二)

图 3.23　third_example7.jsp 的运行结果(三)

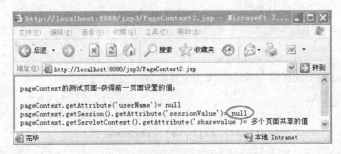

图 3.24　pageContext2.jsp 的运行结果

说明：

(1) pageContext 属性默认在当前页面共享。

(2) session 属性在当前 session 中是共享的。

(3) ServletContext 对象中属性对所有页面都是共享的。

3.8　exception 对象

如果在 JSP 页面中出现没有捕获的异常，就会生成 exception 对象，并把它传送到在 page 指令中设定的错误页面中，然后在错误处理页面中处理相应的 exception 对象。 exception 对象只有在错误处理页面（在页面指令里 isErrorPage=true）才可以使用。

exception 对象常用方法如表 3.7 所示。

表 3.7　exception 对象常用方法

方法名称	说　　明
getMessage()	获取异常消息字符串
toString()	以字符串形式返回对异常的描述

例 3-14

a.jsp：

```
<%@page language="java" pageEncoding="GB 2312" errorPage="error.jsp" %>
<html>
  <body>
    <%!int a[]={0,1,2}; %>
    <%=a[3]%>
  </body>
</html>
```

error.jsp：

```
<%@page language="java" pageEncoding="GBK" isErrorPage="true" %>
<html>
  <body>
    <H2>
    <font color="red">
    错误原因：
    <%=exception.getMessage()%>
    <%=exception.toString()%>
    </font>
    </H2>
  </body>
</html>
```

运行结果如图 3.25 所示。

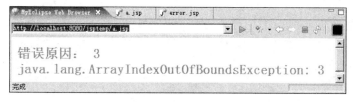

图 3.25　a.jsp 的运行结果

注意：在错误处理页面中，＜％＝exception.getMessage()％＞输出获取的异常消息字符串。

3.9　实验与训练指导

(1) 编写一个 JSP 页面，要求提供一个包含各省份名称的下拉列表框，让用户选择其籍贯，提交后，判断用户是否是北籍，如果是，则跳入一个欢迎界面，如果不是，则在页面上显示该用户籍贯。

(2) 计算三角形面积，如图 2.26 所示输入三角形三条边，单击"提交"按钮，计算出该三角形的面积。

(a) 输入三角形三条边的边长

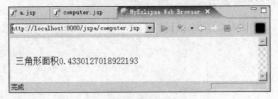
(b) 三角形的面积结果

图 3.26　计算三角形面积

（3）如表单中提交信息有汉字，接收该信息的页面应如何处理？

（4）编写一个 JSP 页面，要求提供一组复选框，让用户选择日常饮用的饮料，提交后，在页面上输出用户所有选择项。

第 4 章 客 户 标 签

JSP 中的标签,或者说标签扩展(tag Extension)实际上是一个 Java 类,更进一步说,是一个实现了接口 javax.servlet.jsp.tagext.jspTag 的 JavaBean。它使编程员可把复杂、重复的代码或任务封装起来,这些代码可以简单形式被重用。标签库包含一组功能相关的、用户定义的 XML 标签。

使用标签优点是:

(1) 减少 Scriptlet 代码:客户标签属性可用来接收参数,可避免或减少包含声明(定义变量)与 Scriptlet(设置 Java 组件属性)。

(2) 可重用性:客户标签可以重用,能节省开发与部署代码的时间。

4.1 标签文件

标签文件以 tag 为扩展名,分为静态标签文件和动态标签文件。程序员可以使用它取出一段 JSP 代码,并通过定制功能来实现代码的重用。

4.1.1 静态标签文件

静态标签文件不带定制功能,即没有参数的传递。

```
<%@taglib prefix="p" tagdir="/WEB-INF/tags" %>
```

其中,prefix:命名空间前缀。

tagdir:标记文件所在目录,告诉容器在一个指定目录中查找一个标记库的标记文件实现。这个属性必须包含一个以/WEB-INF/tags 开始的路径。

例 4-1

fourth_example1.jsp:

```
<%@taglib prefix="p" tagdir="/WEB-INF/tags/pfctag" %>
<%@page pageEncoding="GBK" %>
<html>
<body>
<h2>
    中国是:<p:china/>
```

美国是:<p:usa/>
</h2>
</body>
</html>

china.tag 文件：

<h2>the People's Republic of China</h2>

usa.tag 文件：

<h2>USA</h2>

Web 目录结构如图 4.1 所示。
运行结果如图 4.2 所示。

图 4.1　Web 目录结构

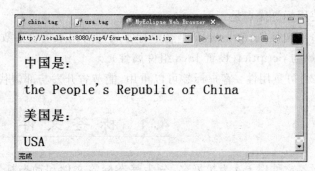

图 4.2　fourth_example1.jsp 的运行结果

说明：

(1) <%@ taglib prefix="p" tagdir="/WEB-INF/tags/pfctag" %>
prefix="p"表示命名前缀为 p，tagdir="/WEB-INF/tags/pfctag"表示标记文件所在目录"/WEB-INF/tags/pfctag"，在该目录下有两个标记文件 china.tag 和 usa.tag。
(2) <p:china/>输出标记文件 china.tag 的内容 the People's Republic of China。
(3) <p:usa/>输出标记文件 usa.tag 的内容 USA。

4.1.2　动态标签文件

动态标签文件带定制功能，即有参数的传递。

例 4-2

java.tag：

```
<%@ tag body-content=scriptless"%>
<%@ attribute name="name"%>
<%@ attribute name="size"%>
<%@ attribute name="align"%>
<table width="339" height="41" border="1">
  <tr>
```

```
      <td align="${align}">${name}</td>
      <td align="${align}"><font size="${size}"><jsp:doBody/></font></td>
    </tr>
</table>
```

index.jsp：

```
<%@page contentType="text/html; charset=GB 2312" language="java" %>
<%@taglib prefix="tags" tagdir="/WEB-INF/tags/pfctag"%>
<%--上述代码是对该标签文件引用声明--%>
<html>
<head>
<meta http-equiv="Content-Type" content="text/html; charset=GB 2312"/>
<title>动态标签文件的应用</title>
</head>
<body>
以下是动态标签输出的内容<br>
<tags:java name="月薪 2000" size="3" align="left">
    Java 初级程序员
</tags:java>
<tags:java name="月薪 3000" size="4" align="center">
    Java 中级程序员
</tags:java>
<tags:java name="月薪 5000 以上" size="5" align="right">
    Java 高级程序员
</tags:java>
</body>
</html>
```

运行结果如图 4.3 所示。

图 4.3　index.jsp 的运行结果

说明：

(1) 在 java.tag 中，<%@tag body－content＝"scriptless"%>相当于 JSP 页面中 page 指令。<%@attribute%>这个指令只能由标记文件使用。<%@attribute name＝"name"%>参数名字为 name。<%@attribute name＝"size"%>参数名字为 size。<%

@ attribute name="align"%>参数名字为 align。<jsp:doBody/>表明取得标记体中内容并放在这里。

(2) 在 index.jsp 中,

```
<tags:java name="月薪 2000" size="3" align="left">
   Java 初级程序员
</tags:java>
```

参数 name 取值"月薪 2000",size 取值 3,align 取值 left,Java 初级程序员为标记体。

4.2 自定义标签库的构建

标签库的组成部分如表 4.1 所示。

表 4.1 标签库的组成部分

要 求	特 性
标签处理程序	包含类的定义和定义标签功能的方法
标签描述符(TLD)文件	描述标签库的 XML 文件

考虑到表 4.1 这种结构,显然开发者负责编码标签处理程序与 TLD 文件。Web 设计人员负责 Web 页面的静态内容,然后把客户标签加入到 JSP 文件。因此,要在 JSP 文件中使用客户标签,需要做如下工作:

(1) 创建实现 Tag 接口或继承 TagSupport 类的标签处理程序,它定义标签执行的任务。
(2) 使用 TLD 文件来映射标签与标签处理程序文件。
(3) JSP 文件包含 taglib 指令,指出标签的使用与标签的定义。

使用 URI 映射到标记库的语法如下:

```
<%@ taglib prefix="p"
           uri="http://java.sun.com/jsp/jstl/core" %>
```

告诉容器此 JSP 将使用与 URI 相关联的标记库。可以通过一个 tld 文件将这个 URI 与一个标记库关联。

4.2.1 标签处理程序的结构

用标签处理程序来定义标签的工作,该类实现 TagSupport 或 BodyTagSupport 接口,如表 4.2 至表 4.6 所示。

表 4.2 识别标签处理程序的结构(继承 **TagSupport** 类)

标签处理程序的结构	要实现的方法
简单的无体和无属性标签	doStartTag()、doEndTag()、release()
带属性标签	doStartTag()、doEndTag(),及各自的设置与对每个标签属性的 set、get 方法

表 4.3 标签处理程序中常用方法

方法	描述	方法	描述
doStartTag()	处理开始标签	release()	抹去标签处理程序实例
doEndTag()	处理结束标签	doAfterBody()	在完成体标签求值后被调用

表 4.4 doStartTag()返回值

返回值	描述
SKIP_BODY	空标签中用来指导 JSP 引擎跳过标签的体，随后调用 doEndTag()
EVAL_BODY_INCLUDE	用来指导 JSP 引擎处理标签体内容

表 4.5 doEndTag()返回值

返回值	描述
SKIP_PAGE	用来指出跳过或省略对 JSP 页面其余部分求值
EVAL_PAGE	用来指出对 JSP 页面其余部分求值

表 4.6 doAfterBody()返回值

返回值	描述
EVAL_BODY_AGAIN	对体内容求值后，再一次对体内容求值，再一次调用 doAfterBody()
SKIP_BODY	随后调用 doEndTag()

4.2.2 标签描述符文件

Demo.tld：

```xml
<?xml version="1.0" encoding="ISO 8859-1" ?>
<!DOCTYPE taglib
      PUBLIC "-//Sun Microsystems,Inc.//DTD JSP Tag Library 1.2//EN"
      "http://java.sun.com/j2ee/dtds/web-jsptaglibrary_1_2.dtd">
<taglib>
  <tlib-version>1.2</tlib-version>
  <jsp-version>1.2</jsp-version>
  <short-name>pfc Web Taglib</short-name>
  <uri>http://www.pfc.cn/taglib</uri>
  <description>
     An example tab library for Web Application.
  </description>
  <tag>
    <name>heading</name>
    <tag-class>pfc.taglibs.HeadingHandler</tag-class>
    <body-content>JSP</body-content>
    <description>heading</description>
    <attribute>
      <name>alignment</name>
```

```
      <required>true</required>
      <rtexprvalue>false</rtexprvalue>
    </attribute>
    <attribute>
      <name>color</name>
      <required>false</required>
      <rtexprvalue>false</rtexprvalue>
    </attribute>
  </tag>
</taglib>
```

表 4.7 至表 4.9 对上述 Demo.tld 中用到的标签做了说明。

表 4.7 在 taglib 级上 TLD 文件的元素

标　签	说　　明
<tlib-version>	标签库版本(1.2)
<jsp-version>	标签库依赖的 JSP 版本(1.2)
<short-name>	标签库名(pfc Web Taglib)
<uri>	标签库唯一 ID(http://www.pfc.cn/taglib)
<description>	关于标签库详细信息

表 4.8 在 tag 级上 TLD 文件的元素

标　签	说　　明
<name>	标签的名(heading)
<tag-class>	标签处理程序类(pfc.taglibs.HeadingHandler)
<body-content>	标签体的定义。 empty：为空标签。 JSP(默认)：能放在 JSP 中的东西都能放在这个标记体中。 tagdependent：标记体要看作纯文本，所以不会计算 EL，也不会触发标记/动作，例如 SQL 语句。 Scriptless：默认，标记体中不能有脚本元素，而脚本元素可以是 sciptlet(<%…%>)、脚本表达式((<%=…%>))和声明(<%!…%>)
<description>	关于标签的详细信息
<attribute>	关于标签的属性名与需求说明

表 4.9 在 attribute 级上 TLD 文件的元素

标　签	说　　明
<name>	属性名
<required>	true：属性是必需的。 false：属性可有可无
<rtexprvalue>	true：属性值可动态生成。 false：默认，属性值不可动态生成。 例如：true 代表，<xxx:yyyy zzz="<%=something%>"/> 标签库 zzz 的属性是<%= %>表达式的结果而非"<%= something %>"这几个字母

4.2.3 包含客户标签的 JSP 文件执行序列

(1) 当 JSP 引擎标识 JSP 页面中 taglib 指令时,它识别出存在与 JSP 文件有关联的客户标签,此标签的 URI 与前缀作为说明唯一 URI 与标签名的引用性数据。
(2) 对所指的标签处理程序初始化。
(3) 执行关于每个标签的 get() 与 set() 方法。
(4) 调用 doStartTag() 方法。
(5) 求值此标签体,如说明了 SKIP_BODY 常量,则跳过,去调用 doEndTag() 方法。
(6) 调用 doAfterBody() 方法处理标签体求值后所生成的内容。
(7) 调用 doEndTag() 方法。

例 4-3 标签处理程序继承类 TagSupport。

1) 标签处理程序代码
(1) CheckStatusHandler 类:

```java
package pfc.taglibs;
import java.util.List;
import javax.servlet.ServletRequest;
import javax.servlet.jsp.JspException;
import javax.servlet.jsp.tagext.TagSupport;
public class CheckStatusHandler extends TagSupport{
    private String name;
    public void setName(String name){
        this.name=name;
    }
    public int doStartTag()throws JspException{
        ServletRequest request=pageContext.getRequest();
        List list=(List)request.getAttribute(name);
        if(list==null){
            return SKIP_BODY;
        } else{
            return EVAL_BODY_INCLUDE;
        }
    }
    public int doEndTag()throws JspException{
        return EVAL_PAGE;
    }
    public void release(){
    }
}
```

(2) GetRequestParamHandler 类:

```java
package pfc.taglibs;
```

```java
import java.io.IOException;
import javax.servlet.ServletRequest;
import javax.servlet.jsp.JspWriter;
import javax.servlet.jsp.tagext.TagSupport;
public class GetRequestParamHandler extends TagSupport{
    private String name=null;
    private String defaultValue="";

    public GetRequestParamHandler(){
        //System.out.println("create GetRequestParamHandler");
    }

    public void setName(String name){
        System.out.println("setName()");
        this.name=name;
    }

    public void setDefaultValue(String defaultValue){
        System.out.println("setDefaultValue()");
        this.defaultValue=defaultValue;
    }

    public int doStartTag(){
        System.out.println("dostartTag()");
        try{
            ServletRequest request=pageContext.getRequest();
            String paramValue=request.getParameter(name);
            JspWriter out=pageContext.getOut();
            if(paramValue==null)
                paramValue=defaultValue;
            out.print(paramValue);
        }catch(IOException ioe){
            ioe.printStackTrace();
        }
        return SKIP_BODY;
    }

    public void release(){
        System.out.println("release()");
        this.defaultValue="";
    }
}
```

（3）HeadingHandler 类：

```java
package pfc.taglibs;
import java.io.IOException;
import javax.servlet.jsp.JspWriter;
import javax.servlet.jsp.JspException;
import javax.servlet.jsp.tagext.TagSupport;
public class HeadingHandler extends TagSupport{

    private String alignment;
    private String color="red";

    public void setAlignment(String alignment){
        System.out.println("setAlignment");
        this.alignment=alignment;
    }

    public void setColor(String color){
        System.out.println("setColor");
        this.color=color;
    }

    public int doStartTag()throws JspException{
        System.out.println("doStartTag()");
        try{
            JspWriter out=pageContext.getOut();
            out.print("<table border='0' cellspacing='0' cellpadding='0' width='300'>");
            out.print("<tr align='"+alignment+"' bgcolor='"+color+"'>");
            out.print("<td><H3>");
        } catch(IOException ioe){
            throw new JspException(ioe);
        }
        return EVAL_BODY_INCLUDE;
    }

    public int doEndTag()throws JspException{
        System.out.println("doEndTag()");
        try{
            JspWriter out=pageContext.getOut();
            out.print("</H3></td>");
            out.print("</tr>");
            out.print("</table>");
        } catch(IOException ioe){
```

```java
            throw new JspException(ioe);
        }
        return EVAL_PAGE;
    }

    public void release(){
        System.out.println("release()");
        this.color="red";
    }
};
```

(4) IteratorListHandler 类：

```java
package pfc.taglibs;
import java.util.*;
import javax.servlet.ServletRequest;
import javax.servlet.jsp.tagext.TagSupport;
import javax.servlet.jsp.JspException;
import javax.servlet.jsp.PageContext;
public class IteratorListHandler extends TagSupport{
    private String name;
    private String id;
    private Iterator iterator=null;
    public void setId(String id){
        this.id=id;
    }
    public void setName(String name){
        this.name=name;
    }
    public int doStartTag()throws JspException{
        List list=(List)pageContext.getAttribute(name,PageContext.REQUEST_SCOPE);
        iterator=list.iterator();
        if(iterator.hasNext()){
            pageContext.setAttribute(id,(Person)iterator.next(),
            PageContext.PAGE_SCOPE);
        }
        return EVAL_BODY_INCLUDE;
    }
    public int doAfterBody()throws JspException{
        if(iterator.hasNext()){
            pageContext.setAttribute(id,(Person)iterator.next(),
            PageContext.PAGE_SCOPE);
            return EVAL_BODY_AGAIN;
        } else{
            return SKIP_BODY;
```

```
        }
    }
    public void release(){
    }
}
```

(5) WriterHandler 类：

```
package pfc.taglibs;
import java.util.*;
import java.io.*;
import javax.servlet.ServletRequest;
import javax.servlet.jsp.JspWriter;
import javax.servlet.jsp.tagext.TagSupport;
import javax.servlet.jsp.JspException;
import javax.servlet.jsp.PageContext;
public class WriterHandler extends TagSupport{
    private String name;
    public void setName(String name){
        this.name=name;
    }
    public int doStartTag()throws JspException{
        try    {
            Person person=(Person)pageContext.getAttribute
            (name,PageContext.PAGE_SCOPE);
            JspWriter out=pageContext.getOut();
            out.print(person.getId()+"   "+
                person.getName()+"   "+
                person.getPwd()+"   "+
                person.getAddress()+"<br>");
        }catch(IOException ioe){
            ioe.printStackTrace();
        }
        return SKIP_BODY;

    }
    public void release(){
    }
}
```

2）普通 Java 类——Person 类

```
package pfc.taglibs;
public class Person{
    private int id;
    private String name;
```

```
            private String pwd;
            private String address;
            public Person(int id,String name,String pwd,String address){
                this.id=id;
                this.name=name;
                this.pwd=pwd;
                this.address=address;
            }
            public String getAddress(){
                return address;
            }
            public void setAddress(String address){
                this.address=address;
            }
            public int getId(){
                return id;
            }
            public void setId(int id){
                this.id=id;
            }
            public String getName(){
                return name;
            }
            public void setName(String name){
                this.name=name;
            }
            public String getPwd(){
                return pwd;
            }
            public void setPwd(String pwd){
                this.pwd=pwd;
            }
        };
```

3) taglib.tld 文件

```
<?xml version="1.0" encoding="ISO 8859-1" ?>
<!DOCTYPE taglib
        PUBLIC "-//Sun Microsystems,Inc.//DTD JSP Tag Library 1.2//EN"
        "http://java.sun.com/j2ee/dtds/web-jsptaglibrary_1_2.dtd">
<taglib>
  <tlib-version>1.2</tlib-version>
  <jsp-version>1.2</jsp-version>
  <short-name>pfc Web Taglib</short-name>
  <uri>http://www.pfc.cn/taglib</uri>
```

```xml
<description>
    An example tab library for Web Application.
</description>

<tag>
  <name>getReqParam</name>
  <tag-class>pfc.taglibs.GetRequestParamHandler</tag-class>
  <body-content>empty</body-content>
  <description>
      This tag inserts into the output the value of the named
      request parameter. If the parameter does not exist,then
      either the default is used(if provided)or the empty string.
  </description>
  <attribute>
     <name>name</name>
     <required>true</required>
     <rtexprvalue>false</rtexprvalue>
  </attribute>
  <attribute>
     <name>defaultValue</name>
     <required>false</required>
     <rtexprvalue>true</rtexprvalue>
  </attribute>
</tag>

<tag>
  <name>heading</name>
  <tag-class>pfc.taglibs.HeadingHandler</tag-class>
  <body-content>JSP</body-content>
  <description>heading</description>
  <attribute>
    <name>alignment</name>
    <required>true</required>
    <rtexprvalue>false</rtexprvalue>
  </attribute>
  <attribute>
    <name>color</name>
    <required>false</required>
    <rtexprvalue>false</rtexprvalue>
  </attribute>
</tag>

<tag>
  <name>check</name>
```

```xml
    <tag-class>pfc.taglibs.CheckStatusHandler</tag-class>
    <body-content>JSP</body-content>
    <description>check</description>
    <attribute>
      <name>name</name>
      <required>true</required>
      <rtexprvalue>false</rtexprvalue>
    </attribute>
  </tag>

  <tag>
    <name>iterator</name>
    <tag-class>pfc.taglibs.IteratorListHandler</tag-class>
    <body-content>JSP</body-content>
    <description>check</description>
    <attribute>
      <name>name</name>
      <required>true</required>
      <rtexprvalue>false</rtexprvalue>
    </attribute>
    <attribute>
      <name>id</name>
      <required>true</required>
      <rtexprvalue>false</rtexprvalue>
    </attribute>
  </tag>

  <tag>
    <name>writer</name>
    <tag-class>pfc.taglibs.WriterHandler</tag-class>
    <body-content>empty</body-content>
    <description>writer</description>
    <attribute>
      <name>name</name>
      <required>true</required>
      <rtexprvalue>false</rtexprvalue>
    </attribute>
  </tag>
</taglib>
```

4）fourth_example2.jsp 文件

```jsp
<%@ taglib uri="http://www.pfc.cn/taglib" prefix="pfc"%>
<%@ page import="pfc.taglibs.Person,java.util.*"%>
<%@ page pageEncoding="GBK" %>
```

```
<html>
  <head>
    <title>This is Taglib JSP</title>
  </head>
  <body>
    <pfc:getReqParam name="address" defaultValue="东城区"/><br>
    <pfc:heading alignment="center" color="yellow">
      The people's republic of China
    </pfc:heading>
    <%
      List<Person>persons=new ArrayList<Person>();
      Person person1=new Person(1,"Tom","aaa","海淀区");
      Person person2=new Person(2,"Smith","bbb","西城区");
      Person person3=new Person(3,"Mary","ccc","朝阳区");
      persons.add(person1);
      persons.add(person2);
      persons.add(person3);
      request.setAttribute("persons",persons);
    %>
    <pfc:check name="persons">
      <pfc:iterator id="person" name="persons">
        <pfc:writer name="person"/><!--id 与 name 都是属性,同名-->
      </pfc:iterator>
    </pfc:check>
  </body>
</html>
```

5）Web 目录结构

Web 目录结构如图 4.4 所示。

6）运行结果

fourth_example2.jsp 运行结果如图 4.5 所示。

图 4.4　Web 目录结构

图 4.5　fourth_example2.jsp 的运行结果

说明：容器会查找 TLD 中的＜uri＞与 taglib 指令中的 URI 值之间的匹配。

在 taglib.tld 文件中，

＜uri＞http://www.pfc.cn/taglib＜/uri＞

所以在 fourth_example2.jsp 文件中，

＜%@ taglib uri="http://www.pfc.cn/taglib" prefix="pfc"%＞

URI 取值为 http://www.pfc.cn/taglib。

例 4-4　标签处理程序继承类 SimpleTagSupport。

GSTExample.jsp：

```
<!DOCTYPE HTML PUBLIC "-//W3C//DTD HTML 4.0 Transitional//EN">
<%@page language="java" contentType="text/html; charset=GB 2312" %>
<%@taglib uri="/WEB-INF/tagExampleTld/gst.tld" prefix="GstTag" %>
<HTML>
    <HEAD><TITLE>General Simple Tag Example</TITLE></HEAD>
    <BODY><CENTER><BR><BR>
            <H3>这个 JSP 页面调用一个 Simple Tag,显示一个字符串如下:</H3>
            <H3><GstTag:Hello /></H3>
      </CENTER></BODY>
</HTML>
```

gst.tld：

```
<?xml version="1.0" encoding="UTF-8" ?>
<taglib xmlns="http://java.sun.com/xml/ns/j2ee"
    xmlns:xsi="http://www.w3.org/2001/XMLSchema-instance"
    xsi:schemaLocation="http://java.sun.com/xml/ns/j2ee web-jsptaglibrary_2_0.xsd"
    version="2.0">
  <description>General Simple Tag library</description>
  <display-name>GST LIB</display-name>
  <tlib-version>1.0</tlib-version>
  <short-name>tagExampleTld</short-name>
  <uri></uri>
  <tag>
     <description>General Simple Tag Example--Hello</description>
    <name>Hello</name>
    <tag-class>tagexample.GSTExample</tag-class>
    <body-content>empty</body-content>
  </tag>
</taglib>
```

标签处理程序 GSTExample.java：

```
package tagexample;
import java.io.*;
import javax.servlet.jsp.*;
import javax.servlet.jsp.tagext.*;
```

```
public class GSTExample extends SimpleTagSupport {
    public void doTag()throws JspException,IOException {
    JspWriter out=getJspContext().getOut();
    out.println("This is a General Simple Tag Example");
    }
}
```

运行结果如图 4.6 所示。

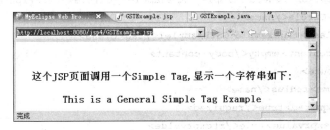

图 4.6 GSTExample.jsp 的运行结果

说明：在 gst.tld 文件中，<uri>和</uri>之间没有内容，所以在 GSTExample.jsp 文件中，URI 取值为标记文件所在路径/WEB-INF/tagExampleTld/gst.tld，即：

```
<%@taglib uri="/WEB-INF/tagExampleTld/gst.tld" prefix="GstTag"%>
```

在标签处理程序 GSTExample.java 中，getJspContext()返回 JspContext 类对象，该对象存储的是 JSP 页面上下文。

例 4-5 标签处理程序继承类 SimpleTagSupport。

GSTExample1.jsp：

```
<!DOCTYPE HTML PUBLIC "-//W3C//DTD HTML 4.0 Transitional//EN">
<%@page language="java" contentType="text/html; charset=GB 2312" %>
<%@taglib uri="/WEB-INF/tagExampleTld/gst.tld" prefix="GstTag" %>
<HTML>
    <HEAD><TITLE>General Simple Tag Example</TITLE></HEAD>
    <BODY><CENTER><BR><BR>
            <H3>这个 JSP 页面调用一个 Simple Tag,显示一个圆的半径,周长和面积:</H3>
            <H3><GstTag:Circle radius="1"/></H3>
            <H3><GstTag:Circle radius="2"/></H3>
            <H3><GstTag:Circle radius="3"/></H3>
        </CENTER></BODY>
</HTML>
```

gst.tld：

```
<?xml version="1.0" encoding="UTF-8" ?>
<taglib xmlns="http://java.sun.com/xml/ns/j2ee"
    xmlns:xsi="http://www.w3.org/2001/XMLSchema-instance"
    xsi:schemaLocation="http://java.sun.com/xml/ns/j2ee web-jsptaglibrary_2_0.xsd"
```

```xml
         version="2.0">
    <description>General Simple Tag library</description>
    <display-name>GST LIB</display-name>
    <tlib-version>1.0</tlib-version>
    <short-name>tagExampleTld</short-name>
    <uri></uri>
     <tag>
       <description>General Simple Tag Example--Circle</description>
        <name>Circle</name>
       <tag-class>tagexample.GSTExample1</tag-class>
       <body-content>empty</body-content>
       <attribute>
           <name>radius</name>
           <required>true</required>
           <rtexprvalue>true</rtexprvalue>
       </attribute>
     </tag>
    </taglib>
```

标签处理程序 GSTExample1.java：

```java
package tagexample;
import java.io.*;
import javax.servlet.jsp.*;
import javax.servlet.jsp.tagext.*;
public class GSTExample1 extends SimpleTagSupport {
    private int radius;
    private double perimeter;
    private double area;
    public void setRadius(int r){
        radius=r;
        setPerimeter();
        setArea();
    }
    private void setPerimeter(){
        perimeter=2 * radius * Math.PI;
    }
    private void setArea(){
        area=radius * radius * Math.PI;
    }
    public void doTag() throws JspException,IOException {
        JspWriter out=getJspContext().getOut();
        out.println("半径为"+radius+"的圆,周长="+perimeter+",面积="+area+".");
    }
}
```

GSTExample1.jsp 运行结果如图 4.7 所示。

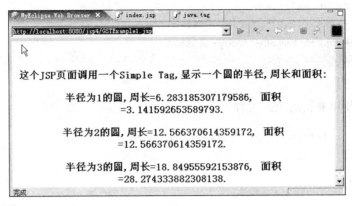

图 4.7　GSTExample1.jsp 的运行结果

结论：
在 JSP 中使用自己制作的标签，一般有 3 个步骤：
（1）建立标签处理程序类。
（2）建立标签描述符文件（Tag Library Descriptor File，TLD 文件）。
（3）建立 JSP 页面。

4.3　实验与训练指导

1. 建立一个简单标记

（1）编写一个扩展 SimpleTagSupport 的类。

```
package pfc;
import javax.servlet.jsp.tagext.SimpleTagSupport;
//更多 import 语句
public class SimpleTag1 extends SimpleTagSupport {
//放标记处理器代码
}
```

（2）实现 doTag()方法。

```
public void doTag()throws JspException,IOException
{
getJspContext().getOut().print("SimpleTag first");
}
```

（3）创建 TLD 文件，并放在 WEB-INF 目录下。

```
<taglib…>
  <tlib-version>1.0</tlib-version>
  <uri>simpleTags</uri>
```

```xml
<tag>
  <name>simple1</name>
  <tag-class>pfc.SimpleTag1</tag-class>
  <body-content>empty</body-content>
</tag>
</taglib>
```

(4) 编写使用标记的 JSP 文件。

```jsp
<%@taglib uri="simpleTags" prefix="mytags" %>
<html>
  <body>
    <mytags:simple1/>
  </body>
</html>
```

2. 建立一个有体简单标记

(1) 使用标记 jsp。

```jsp
<mytags:simple2>
    学会 JSP 真有用!
</mytags:simple2>
```

(2) 标记处理类。

```java
package pfc;
import javax.servlet.jsp.tagext.SimpleTagSupport;
//更多 import 语句
public class SimpleTag2 extends SimpleTagSupport {
    public void doTag()throws JspException,IOException
    {
        getJspBody().invoke(null);         //JspFragment 类
    }
}
```

(3) 标记的 TLD。

```xml
<taglib…>
  <tlib-version>1.0</tlib-version>
  <uri>simpleTags</uri>
  <tag>
    <name>simple2</name>
    <tag-class>pfc.SimpleTag2</tag-class>
    <body-content>scriptless</body-content>
  </tag>
</taglib>
```

3. 编写标签处理程序

给出 JSP 和 TLD 文件代码设置,以显示当前日期和时间。

(1) JSP 文件代码如下:

```
<%@page import="TestTag" %>
<%@taglib uri="taglib.tld" prefix="first" %>
<HTML>
  <BODY>
    Hello,Welcome!
     <first:welcome>
     </first:welcome>
  </BODY>
</HTML>
```

(2) TLD 代码如下:

```
<taglib……>
  <tlib-version>1.0</tlib-version>
  <uri>simpleTags</uri>
  <tag>
    <name>welcome</name>
    <tag-class>TestTag</tag-class>
    <body-content>JSP</body-content>
  </tag>
</taglib>
```

(3) 标签处理程序代码在此省略(代码可在清华大学出版社网站下载)。

第 5 章 在 JSP 中使用 JavaBean

按 Sun 公司的定义,JavaBean 是一个可重复使用的软件组件。实际上 JavaBean 是一种 Java 类,通过对属性和方法的封装,成为具有独立功能、可重复使用并且可以与其他控件通信的组件对象。JavaBean 的功能没有任何限制,一个 JavaBean 可以完成一个极其简单的功能,例如字符串进行转码,也可以完成一个相当复杂的功能,例如对商业数据进行统计分析。JSP 提供了内置功能来处理 JavaBean,这些功能是由 JSP 标准动作和 EL 表达式提供的。在大型 Web 应用中,JavaBean 已经成为在 JSP 逻辑与系统中其他部分之间传递数据和定制行为的主要机制。

5.1 编写 JavaBean

编写 JavaBean 就是编写一个 Java 类,JavaBean 与其他 Java 类存在一些区别,其独有特征包括以下几项:

(1) 是一个 public 类,可供其他类实例化。
(2) 必须有一个 public 的,无参构造函数(默认构造函数)。
(3) 可有多个属性,多个可供调用的 public 方法。

1. JavaBean 属性命名规则

(1) 如属性不是 boolean,getter 方法前缀必须是 get。
(2) 如属性是 boolean,getter 方法前缀必须是 get 或 is。
(3) setter 方法前缀必须是 set。
(4) 为完成 getter 或 setter 方法名称,把属性首字母大写,加上合适前缀(get、is、set)。
(5) setter 方法:public void 方法名(属性类型 参数){…}。
(6) getter 方法:public 属性类型 方法名(){…}。

2. JavaBean 监听器命名规则

(1) 注册监听器前缀必须是 add。
(2) 删除监听器前缀必须是 remove。
(3) 要添加或删除监听器类型必须作为参数传递给方法。

```
public void addActionListener(ActionListener m)
public void removeActionListener(ActionListener m)
```

(4) 有效 JavaBean 方法签名:

```
public void setMyValue(int v)
public int getMyValue()
public boolean isMyStatus()
public void addMyListener(MyListener m)
public void removeMyListener(MyListener m)
```

(5) 无效 JavaBean 方法签名:

```
void setCustomerName(String s)              //must be public
public void modifyMyValue(int v)            //can't use modify
public void addXListener(MyListener m)      //listener type mismatch
```

例 5-1 编写简单 JavaBean。

fifth_example1.jsp:

```java
public class User {
    private String name;
    private String password;
    public String getName(){
        return name;
    }
    public void setName(String name){
        this.name=name;
    }
    public String getPassword(){
        return password;
    }
    public void setPassword(String password){
        this.password=password;
    }
}
```

5.2 使用 JavaBean

在 JSP 中使用 JavaBean, 就是在 JSP 上通过<jsp:useBean>、<jsp:setProperty>、<jsp:getProperty>来应用 JavaBean。首先用<jsp:useBean>定义要应用的 JavaBean, 然后用<jsp:setProperty>来存储属性, 用<jsp:getProperty>提取存储的属性值。

5.2.1 <jsp:useBean>

通过应用该动作可以在 JSP 页面中创建一个 Bean 实例, 如在指定范围内已经存在了指定 Bean 实例,那么将使用这个实例,而不会重新创建。

<jsp:usebean>语法:

<jsp:useBean id="Bean 实例名"
         scope="page|request|session|application"
         class="package.className"/>

(1) id:Bean 实例名。

(2) scope 有如下参数:

① page:指出创建的 Bean 实例只在当前 JSP 文件中使用,包括在通过 include 指令静态包含页面中有效。

注意:不同用户的 scope 取值是 page 的 Bean 也是互不相同的(占有不同内存空间),即当两个客户同时访问一个 JSP 页面时,一个用户对自己 Bean 的属性的改变,不会影响到另一个用户。

② request:Bean 实例可在请求范围内存取。一个请求生命周期是从客户端向服务器发出一个请求开始到服务器响应这个请求给用户后结束。所以请求结束后,存储在其中的 Bean 就失效了。在请求被转发到的目标页中可通过 request 对象的 getAttribute("id 属性值")获取创建的 Bean 实例。

注意:不同用户的 scope 取值是 request 的 Bean 也是互不相同的(占有不同内存空间),即当两个客户同时访问一个 JSP 页面时,一个用户对自己 Bean 的属性的改变,不会影响到另一个用户。

③ session:Bean 实例有效范围为 session。针对某一个用户而言,在该范围中对象可被多个页面共享。

可通过 session 对象的 getAttribute("id 属性值")获取创建的 Bean 实例。

注意:不同用户的 scope 取值是 session 的 Bean 也是互不相同的(占有不同内存空间),即当两个客户同时访问一个 JSP 页面时,一个用户对自己 Bean 的属性的改变,不会影响到另一个用户。

④ application:Bean 实例有效范围从服务器启动开始到服务器关闭结束。

application 对象在服务器启动时创建,被多个用户共享,所以访问该 application 对象的所有用户共享存储在该对象中的 Bean 实例。

可通过 application 对象的 getAttribute("id 属性值")获取创建的 Bean 实例。

注意:不同用户的 scope 取值是 application 的 Bean 也都是同一个,即当多个客户同时访问一个 JSP 页面时,一个用户对自己 Bean 的属性的改变会影响到其他用户。

如果省略 scope,默认值为 page。

以上 4 种 scope 存在期限如下:

`page<request<session<application`

(3) class:指定 JSP 引擎查找 JavaBean 代码的路径,区分大小写。

下面看看<jsp:useBean>两种使用格式。

第一种:<jsp:useBean id="Bean 实例名" scope="JSP 范围"…/>

```
<jsp:setProperty name="Bean 实例名" property=" * "/>
```
第二种：`<jsp:useBean id="Bean 实例名" scope="JSP 范围"…>`
```
<jsp:setProperty name="Bean 实例名" property=" * "/>
</jsp:useBean>
```

这两种格式是有区别的。在页面中使用<jsp:useBean>创建 Bean 时,如该 Bean 是第一次实例化,那么对于<jsp:useBean>的第二种使用格式,标识体内的内容会被执行。若已经存在了指定 Bean 实例,则标识体内内容不再执行。对于第一种格式,无论指定范围是否已经存在一个指定的 Bean 实例,<jsp:useBean>标识后的内容都会执行。

5.2.2 `<jsp:setProperty>`

`<jsp:setProperty>`与`<jsp:useBean>`是联系在一起的,同时它们使用的 Bean 实例的名字也应当匹配(即在`<jsp:setProperty>`中 name 值应当和`<jsp:useBean>`中 id 值相同)。

语法：

```
<jsp:setProperty name="Bean 实例名"
    property=" * "|
    property="propertyName"|
    property="propertyName" param="parameterName"|
    property="propertyName" value="值"/>
```

(1) name：Bean 实例名。按 page、request、session、application 的顺序查找这个 Bean 实例,直到第一个实例被找到,若任何范围内不存在这个 Bean 实例则会抛出异常。

(2) property=" * "：此时 request 请求中所有参数值将被一一赋给 Bean 中与参数具有相同名字的属性。如请求中存在空值参数,那么 Bean 中对应属性不会赋值为 null,如 Bean 中存在一个属性,但请求中没有与之对应的参数,那么该属性同样不会被赋值为 null。两种情况下 Bean 属性都会保留原来或默认的值。

(3) property="propertyName"：此时将 request 请求中与 Bean 属性同名的一个参数的值赋给这个 Bean 属性。

(4) property="propertyName" param="parameterName"：param 指定 request 请求中的参数,property 指定 Bean 中某个属性。这样允许将请求中参数赋值给 Bean 中与该参数不同名的属性。

(5) property="propertyName" value="值"：将 value 的值赋给 Bean 属性。

不提倡使用`<jsp:setProperty>`,而应在 JSP 程序端中直接调用 JavaBean 组件实例对象的 set×××()方法。

5.2.3 `<jsp:getProperty>`

`<jsp:getProperty>`动作用于从一个 JavaBean 中获取某个属性值。无论原先这个属性是什么类型,都会转换成一个 String 类型的值。

语法：

<jsp:getProperty name="Bean 实例名" property="propertyName"/>

(1) name：Bean 实例名。按 page、request、session、application 的顺序查找这个 Bean 实例，直到第一个实例被找到，若任何范围内不存在这个 Bean 实例则会抛出异常。

(2) property：Bean 实例的属性名称。

例 5-2

fifth_example2.jsp：

```
<%@page contentType="text/html"%>
<%@page pageEncoding="UTF-8"%>
<jsp:useBean id="hello" scope="page" class="MyTest.HelloWorld"/>
<%
hello.setHello("你好,世界");
%>
<html>
    <head><title>JSP Page</title></head>
    <body>
<br>
<%=hello.getHello()%>
</body>
</html>
```

HelloWorld.java：

```
package MyTest;
public class HelloWorld
{
    String hello="";
    public void setHello(String name)
    {
        hello=name;
    }
    public String getHello()
    {
        return hello;
    }
}
```

运行结果如图 5.1 所示。

说明：

(1) <jsp:useBean id="hello" scope="page" class="MyTest.HelloWorld"/>创建 JavaBean 实例 hello。

(2) hello.setHello("你好,世界");调用方法 setHello("你好,世界")，把 JavaBean

图 5.1 fifth_example2.jsp 的运行结果

属性 hello 赋值为"你好,世界"。

(3) <%=hello.getHello()%>调用方法 getHello(),输出"你好,世界"。

5.3 JSP+JavaBean 编程实例

例 5-3

fifth_example3.jsp:

```
<%@page pageEncoding="GBK"%>
<html>
    <head>
        <title>北大方正软件学院软件系</title>
    </head>
    <body bgcolor="CCCFFF">
     <form method="post" action="major.jsp">
        <font size=5 color="# 000000">
            <br>
            请添加或删除专业:
            <br>
            添加专业:
            <SELECT NAME="item">
                <OPTION>软件技术
                <OPTION>软件测试
                <OPTION>游戏软件
                <OPTION>嵌入式软件编程
             </SELECT>
            <br>
            <br>
            <INPUT TYPE=submit name="submit" value="添加">
            <INPUT TYPE=submit name="submit" value="删除">
        </font>
     </form>
    </body>
</html>
```

major.jsp:

```jsp
<%@page pageEncoding="GBK"%>
<html>
    <head><title>专业选择</title></head>
    <body>
        <jsp:useBean id="major" scope="session" class="test.Major"/>
        <jsp:setProperty name="major" property="*"/>
<%
major.processRequest(request);
%>
        <FONT size=5 COLOR="#000000">
            <br>您已添加的专业:
            <ol>
<%
//out.print("ok");
String[] items=major.getItems();
//out.print(items[0]);
for(int i=0;i<items.length;i++)
{
byte b[]=items[i].getBytes("ISO 8859-1");
    items[i]=new String(b);

%>
            <li><%=items[i] %>
<%
}
%>
            </ol>
        </FONT>
        <hr>
        <hr>
        <%@include file="fifth_example3.jsp"%>

    </body>
</html>
```

Major.java:

```java
package test;
import javax.servlet.http.*;
import java.io.UnsupportedEncodingException;
import java.util.Vector;
public class Major
{
```

```java
    Vector v=new Vector();
    String submit=null;
    String item=null;
    String[] s;
    private void addItem(String name)
    {

        v.addElement(name);
    }
    private void removeItem(String name)
    {
        v.removeElement(name);
    }
    public void setItem(String name)
    {
        item=name;
    }
    public void setSubmit(String s)
    {
        submit=s;
    }
    public String[] getItems()
    {
        s=new String[v.size()];
        v.copyInto(s);
        return s;
    }
    public void processRequest(HttpServletRequest request)
{
try {
            byte b[];
            b=submit.getBytes("ISO 8859-1");
            submit=new String(b);
        } catch(UnsupportedEncodingException e){
            submit="异常";
        }

        if(submit.equals("添加"))
            addItem(item);
        else if(submit.equals("删除"))
            removeItem(item);
        reset();


    }
```

```
    private void reset()
    {
        submit=null;
        item=null;
    }
}
```

(1) 在浏览器地址栏输入 http://localhost:8080/jsp5/fifth_example3.jsp,运行结果如图 5.2 所示。

图 5.2　fifth_example3.jsp 运行结果(一)

(2) 在图 5.2 所示窗口中,在"添加专业"下拉列表框中选择"软件技术"选项,单击"添加"按钮,结果如图 5.3 所示。

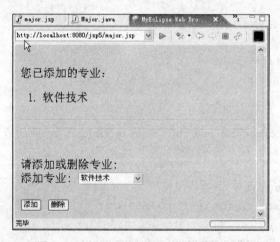

图 5.3　fifth_example3.jsp 运行结果(二)

(3) 在图 5.3 所示窗口中,在"添加专业"下拉列表框中选择"软件测试"选项,单击"添加"按钮,结果如图 5.4 所示。

(4) 在图 5.4 所示窗口中,在"添加专业"下拉列表框中选择"软件测试"选项,单击"删除"按钮,结果如图 5.3 所示。

例 5-4　一个简单用户注册程序。

fifth_example4.jsp:

```
<%@page language="java" contentType="text/html; charset=GB 2312"%>
```

第5章 在JSP中使用JavaBean

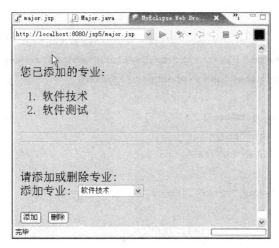

图 5.4　fifth_example3.jsp 运行结果（三）

```
<html>
<head>
<title>用户注册</title>
</head>
<body>
    <form action="doreg.jsp" method="get">
    <table border="1"  width="250">
     <tr height="25" bgcolor="lightgrey">
      <td align="center" colspan="2">用户注册</td>
     </tr>
     <tr>
      <td align="right">用户名:</td>
      <td align="center"><input type="text" name="name" size="29"></td>
     </tr>
     <tr>
      <td align="right">职   务:</td>
      <td align="center"><input type="text" name="job" size="29"></td>
     </tr>
     <tr>
      <td align="center" colspan="2">
        <input type="submit" value="注册">
        <input type="reset" value="重置">
      </td>
     </tr>
    </table>
    </form>
    <br>
</body>
</html>
```

doreg.jsp:

```jsp
<%@page language="java" contentType="text/html; charset=GB 2312"%>
<jsp:useBean id="us" class="pfc.cn.UserInfo" scope="request"/>
<jsp:setProperty name="us" property="*"/>
<%
   String name=us.getName();
   String job=us.getJob();
      if(name.equals("")||job.equals("")){
%>
   <jsp:forward page="/false.jsp"/>
<%}else{ %>
   <jsp:forward page="/success.jsp"/>
<%} %>
```

success.jsp:

```jsp
<%@page language="java" contentType="text/html; charset=GB 2312"%>
<%@page import="pfc.cn.UserInfo" %>
<%
  String username=((UserInfo)request.getAttribute("us")).getName();
  String userjob=((UserInfo)request.getAttribute("us")).getJob();
%>
<html>
<head>
<title>注册成功</title>
</head>
<body>
   <table border="1" width="250" height="100"  >
    <tr height="25" bgcolor="lightgrey">
     <td align="center">注册成功</td>
    </tr>
    <tr>
     <td align="center">
       <b>用户名:</b><%=username%>
         
       <b>职   务:</b><%=userjob%>
     </td>
    </tr>
   </table>
   <a href="fifth_example4.jsp">返回</a>
</body>
</html>
```

false.jsp：

```jsp
<%@page language="java" contentType="text/html; charset=GB 2312"%>
<html>
<head>
<title>注册失败!</title>
</head>
<body>
<table border="1" height="100" width="250">
    <tr bgcolor="lightgrey" height="25">
        <td align="center">注册失败!</td>
    </tr>
    <tr>
        <td align="center">请输入<b>用户名</b>或<b>职务</b>!</td>
    </tr>
</table>
<a href="fifth_example4.jsp">返回</a>
</body>
</html>
```

UserInfo.java：

```java
package pfc.cn;
public class UserInfo {
    private String name;
    private String job;

    public UserInfo(){
        name="";
        job="";
    }
    public String getName(){
        return name;
    }
    public void setName(String name)throws Exception {
        this.name=new String(name.getBytes("ISO 8859-1"),"GBK");
    }
    public String getJob(){
        return job;
    }
    public void setJob(String job)throws Exception {
        this.job=new String(job.getBytes("ISO 8859-1"),"GBK");
    }
}
```

(1) 在浏览器地址栏输入 http://localhost:8080/jsp5/fifth_example4.jsp,运行结果如图 5.5 所示。

图 5.5　fifth_example4.jsp 的运行结果

(2) 在图 5.5 所示窗口中,输入用户名和职务信息后单击"注册"按钮,运行结果如图 5.6 所示。

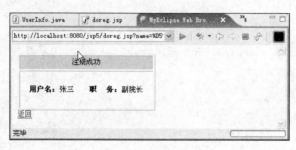

图 5.6　注册成功

(3) 若在图 5.5 所示窗口中,没有输入"用户名"或"职务",单击"注册"按钮后,运行结果如图 5.7 所示。

图 5.7　注册失败

例 5-5　构造三角形 bean。

Triangle.java：

```
package pfc.cn;
public class Triangle
{ double sideA=-1,sideB=-1,sideC=-1,area=-1;
  boolean triangle;
  public void setSideA(double a)
```

```
   {  sideA=a;
   }
public double getSideA()
   {  return sideA;
   }
public void setSideB(double b)
   {  sideB=b;
   }
public double getSideB()
   {  return sideB;
   }
public void setSideC(double c)
   {  sideC=c;
   }
public double getSideC()
   {  return sideC;
   }
public double getArea()
   {  double p=(sideA+sideB+sideC)/2.0;
      if(triangle)
        area=Math.sqrt(p*(p-sideA)*(p-sideB)*(p-sideC));
      return area;
   }
public boolean isTriangle()
   {  if(sideA<sideB+sideC&&sideB<sideA+sideC&&sideC<sideA+sideB)
         triangle=true;
      else   triangle=false;
      return triangle;
   }
}
```

triangle.jsp：

```
<%@page pageEncoding="GB 2312" %>
<%@page import="pfc.cn.Triangle"%>
<jsp:useBean id="tri" class="pfc.cn.Triangle"/>
<HTML><BODY bgcolor=yellow><Font size=3>
<FORM action="" Method="post">
   输入三角形三边：
   边A:<Input type=text name="sideA" value=0 size=5>
   边B:<Input type=text name="sideB" value=0 size=5>
   边C:<Input type=text name="sideC" value=0 size=5>
   <Input type=submit value="提交">
</FORM>
<jsp:setProperty name="tri" property="*"/>
```

三角形的三边是：

边 A：**<jsp:getProperty name="tri" property="sideA"/>**，

边 B：**<jsp:getProperty name="tri" property="sideB"/>**，

边 C：**<jsp:getProperty name="tri" property="sideC"/>**。

这三条边能构成一个三角形吗？<jsp:getProperty name="tri" property="triangle"/>

面积是：<jsp:getProperty name="tri" property="area"/>

</FONT></BODY></HTML>

运行结果如图 5.8 所示。

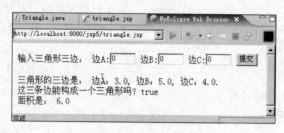

图 5.8　triangle.jsp 的运行结果

5.4　实验与训练指导

（1）编写一个 JSP 页面，该页面提供了一个表单，用户可以通过表单输入梯形的上底、下底和高的值，并提交给本 JSP 页面，该 JSP 页面将计算梯形面积的任务交给一个 Bean 完成。JSP 页面使用 getProperty 动作标记显示梯形的面积。

（2）编写两个 JSP 页面 a.jsp 和 b.jsp，a.jsp 页面提供了一个表单，用户可以通过表单输入矩形的两条边长提交给 b.jsp 页面，b.jsp 调用一个 Bean 去完成计算矩形面积任务。b.jsp 页面使用 getProperty 动作标记显示矩形面积。

（3）使用 JavaBean 实现用户登录。

① 创建 login.html：

```
<html>
<head>
<meta http-equiv="Content-Type" content="text/html; charset=GBK">
</head>
<body>
<form name="form1" method="post" action="login.jsp">
  <table width="200" border="0" cellpadding="0" cellspacing="0">
    <tr>
      <td width="63" nowrap>用户名：</td>
      <td width="137"><input type="text" name="usr_name"></td>
    </tr>
    <tr>
```

```
      <td>密码:</td>
      <td><input type="text" name="usr_pass"></td>
    </tr>
    <tr>
      <td colspan="2"><input type="submit" name="Submit" value="登录"></td>
    </tr>
  </table>
</form>
</body>
</html>
```

② 创建 Login.jsp：

```
<%@page language="java" contentType="text/html; charset=GBK"
    pageEncoding="GBK"%>
<%request.setCharacterEncoding("GBK");%>
<jsp:useBean id="login" class="logbean.Login"/>
<jsp:setProperty name="login" property="usrName" param="usr_name"/>
<jsp:setProperty name="login" property="usrPassword" param="usr_pass"/>
<!DOCTYPE HTML PUBLIC "-//W3C//DTD HTML 4.01 Transitional//EN">
<html>
<head>
<meta http-equiv="Content-Type" content="text/html; charset=GBK">
</head>
<body>
<p>welcome,
<jsp:getProperty name="login" property="usrName"/>,your loging password is
<jsp:getProperty name="login" property="usrPassword"/>,enjoy yourself!
</p></body>
</html>
```

③ 创建 Login.java：

```
package logbean;
public class Login
{String usrName;
String usrPassword;
public String getUsrName(){
    return usrName;
}
public void setUsrName(String usrName){
    this.usrName=usrName;
}
public String getUsrPassword(){
    return usrPassword;
}
```

```
public void setUsrPassword(String usrPassword){
    this.usrPassword=usrPassword;
}
}
```

(4) 使用 JavaBean 实现简单购物车。

① 创建 Shop.html：

```html
<html>
<body>
<form name="form1" method="post" action="car.jsp">
  <table width="50%" border="0" cellspacing="0" cellpadding="0">
    <tr>
      <td colspan="3">welcome to my shop</td>
    </tr>
    <tr>
      <td colspan="3">select the fruit you want to buy</td>
    </tr>
    <tr>
     <td><select name="item">
          <option value="apple" checked>apple</option>
           <option value="banana">banana</option>
            <option value="orange">orange</option>
          </select>
      </td>

    <tr>
     <td width="34%"><input type="submit" name="sub" value="buy"></td>
     <td width="21%"><input type="submit" name="sub" value="cancel"></td>
      </tr>
   </table>
</form>
</body>
</html>
```

② 创建 car.jsp：

```
<%@page language="java" pageEncoding="GBK"%>
<html>
<head>
<meta http-equiv="Content-Type" content="text/html; charset=GBK">
</head>
<body>
<jsp:useBean id="car" scope="session" class="car.Mycar"/>
<p>你购买的水果如下</p>
<%car.setSubmit(request.getParameter("sub"));
```

```
    String action=car.getSubmit();

if(action.equals("buy"))
{

    if(!car.addItem(request.getParameter("item")))
        {
        out.println("you have choosed this kind of fruit!");
            }

 }
 else
 {
     car.removeItem(request.getParameter("item"));
 }
 String shop[]=car.getItems();
for(int i=0;i<shop.length;i++)
{
%>
<li><%=shop[i] %></li>
<%} %>
<%@include file="shop.html" %>
</body>
</html>
```

③ 创建 MyCar.java：

```
package car;
import java.util.Vector;
public class MyCar {
    Vector v=new Vector();
    String submit=null;
    String item=null;
    public String[] getItems(){
        String items[]=new String[v.size()];
        v.copyInto(items);
        return items;
    }
    public void setItem(String item){
        this.item=item;
    }
    public String getSubmit(){
        return submit;
    }
    public void setSubmit(String submit){
```

```
            this.submit=submit;
    }
    public boolean addItem(String item)
    {
        if(v.contains(item))
            return false;
        else
        {
            v.addElement(item);
            return true;
        }
    }
    public void removeItem(String item)
    {
        v.removeElement(item);
    }
}
```

第 6 章 Servlet 基础

Servlet 就是运行在 Web 服务器上的 Java 应用程序。Servlet 接收来自客户端的请求,将处理结果返回给客户端。从 JSP 角度看,Servlet 是 JSP 被解释执行的中间过程。

客户或浏览器通过使用 Get 或 Post 方法把请求传给服务器。例如,Servlet 可以作为点击事件(单击按钮或页面超链接)的结果而被调用。当请求由 Servlet 处理后,处理结果以 html 页的形式返回给客户。

客户请求包含以下内容:

服务器与客户之间通信使用的协议,如 http。

可以为 Get 或 Post 的请求类型。

正被检索文档的 URL,包含附加信息的查询串,如登录名、口令及登录材料。

例如:

http://www.pfc.edu.cn/login.html?username="pfc"& passwd="123"

其中,login.html 为显示给用户的窗体名。

username="pfc"& passwd="123" 为传到服务器端程序的值。

6.1 创建和部署 Servlet

例 6-1 创建 Servlet 来跟踪点击计数。

每当用户访问 www.pfc.edu.cn 站点时,必须增加点击数。用来访问 Web 站点的客户浏览器运行在不同机器上。如果点击计数数据保存在客户端上,它是特定于用户的。所以,客户(浏览器)不可能记录点击计数数据。此数据必须在服务器上捕获。从而使用编写服务器端程序(Servlet)技术来解决这个问题。编码名为 HitcountServlet 的类,它扩展 HttpServlet 类,将用它来跟踪点击计数。

6.1.1 创建 Servlet

(1) 首先创建一个工程,工程名为 servlet1,过程分别如图 6.1、图 6.2 和图 6.3 所示。

(2) 在默认包 src 下创建包 servlet1.java,过程如图 6.4 和图 6.5 所示。

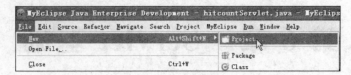

图 6.1 创建项目

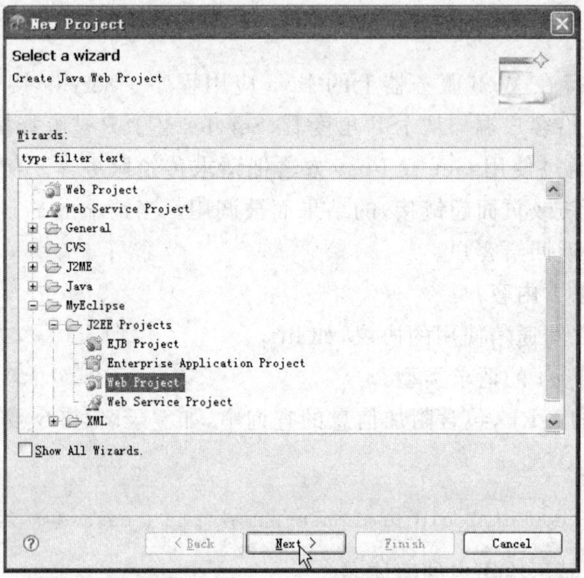

图 6.2 选择 Web Project

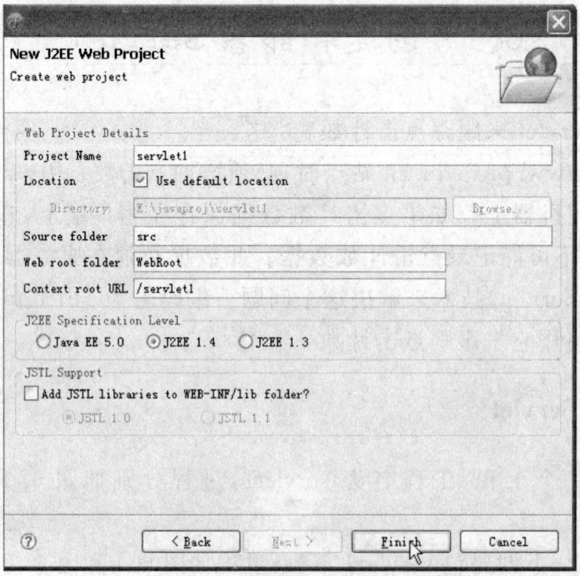

图 6.3 输入项目名称

第6章 Servlet基础

图 6.4 在默认包 src 下创建包

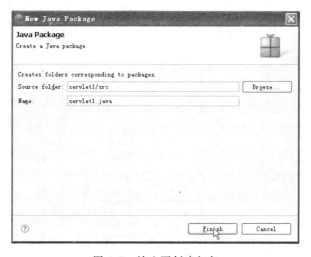

图 6.5 输入要创建包名

（3）在包名上右击，在快捷菜单中选择 new→Servlet 命令，如图 6.6 所示。

（4）输入 Servlet 名称，选择 Superclass 为 javax.servlet.http.HttpServlet，选中 Create doGet 和 Create doPost 复选框，单击 Next 按钮，如图 6.7 所示。

（5）单击 finish 按钮，Servlet 创建成功，如图 6.8 所示。

（6）编写 HitcountServlet 代码。

```
package servlet1.java;
import javax.servlet.*;
import javax.servlet.http.*;
```

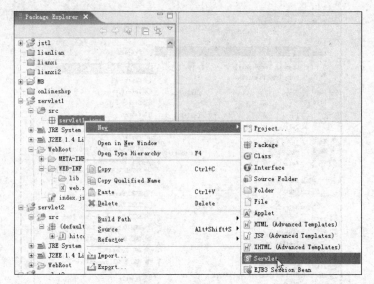

图 6.6 创建 Servlet

图 6.7 输入 Servlet 名称,选择 Superclass 和方法

```
import java.io.*;
public class HitcountServlet extends HttpServlet
{
    public void init(ServletConfig config)throws ServletException
    {
    //The ServletConfig object must be passed to the super class
```

第6章　Servlet基础

图 6.8　Servlet 创建成功

```
    super.init(config);
}
//A counter to keep track of the number of users visiting the website
static int count;
//Process the HTTP Get request
public void doGet(HttpServletRequest request,HttpServletResponse response)
throws ServletException,IOException
{
    response.setContentType("text/html");
    PrintWriter out=response.getWriter();
    count++;
    out.println("<html>");
    out.println("<head><title>BasicServlet</title></head>");
    out.println("<body>");
    out.println("You are user number "+String.valueOf(count)
    +" visting our web site"+"\n");
    out.println("</body></html>");
}
}
```

6.1.2　Servlet 部署描述文件 web.xml

```
<?xml version="1.0" encoding="UTF-8"?>
<web-app>
```

```
<servlet>
<servlet-name>HitcountServlet</servlet-name>
<servlet-class>servlet1.java.HitcountServlet</servlet-class>
</servlet>
<servlet-mapping>
<servlet-name>HitcountServlet</servlet-name>
<url-pattern>/servlet/HitcountServlet</url-pattern>
</servlet-mapping>
</web-app>
```

使用MyEclipse向导创建Web项目，MyEclipse则创建一个web.xml文件，称为部署描述文件，在该文件中，<servlet-mapping>把用户访问的URL即/servlet/HitcountServlet映射到Servlet内部名HitcountServlet，<servlet>把Servlet内部名HitcountServlet映射到Servlet处理类servlet1.java.HitcountServlet。

6.1.3 部署Servlet

（1）单击 部署按钮，在Project下拉列表框中选中servlet1，如图6.9所示。

图6.9 选中servlet1

（2）在图6.9所示对话框中，单击Add按钮，添加Tomcat服务器，如图6.10所示。

（3）启动Tomcat服务器，如图6.11所示。

（4）打开浏览器，如图6.12所示。

（5）在浏览器地址栏输入http://localhost:8080/servlet1/servlet/HitcountServlet，按Enter键，运行结果如图6.13所示，其中，servlet1为项目名。servlet/HitcountServlet为<url-pattern>和</url-pattern>之间部分。

（6）单击图6.13所示对话框中的"刷新"按钮，如图6.14所示。

第6章 Servlet基础

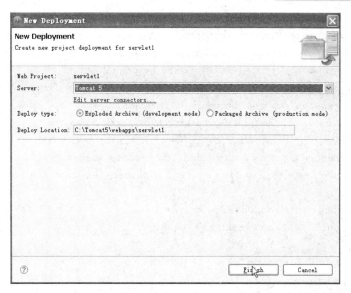

图 6.10 添加 Tomcat 服务器

图 6.11 启动 Tomcat 服务器

图 6.12 打开浏览器

图 6.13 运行结果

图 6.14 刷新后结果

6.2 Servlet 的基本结构

例 6-2

ServletTemplate.java：

import java.io.*;
import javax.servlet.*;

```
import javax.servlet.http.*;
public class ServletTemplate extends HttpServlet {
  public void doGet(HttpServletRequest request,
                    HttpServletResponse response)
      throws ServletException,IOException {
    //Use "request" to read incoming HTTP headers
    //(e.g.,cookies)and query data from HTML forms.

    //Use "response" to specify the HTTP response status
    //code and headers(e.g.,the content type,cookies).

    PrintWriter out=response.getWriter();
    //Use "out" to send content to browser
  }
}
```

Servlet 一般扩展 HttpServlet，并依数据发送方式不同（Get 或 Post），覆盖 doGet 或 doPost 方法。如希望 Servlet 对 Get 和 Post 请求采用同样的行动，只需让 doGet 调用 doPost；反之亦然。

doGet 和 doPost 都接受两个参数，HttpServletRequest 和 HttpServletResponse。通过 HttpServletRequest，可以得到所有的输入数据。通过 HttpServletResponse 可以指定输出信息，最重要的是，通过它可以获得 PrintWriter，用它可以将文档内容发送给客户。

由于 doGet 和 doPost 抛出两种异常（ServletException 和 IOException），所以必须在方法声明中包括它们。

6.3 创建 Servlet 使用的某些类与接口

6.3.1 HttpServlet 类

HttpServlet 类提供 Servlet 接口的 http 特定实现，主要方法如下：

(1) protected void **doGet**(HttpServletRequest req,
               HttpServletResponse resp)
        throws ServletException,IOException

服务器通过 service 方法调用 doGet 方法处理 Get 请求。

(2) protected void **doPost**(HttpServletRequest req,
               HttpServletResponse resp)
        throws ServletException,IOException

服务器通过 service 方法调用 doPost 方法处理 Post 请求。

(3) protected void **service**(HttpServletRequest req,
               HttpServletResponse resp)

```
            throws servletException,IOException
```
(4) `public void service(ServletRequest req,`
`                     ServletResponse res)`
```
            throws ServletException,IOException
```

其中,ServletRequest 为 HttpServletRequest 父接口,ServletResponse 为 HttpServletResponse 父接口。

6.3.2 HttpServletRequest 接口

HttpServletRequest 接口提供处理客户请求的方法,HttpServletRequest 的引用 request 的常用方法如下:

(1) request.getParameter("param");获取客户端请求数据,param 为表单元素(如 text、password、select 等)名称,返回 String 类型值。

(2) request.setCharacterEncoding("GBK");将输入内容转换成中文。

(3) request.setAttribute("attribute",value);在 request 作用域内存储数据。

6.3.3 HttpServletResponse 接口

通过 HttpServletResponse 接口对象以 html 页面形式把请求结果发给客户,创建 HttpServletResponse 的引用 response 的常用方法如下:

(1) response.setContentType("text/html;charset=GBK");
设置输出为中文,解决中文乱码问题。

(2) response.sendRedirect("URL");
让浏览器重定向到指定资源。URL 可为 Servlet、JSP、html 文件路径。

6.3.4 ServletConfig 接口

ServletConfig 接口用来存 Servlet 启动配置值与初始化参数。Servlet 接口的 getServletConfig()方法可用来得到关于 Servlet 配置值的信息。

主要方法如下:

(1) String getInitParameter(String name)

(2) Enumeration getInitParameterNames()

(3) ServletContext getServletContext()

6.3.5 ServletContext 接口

定义一个 ServletContext 对象,通过该对象,Servlet 引擎向 Servlet 提供环境信息。整个 Web 应用只有一个 ServletContext 对象,而且 Web 应用中所有部分都能访问它。每个 Servlet 有一个 ServletConfig 对象。

主要方法如下:

(1) Object getAttribute(String name)。
(2) Enumeration getAttributeNames()。
(3) void setAttribute(String name，Object object)。
(4) void removeAttribute(String name)。
(5) String getRealPath(String path)返回一个与虚拟路径相对应的真实路径。
(6) RequestDispatcher getRequestDispatcher(String path)返回一个特定 URL 的 RequestDispatcher 对象,否则返回一个空值。
(7) ServletContext getContext(String uripath)。

6.4 Servlet 生命周期

创建 Servlet 常用方法如表 6.1 所示。

表 6.1 创建 Servlet 常用方法

方 法 名	功 能
Servlet.init(ServletConfig config) throws ServletException	(Servlet 容器加载和实例化 Servlet)包含关于 Servlet 的所有初始化代码,在第一次装入 Servlet 时调用
Servlet.service(ServletRequest, ServletResponse)	当第一个客户请求到来时,容器会开始一个新线程(每个到来的请求意味着一个新的线程),或者从线程池分配一个线程,并调用 Servlet 的 service()方法,识别请求类型,把它们分派到 doGet()或 doPost()方法进行处理
Servlet.destroy()	仅当 Servlet 从服务器移出时执行一次。此方法中必须提供 Servlet 的清理代码
ServletResponse.getWriter()	把引用返回给 PrinterWriter 对象。用 PrinterWriter 类编写有格式对象,作为达到客户的文本输出流
ServletResponse.setContentType(String type)	设置用来响应客户浏览器而发送的内容类型。例如用 setContentType("text/html")把应答类型置为文本

加载类,实例化 Servlet(构造函数运行),Servlet 在内存中仅被装入一次,由 init()方法初始化。在 Servlet 初始化之后,接收客户请求,通过 service()方法来处理它们,直到销毁实例之前调用 destroy()方法。对每个来的请求均执行 service()方法。

6.5 通过 JSP 页面调用 Servlet

6.5.1 通过表单向 Servlet 提交数据

例 6-3

sixth_example1.jsp：

```
<%@page pageEncoding="GB 2312" %>
<HTML>
```

```html
<BODY>
<Font size=3>
<FORM action="servlet/Computer" method="post">
<BR>输入矩形的长:
   <Input Type=text name=length>
<BR>输入矩形的宽:
   <Input Type=text name=width>
   <Input Type=submit value="提交">
</FORM>
</Font>
</BODY>
</HTML>
```

Computer.java:

```java
package pfc.cn;
import java.io.*;
import javax.servlet.*;
import javax.servlet.http.*;
public class Computer extends HttpServlet
{  public void init(ServletConfig config)throws ServletException
     { super.init(config);
     }
   public void service(HttpServletRequest request,HttpServletResponse response)
                   throws IOException
     { response.setContentType("text/html;charset=GB 2312");
       PrintWriter out=response.getWriter();
       out.println("<html><body>");
       String length=request.getParameter("length");      //获取客户提交的信息
       String width=request.getParameter("width");
       double area=0;
       try{   double length1=Double.parseDouble(length);
             double width1=Double.parseDouble(width);
             if(length1>=0 && width1>=0)
              { out.print("<BR>长是 "+length1+"宽是 "+width1+" 的矩形面积:");
                out.print("<BR>"+length1*width1);
               }
             else
              { out.print("<BR>矩形的长或宽不可以是负数!!");
               }
          }
       catch(NumberFormatException e)
         { out.print("<H1>请输入数字字符!</H1>");
          }
```

```
        out.println("</body></html>");
    }
}
```

在浏览器地址栏输入 http://localhost:8080/jsp6/sixth_example1.jsp,运行结果如图 6.15 所示。

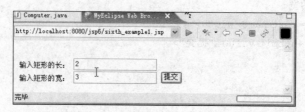

图 6.15 sixth_example1.jsp 运行结果

单击"提交"按钮,运行结果如图 6.16 所示。

图 6.16 输入长宽并提交后结果

6.5.2 通过超链接访问 Servlet

例 6-4

sixth_example2.jsp:

```
<%@page pageEncoding="GB 2312"%>
<HTML><BODY><Font size=3>
    单击超链接查看英语字母表:
    <BR><A href="servlet/ShowLetter">查看英语字母表</A>
</Font></BODY></HTML>
```

ShowLetter.java:

```
package pfc.cn;
import java.io.*;
import javax.servlet.*;
import javax.servlet.http.*;
public class ShowLetter extends HttpServlet
{   public void init(ServletConfig config)throws ServletException
    {   super.init(config);
    }
    public void service(HttpServletRequest request,
```

```
        HttpServletResponse response)throws IOException
    {   response.setContentType("text/html;charset=GB 2312");
        PrintWriter out=response.getWriter();
        out.println("<html><body>");
        out.print("<BR>小写字母: ");
        for(char c='a';c<='z';c++)
        {  out.print(" "+c);
        }
        out.print("<BR>大写字母: ");
        for(char c='A';c<='Z';c++)
        {  out.print(" "+c);
        }
        out.println("</body></html>");
    }
}
```

在浏览器地址栏输入 http://localhost:8080/jsp6/sixth_example2.jsp，运行结果如图 6.17 所示。

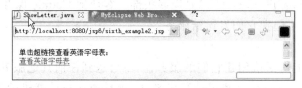

图 6.17　sixth_example2.jsp 的运行结果

单击"查看英语字母表"超链接，运行结果如图 6.18 所示。

图 6.18　单击超链接后结果

6.6　用 Servlet 维护 Session 信息

会话是访问 Web 站点时用户执行的一组活动。记住不同会话的过程称为会话跟踪。考察网上购物商场的例子：用户选择产品，把它放入购物车。当用户移向不同页面时，购物车中东西仍然保留，这样用户可检查购物车中的物件，然后发出订单。默认情况下，会话之间的数据不能用 HTTP 来存储，因为它是无状态协议。Java Servlet API 提供 HttpSession 的接口，可用它在当前 Servlet 上下文中记录会话。

6.6.1 使用 HttpSession 接口

在 Web 站点上注册的每个用户自动地与 HttpSession 对象关联。Servlet 可用此对象来存储关于用户会话的信息。

HttpServletRequest 中的方法：

```
HttpSession getSession(boolean create)
```

因此检索与用户关联的当前的 HttpSession。调用 getSession(true)，若会话不存在，则创建。

HttpSession 接口常用方法见第 3 章。

6.6.2 Cookie

Cookie 用来给 Web 浏览器提供内存，以便程序可以在一个页面中使用另一个页面的输入数据，或者在用户离开页面并返回时恢复用户的优先级及其他状态变量。它是一些小文本文件，由 Web 服务器用来记录用户。Cookie 有 Key-value 对形式的值。由服务器创建它们并发送给客户，带有 HTTP 应答头部。客户把 Cookie 保存在本地硬盘上，并与 HTTP 请求头部一起把它们发送给服务器。

Cookie 特征：

（1）Cookie 只能送回给创建它们的服务器，不可送到任何其他服务器。

（2）服务器可用 Cookie 来找出计算机名、IP 地址或客户计算机的其他材料。

例 6-5 为推动使用开发的 Web 站点。为此，决定把礼物送给一月内登录四次以上的用户。创建一个个性化的用户点击计数器。当用户第 5 次登录时，在此 Web 站点显示消息：礼物在等待此用户。假定每位用户总是用同一台计算机登录此 Web 站点，不会有两个用户用同一台计算机登录此 Web 站点。

sixth_example3.html：

```
<html>
<body bgcolor=pink>
<br>
<form method=post action="servlet/giftServlet">
<table>
    <tr>
    <td>
        Enter Login Name :
    </td>
    <td>
        <input type=text name="loginid">
    </td>
    </tr>
    <tr>
```

```html
        <td>
            Enter Password :
        </td>
        <td>
            <input type=password name="passwd">
        </td>
    </tr>
</table>
    <input type=SUBMIT value="Submit">
</form>
</body>
</html>
```

giftServlet.java：

```java
import javax.servlet.http.*;
import java.io.*;
public class giftServlet extends HttpServlet
{
    public void service(HttpServletRequest req,
    HttpServletResponse res)throws IOException
    {
        boolean cookieFound=false;
        Cookie myCookie=null;
        String log=req.getParameter("loginid");
        Cookie[] cookieset=req.getCookies();
        res.setContentType("text/html");
        PrintWriter pw=res.getWriter();
        pw.println("<HTML>");
        pw.println("<BODY>");
        try
        {
            for(int i=0;i<cookieset.length;i++)
            {
                if(cookieset[i].getName().equals("logincount"))
                {
                    cookieFound=true;
                    myCookie=cookieset[i];
                }
            }
        }
        catch(NullPointerException e)
        {
            cookieFound=false;
        }
```

```
            if(cookieFound)
            {
                int temp=Integer.parseInt(myCookie.getValue());
                temp++;
                if(temp==5)
                {
                    pw.println("Congratulations!!!!!!,a gift is awaiting you");
                }
                pw.println("The number of times you have logged
                in is: "+String.valueOf(temp));
                myCookie.setValue(String.valueOf(temp));
                int age=60*60*24*30;
                myCookie.setMaxAge(age);
                res.addCookie(myCookie);
                cookieFound=false;
            }
            else
            {
                int temp=1;
                pw.println("This is the first time you have logged on to the server");
            //myCookie=new Cookie("logincount",String.valueOf(temp));
                myCookie=new Cookie(log,String.valueOf(temp));
                int age=60*60*24;
                myCookie.setMaxAge(age);
                res.addCookie(myCookie);
            }
            pw.println("</BODY>");
            pw.println("</HTML>");
        }
    }
```

(1) 在浏览器地址栏中输入 http://localhost:8080/jsp6/sixth_example3.html,运行结果如图 6.19 所示。

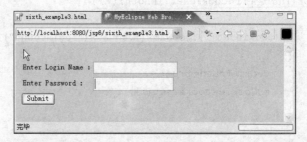

图 6.19　sixth_example3.html 运行结果

(2) 在图 6.19 的 Enter Login Name 文本框中输入 logincount,密码为 aa,单击 Submit 按钮,运行结果如图 6.20 所示。

第6章　Servlet基础　111

图 6.20　输入信息并提交后结果

（3）当第 5 次登录时，显示如图 6.21 所示。

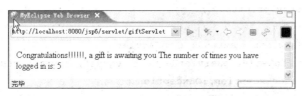

图 6.21　第 5 次登录时显示

例 6-6　在 Servlet 中对 Cookie 的操作。

sixth_example4.jsp：

```
<%@page contentType="text/html; charset=GB 2312" %>
<html>
<link href="css/style.css" type="text/css" rel="stylesheet">
<body bgcolor="# 669966"><div align="center"><br>
<form method="post" action="servlet/WriteCookie">
  <input type="text" name="name">
  <input type="submit" name="sumbit" value="写入 Cookie">
</form>
<form method="post" action="ShowCookie">
<input type="submit" name="sumbit" value="显示 Cookie">
</form>
<%if(request.getAttribute("name")!=null){%>
<table width="300" border="1">
  <tr>
    <td width="100" height="20"><span
    class="word_white"><strong>Cookie 名称</strong></span></td>
    <td width="185"><span
    class="word_white"><strong><%=request.getAttribute("name")%>
    </strong></span></td>
  </tr>
  <tr>
    <td height="20"><span class="word_white"><strong>Cookie 值
    </strong></span></td>
    <td><span class="word_white"><strong><%=request.getAttribute("value")%>
    </strong></span></td>
  </tr>
```

```
</table>
<%}%>
</div>
</body>
</html>
```

ShowCookie.java：

```java
import javax.servlet.*;
import javax.servlet.http.*;
import java.io.*;
public class ShowCookie extends HttpServlet {
    public void doGet(HttpServletRequest request,HttpServletResponse response)
    throws ServletException,IOException {
        response.setContentType("text/html; charset=GBK");
        Cookie[] cookies=request.getCookies();
        for(int i=0; i<cookies.length; i++){
            request.setAttribute("name",cookies[i].getName());
            //获得名字
            request.setAttribute("value",cookies[i].getValue());
            //获得值
        }
        RequestDispatcher dispatcher=request.getRequestDispatcher(
            "/sixth_example4.jsp");
        dispatcher.forward(request,response);
    }
    public void doPost(HttpServletRequest request,HttpServletResponse response)
    throws ServletException,IOException {
        doGet(request,response);
    }
}
```

WriteCookie.java：

```java
import javax.servlet.*;
import javax.servlet.http.*;
import java.io.*;
//写入Cookie
public class WriteCookie extends HttpServlet {
    public void doGet(HttpServletRequest request,HttpServletResponse response)
    throws ServletException,IOException {
        response.setContentType("text/html; charset=GBK");
        Cookie cookie=new Cookie("pfc",request.getParameter("name"));
                                                //生成一个有名和值的Cookie
        cookie.setMaxAge(60);                   //返回该Cookie的最大寿命
        cookie.setPath("/");                    //返回使用该Cookie的所有URL前缀
```

```
        response.addCookie(cookie);
        RequestDispatcher dispatcher=request.getRequestDispatcher(
            "/sixth_example4.jsp");
        dispatcher.forward(request,response);

    }

    public void doPost(HttpServletRequest request,HttpServletResponse response)
    throws ServletException,IOException {
        doGet(request,response);
    }

}
```

css/style.css：

```
<meta http-equiv="Content-Type" content="text/html; charset=GB 2312">
<!--
td {
    font-size: 9pt; color: #000000;
}
input{
    font-family: "宋体";
    font-size: 9pt;
    color: #333333;
    border: 1px solid #999999;
}
.word_white{
 color:#FFFFFF;
}
-->
```

(1) 在浏览器地址栏中输入 http://localhost:8080/jsp6/sixth_example4.jsp，运行结果如图 6.22 所示。

图 6.22 sixth_example4.jsp 运行结果

(2) 在图 6.22 的文本框中输入 PFC，单击"写入 Cookie"按钮，再单击"显示 Cookie"按钮，运行结果如图 6.23 所示（如再次运行，单击 IE 浏览器中的"工具"→"internet 选项"→"删除 Cookies"命令)。

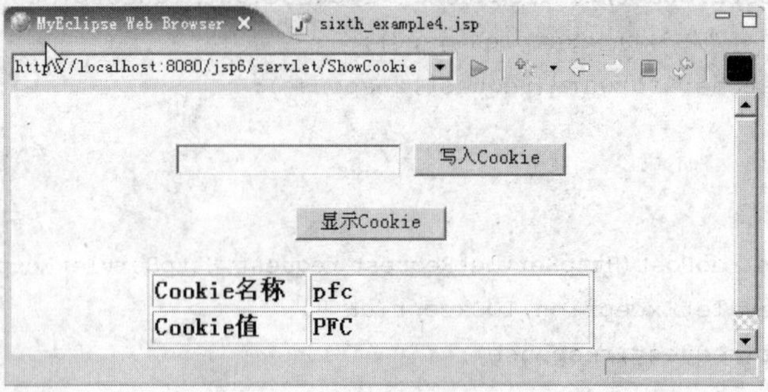

图 6.23 输入信息后结果

6.7 Servlet 之间通信

出现在同一个 Web 服务器上的 Servlet 可彼此通信,也可共享资源。可用 RequestDispatcher 接口来实现 Servlet 之间的通信。RequestDispatcher 接口可以把用户对当前 JSP 页面或 Servlet 的请求转发给另一个 JSP 页面或 Servlet,而且将用户对当前 JSP 页面或 Servlet 的请求和响应(HttpServletRequest 对象和 HttpServletResponse 对象)传递给转发的 JSP 页面或 Servlet。即当前页面所要转发的目标页或 Servlet 对象可以使用 request 获取用户提交的数据。

部署 Web 应用时,容器会建立一个 ServletContext,即 Servlet 上下文,在同一服务器中执行的 Servlet 属于同一个 Servlet 上下文。用 ServletConfig 接口的 getServletContext() 方法得到 Servlet 上下文的引用。

实现转发的步骤如下:

(1) 得到 RequestDispatcher 引用:

```
public abstract RequestDispatcher getRequestDispatcher(String urlpath)
```

其中 urlpath 为要转发的 JSP 页面或 Servlet 地址。

```
RequestDispatcher dispatcher=request.getRequestDispatcher(a.jsp);
```

或

```
RequestDispatcher dispatcher;
dispatcher=getServletContext
getRequestDispatcher(/SecondServlet);
```

(2) 转发:

```
public abstract void forward(ServletRequest request,ServletResponse response)
            throws ServletException,IOException
```

该方法用来把一个 JSP 页面或 Servlet 请求提交到另一个 JSP 页面或 Servlet。当其输出完全由第二个 JSP 页面或被调用的 Servlet 生成时,必须用此方法。若第一个 Servlet 已访问了 PrintWriter 对象,则由此方法引发异常。

```
dispatcher.forward(request, response);
```

例 6-7 Servlet 之间通信。

sixth_example5.jsp:

```
<%@page contentType="text/html;charset=GB 2312" %>
<HTML><BODY><Font size=4>
<FORM action="Verify" method=post>
    输入姓名:<Input Type=text name=name>
<BR>输入分数:<Input Type=text name=score>
<BR><Input Type=submit value="提交">
</FORM>
</BODY></HTML>
```

Verify.java:

```
import java.io.*;
import javax.servlet.*;
import javax.servlet.http.*;
public class Verify extends HttpServlet
{   public void init(ServletConfig config)throws ServletException
    {super.init(config);
    }
public void doPost(HttpServletRequest request,HttpServletResponse response)
throws ServletException,IOException
{   String name=request.getParameter("name");
    String score=request.getParameter("score");
      //获取客户提交的信息
      if(name.length()==0||name==null)
        { response.sendRedirect("sixth_example5.jsp");           //重定向
        }
      else if(score.length()==0)
        { response.sendRedirect("sixth_example5.jsp ");          //重定向
        }
      else if(score.length()>0)
        { try { int numberScore=Integer.parseInt(score);
            if(numberScore<0||numberScore>100)
              { response.sendRedirect("sixth_example5");
              }
            else
            {   RequestDispatcher dispatcher=
                request.getRequestDispatcher("ShowMessage");
                dispatcher.forward(request,response);            //转发
```

```
                }
              }
            catch(NumberFormatException e)
              {  response.sendRedirect("sixth_example5.jsp ");
              }
          }
      }
    public void doGet(HttpServletRequest request,HttpServletResponse response)
    throws ServletException,IOException
      {   doPost(request,response);
      }
}
```

ShowMessage.java:

```
import java.io.*;
import javax.servlet.*;
import javax.servlet.http.*;
public class ShowMessage extends HttpServlet
{   public void init(ServletConfig config)throws ServletException
    {super.init(config);
    }
    public void doPost(HttpServletRequest request,HttpServletResponse response)
    throws ServletException,IOException
      {   response.setContentType("text/html;charset=GB 2312");
          PrintWriter out=response.getWriter();
          String name=request.getParameter("name");
          //获取客户提交的信息
          String score=request.getParameter("score");
          //获取客户提交的信息
          try{ byte bb[]=name.getBytes("ISO 8859-1");
               name=new String(bb,"GB 2312");
             }
          catch(Exception exp){}
          out.print("<Font color=blue size=4>您的姓名是:");
          out.print(name);
          out.print("<BR><Font color=pink size=4>您的成绩是:");
          out.print(score);
       }
    public void doGet(HttpServletRequest request,HttpServletResponse response)
    throws ServletException,IOException
      {   doPost(request,response);
      }
}
```

说明：

```
RequestDispatcher dispatcher=
                request.getRequestDispatcher("ShowMessage");
```

其中，ShowMessage 指＜url-pattern＞的值，在 web.xml 文件中为：

```
<servlet-mapping>
    <servlet-name>ShowMessage</servlet-name>
    <url-pattern>/ShowMessage</url-pattern>
</servlet-mapping>
```

6.8 Servlet 过滤器

与 Servlet 非常类似，过滤器就是 Java 组件，请求发送到 Servlet 之前，可以用过滤器截获和处理请求，另外 Servlet 结束工作之后，在响应发回给客户之前，可以用过滤器处理响应。

Web 应用中的过滤器截取从客户端进来的请求，并做出处理的答复。它可以说是外部进入网站的第一道关，在这个关卡里，可以验证客户是否来自可信的网络，可以对客户提交的数据进行重新编码，可以从系统里获得配置的信息，可以过滤掉客户的某些不应出现的词汇，可以验证客户是否已经登录，可以验证客户端的浏览器是否支持当前的应用，可以记录系统的日志等。

可以为一个 Web 应用组件部署多个过滤器(Filter)，这些过滤器组成一个过滤链 (FilterChain)，每个过滤器只执行某个特定的操作或检查，这样请求在到达被访问目标之前，需要经过这个过滤链，如果由于安全问题不能访问目标资源，那么过滤器就可以对客户端的请求进行拦截。

1. 开发 Filter

要开发一个 Filter，必须直接或间接实现 Filter 接口。Filter 接口定义以下方法：

(1) init(FilterConfig filterConfig)，用于获得 FilterConfig 对象。

(2) doFilter(ServletRequest request, ServletResponse response, FilterChain filterChain)，进行过滤处理。

(3) destroy()，销毁这个 Filter。

2. 配置 Filter

Servlet 过滤器与 Servlet 一样，也要在 web.xml 文件中配置。首先声明 Filter，然后使用 Filter。＜filter-mapping＞中＜url-pattern＞或＜servlet-name＞这两者必须有一个存在。

Servlet 过滤器定义语法如下：

```
<filter>
    <filter-name>characterfilter</filter-name>
```

```xml
        <filter-class>com.CharacterFilter</filter-class>
</filter>
<filter-mapping>
        <filter-name>characterfilter</filter-name>
        <url-pattern>/filename.jsp</url-pattern>
        <!--映射到 JSP 文件-->
        <url-pattern>/servletname</url-pattern>
        <!--映射到 Servlet 文件-->
        <url-pattern>/*</url-pattern>
        <!--映射到任意 URL-->
        <servlet-name>哪个 Servlet 要使用这个过滤器</servlet-name>
</filter-mapping>
```

例 6-8 验证用户身份,项目名 servletfilter。

该实例判断 session 中是否存在用户对象,如对象为空表示用户没有登录过,这时可以向输出流中输出错误信息,并中断过滤器,使服务器不能得到用户请求,从而用户也得不到服务器传回的页面,如用户不为空则表示用户登录过,这时只需简单执行过滤器即可。

showInformation.jsp:

```jsp
<%@page contentType="text/html; charset=GB 2312" %>
<html>
<head>
<meta http-equiv="Content-Type" content="text/html; charset=GB 2312">
<title>使用过滤器身份验证</title>
</head>
<link href="../css/style.css" rel="stylesheet" type="text/css">
<body><div align="center">
<table width="333" height="285" cellpadding="0" cellspacing="0"
background="../image/background.jpg">
  <tr>
    <td align="center">
        <p>您成功登录</p>
        <p><br>
            <a href="back.jsp">返回</a>
        </p></td>
  </tr>
</table>
</div>
</body>
</html>
```

back.jsp:

```jsp
<%
session.invalidate();
```

```
out.print("<script
language='javascript'>window.location.href='../index.jsp';</script>");
%>
```

index.jsp：

```
<%@page contentType="text/html; charset=GB 2312" language="java" %>
<html>
<head>
<meta http-equiv="Content-Type" content="text/html; charset=GB 2312">
<link href="css/style.css" rel="stylesheet" type="text/css">
<script language="javascript" type="">
function checkEmpty(){
if(document.form.name.value==""){
alert("请输入账号！！！")
document.form.name.focus();
return false;
}
if(document.form.password.value==""){
alert("请输入密码！！！")
document.form.password.focus();
return false;
}
}
</script>
<title>使用过滤器身份验证</title>
</head>

<body><div align="center">
<table width="333" height="285" cellpadding="0" cellspacing="0" background="image/background.jpg">
  <tr>
    <td align="center"><br>
    < form name="form" method="post" action="result.jsp" onSubmit="return checkEmpty()">
<table width="220"  border="0" align="center">
  <tr>
    <td width="59" height="25">用户名：</td>
    <td width="151"><input name="name" type="text"></td>
  </tr>
  <tr>
    <td height="25">密  码：</td>
    <td><input name="password" type="password"></td>
  </tr>
</table><br>
```

```html
<input type="submit" name="Submit" value="登录">
</form>
</td>
  </tr>
</table>
</div>
</body>
</html>
```

result.jsp：

```jsp
<%@page contentType="text/html; charset=GB 2312" %>
<%@page import="com.UserInfo"%>
<html>
<head>
<meta http-equiv="Content-Type" content="text/html; charset=GB 2312">
<title>使用过滤器身份验证</title>
</head>
<%
request.setCharacterEncoding("GB 2312");
String name=request.getParameter("name");
String password=request.getParameter("password");
   UserInfo user=new UserInfo();
  user.setName(name);
  user.setPassword(password);
  session.setAttribute("user",user);
response.sendRedirect("jsp/showInformation.jsp");
%>
<body>
</body>
</html>
```

FilterStation.java：

```java
package com;
import javax.servlet.*;
import javax.servlet.http.*;
import java.io.*;
public class FilterStation extends HttpServlet implements Filter {
    private FilterConfig filterConfig;
    public void init(FilterConfig filterConfig)throws ServletException
    {
        this.filterConfig=filterConfig;
    }

    public void doFilter(ServletRequest request,ServletResponse response,
    FilterChain filterChain)throws ServletException, IOException {
```

```java
    HttpSession session=((HttpServletRequest)request).getSession();
     response.setCharacterEncoding("GB 2312");
     if(session.getAttribute("user")==null){
     PrintWriter out=response.getWriter();
     out.print("<script language=javascript>alert('您还没有登录!!!');
     window.location.href='../index.jsp';</script>");
     }else{
      filterChain.doFilter(request,response);
     }
    }
    public void destroy(){
    }
}
```

UserInfo.java：

```java
package com;
public class UserInfo {
    private String name;
    private String password;
    public String getName(){
        return name;
    }
    public String getPassword(){
        return password;
    }
    public void setName(String name){
        this.name=name;
    }
    public void setPassword(String password){
        this.password=password;
    }
}
```

Web 项目目录结构如图 6.24 所示。

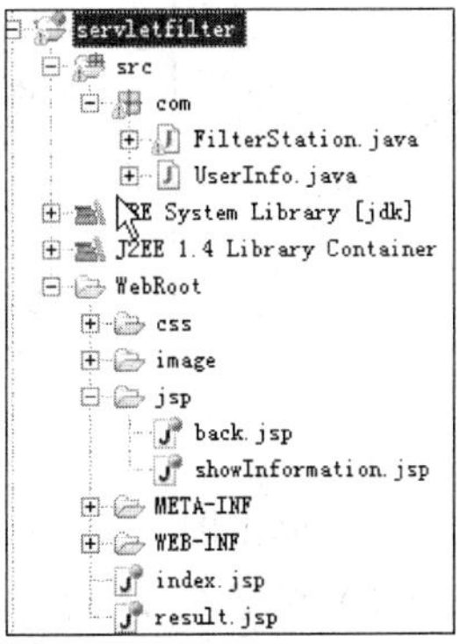

Web.xml 文件：

图 6.24　Web 项目目录结构

```xml
<?xml version="1.0" encoding="UTF-8"?>
<web-app version="2.4"
    xmlns="http://java.sun.com/xml/ns/j2ee"
    xmlns:xsi="http://www.w3.org/2001/XMLSchema-instance"
    xsi:schemaLocation="http://java.sun.com/xml/ns/j2ee
    http://java.sun.com/xml/ns/j2ee/web-app_2_4.xsd">
<filter>
    <filter-name>filterstation</filter-name>
```

```
        <filter-class>com.FilterStation</filter-class>
    </filter>
    <filter-mapping>
        <filter-name>filterstation</filter-name>
        <url-pattern>/jsp/*</url-pattern>
    </filter-mapping>
    <servlet>
        <servlet-name>FilterStation</servlet-name>
        <servlet-class>com.FilterStation</servlet-class>
    </servlet>
    <servlet-mapping>
        <servlet-name>FilterStation</servlet-name>
        <url-pattern>/servlet/FilterStation</url-pattern>
    </servlet-mapping>
</web-app>
    <filter-mapping>
        <filter-name>filterstation</filter-name>
        <url-pattern>/jsp/*</url-pattern>
    </filter-mapping>
```

可见，请求路径为 JSP 目录下所有文件都要执行过滤器 FilterStation，理解它就理解了过滤器 FilterStation 的工作过程。其中包括 back.jsp 和 showInformation.jsp。

（1）在浏览器地址栏中输入 http://localhost:8080/servletfilter/jsp/ShowInformation.jsp。运行结果如图 6.25 所示。

图 6.25 ShowInformation.jsp 的运行结果

（2）单击图 6.25 所示对话框中的"确定"按钮后，显示如图 6.26 所示。

（3）在图 6.26 的文本框中输入用户名 PFC 和密码 pfc。单击"登录"按钮，如图 6.27 所示。

（4）单击图 6.27 中的"返回"按钮，如图 6.26 所示。

例 6-9 对响应页面中敏感字符进行过滤。实际开发中，网页中会包含一些服务器不想显示给用户的内容，服务器端要对这些内容进行过滤，本例以网页中"is"为敏感字符进行过滤。

index.jsp：

```
<%@page contentType="text/html; charset=GB2312" %>
```

第6章 Servlet基础

图 6.26 登录界面

图 6.27 登录成功界面

```
<html>
<head>
<meta http-equiv="Content-Type" content="text/html; charset=GB 2312">
<title>使用过滤器对响应页面中敏感字符进行过滤</title>
<style type="text/css">
<!--
body {
    background-color: #000099;
}
.style1 {
    color: #FFFFFF;
    font-weight: bold;
}
-->
</style>
</head>
```

```
<body><div align="center" class="style1">
使用过滤器对响应页面中敏感字符进行过滤<br><br>
this is a book!!!
</div>
</body>
</html>
```

CharacterFilter.java：

```java
package com;
import javax.servlet.*;
import javax.servlet.http.*;
import java.io.*;
public class CharacterFilter extends HttpServlet implements Filter {
    public void init(FilterConfig filterConfig)throws ServletException {
    }
    public void doFilter(ServletRequest request,ServletResponse response,
FilterChain filterChain)throws ServletException,IOException {
      response.setCharacterEncoding("GB 2312");
        PrintWriter out=response.getWriter();
        CharacterResponse wrapper=new
        CharacterResponse((HttpServletResponse)response);
        filterChain.doFilter(request,wrapper);
        String resStr=wrapper.toString();
     String newStr="";
        if(resStr.indexOf("is")>0){
            newStr=resStr.replace("is","* *");
        }
        out.println(newStr);
    }
}
```

CharacterResponse.java：

```java
package com;
import javax.servlet.http.HttpServletResponseWrapper;
import java.io.CharArrayWriter;
import javax.servlet.http.HttpServletResponse;
import java.io.PrintWriter;
public class CharacterResponse extends HttpServletResponseWrapper {
    private CharArrayWriter output;
    public String toString(){
        return output.toString();
    }
    public CharacterResponse(HttpServletResponse response){
        super(response);
```

```
        this.output=new CharArrayWriter();
    }
    public PrintWriter getWriter(){
        return new PrintWriter(output);
    }
}
```

web.xml：

```
<?xml version="1.0" encoding="UTF-8"?>
<web-app version="2.4"
    xmlns="http://java.sun.com/xml/ns/j2ee"
    xmlns:xsi="http://www.w3.org/2001/XMLSchema-instance"
    xsi:schemaLocation="http://java.sun.com/xml/ns/j2ee
    http://java.sun.com/xml/ns/j2ee/web-app_2_4.xsd">
  <servlet>
    <servlet-name>CharacterFilter</servlet-name>
    <servlet-class>CharacterFilter</servlet-class>
  </servlet>
  <servlet-mapping>
    <servlet-name>CharacterFilter</servlet-name>
    <url-pattern>/servlet/CharacterFilter</url-pattern>
  </servlet-mapping>

  <filter>
    <filter-name>characterfilter</filter-name>
    <filter-class>com.CharacterFilter</filter-class>
  </filter>
  <!--<filter-mapping>
    <filter-name>characterfilter</filter-name>
    <url-pattern>/*</url-pattern>
  </filter-mapping>-->
</web-app>
```

未经过过滤器时，结果如图6.28所示。

图6.28　过滤前效果

经过过滤器时，结果如图6.29所示。

说明：CharacterResponse类派生自HttpServletResponseWrapper，创建过滤器时，

图 6.29 过滤后效果

常要创建定制的请求或响应对象，SUN 创建了 4 个"便利"类，以便更容易完成该任务。这 4 个类是 ServletRequestWrapper、HttpServletRequestWrapper、ServletResponseWrapper、HttpServletResponseWrapper。

这样如想创建定制的请求或响应对象，只要派生某个便利"包装器"类就好了。包装器类包装了实际的请求或响应对象，而且把调用传给实际对象，还允许对定制请求或响应做所需的额外处理。

6.9 实验与训练指导

（1）写出 Servlet 生命周期。

略。

（2）Servletconfig 和 ServletContext 有何区别？

整个 Web 应用只有一个 ServletContext，而每个 Servlet 有一个 Servletconfig。

（3）写出对于每个请求路径，过滤器以何种顺序执行，假设 Filter1～Filter5 已经得到适当声明。

```
<filter-mapping>
    <filter-name>Filter1</filter-name>
    <url-pattern>/Recipes/*</url-pattern>
</filter-mapping>

<filter-mapping>
    <filter-name>Filter2</filter-name>
    <servlet-name>/Recipes/HopsList.do</servlet-name>
</filter-mapping>

<filter-mapping>
    <filter-name>Filter3</filter-name>
    <url-pattern>/Recipes/Add/*</url-pattern>
</filter-mapping>

<filter-mapping>
    <filter-name>Filter4</filter-name>
    <servlet-name>/Recipes/Modify/ModRecipes.do</servlet-name>
```

```
</filter-mapping>

<filter-mapping>
    <filter-name>Filter5</filter-name>
    <url-pattern>/*</url-pattern>
</filter-mapping>
```

对于每个请求路径,过滤器以何种顺序执行如表 6.2 所示。

表 6.2 过滤器对每个请求路径的执行顺序

请 求 路 径	过滤器序列
/Recipes/HopsReport.do	过滤器:1、5
/Recipes/HopsList.do	过滤器:1、5、2
/Recipes/Modify/ModRecipes.do	过滤器:1、5、4
/HopsList.do	过滤器:5
/Recipes/Add/AddRecipes.do	过滤器:1、3、5

第 7 章 访问数据库

7.1 JDBC 概述

JDBC(Java Database Connectivity)是一种可用于执行 SQL 语句的 Java API,它为访问相关数据库提供了标准的库。从本质上来说就是调用者(程序员)和实现者(数据库厂商)之间的协议。JDBC 的实现由数据库厂商以驱动程序的形式提供。JDBC API 使得开发人员可以使用纯 Java 的方式来连接数据库,并进行操作。

在 JDBC 中包括了两个包:java.sql 和 javax.sql。

(1) java.sql 基本功能。这个包中的类和接口主要针对基本的数据库编程服务,如生成连接、执行语句以及准备语句和运行批处理查询等。同时也有一些高级的处理,比如批处理更新、事务隔离和可滚动结果集等。

(2) javax.sql 扩展功能。它主要为数据库方面的高级操作提供了接口和类。如为连接管理、分布式事务和旧有的连接提供了更好的抽象,它引入了容器管理的连接池、分布式事务和行集等。

JDBC 能实现以下 3 个方面功能:同一个数据库建立连接、向数据库发送 SQL 语句和处理数据库返回的结果。图 7.1 所示为编写 JDBC 程序的一般过程。

(1) 注册 JDBC 驱动程序;
(2) 建立到 DB 连接;
(3) 创建 SQL 语句;
(4) 执行 SQL 语句;
(5) 处理结果(有的话);
(6) 与数据库断开连接。

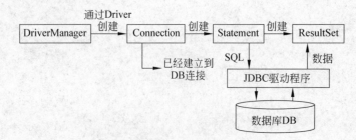

图 7.1 编写 JDBC 程序的一般过程

7.2 使用 JDBC-ODBC 桥接器访问数据库

使用 JDBC-ODBC 桥接器的机制是应用程序只需建立 JDBC 和 ODBC 之间的连接，而和数据库的连接由 ODBC 去完成。

优点：可以利用现存的 ODBC 数据源来访问数据库。

缺点：从效率和安全性的角度来说比较差。

例 7-1 查询本地 SQL Server 服务器上的数据库 school 中表 course 的记录。
seventh_example1.jsp：

```
<%@page contentType="text/html; charset=GB 2312" import="java.sql.*" %>
<HTML>
<BODY>
<CENTER>
<FONT SIZE=4 COLOR=blue>连接 SQL Server 数据库</FONT>
</CENTER>
<HR>
<CENTER>
<%
Class.forName("sun.jdbc.odbc.JdbcOdbcDriver");      //载入驱动程序类别
  String url="jdbc:odbc:myschool";                  //myschool 为 ODBC 数据源名称
  String user="sa";
  String pwd="";
Connection con=DriverManager.getConnection(url,user,pwd);
//建立数据库链接
Statement stmt = con.createStatement(ResultSet.TYPE_SCROLL_INSENSITIVE,
ResultSet.CONCUR_READ_ONLY);
//建立 Statement 对象
ResultSet rs=stmt.executeQuery("SELECT * FROM course");
//建立 ResultSet(结果集)对象,并执行 SQL 语句
rs.last();                                          //移至最后一条记录
%>
<br>
数据表中共有
<FONT SIZE=4 COLOR=red>
<!--取得最后一条记录的行数-->
<%=rs.getRow()%>
</FONT>
笔记录
<br>
<TABLE border=1 bordercolor="#FF0000" bgcolor=#EFEFEF WIDTH=400>
<TR bgcolor=CCCCCC ALIGN=CENTER>
<TD><B>记录条数</B></TD>
```

```
<TD><B>课程号</B></TD>
<TD><B>课程名</B></TD>
<TD><B>教师号</B></TD>
</TR>
<%
rs.beforeFirst();                              //移至第一条记录之前
//利用while循环配合next方法将数据表中的记录列出
while(rs.next())
{
%>
<TR ALIGN=CENTER>
<!--利用getRow方法取得记录的位置-->
<TD><B><%=rs.getRow()%></B></TD>
<TD><B><%=rs.getString("cno")%></B></TD>
<TD><B><%=rs.getString("cname")%></B></TD>
<TD><B><%=rs.getString("tno")%></B></TD>
</TR>
<%
}
rs.close();                                    //关闭 ResultSet 对象
stmt.close();                                  //关闭 Statement 对象
con.close();                                   //关闭 Connection 对象
%>
</TABLE>
</CENTER>
</BODY>
</HTML>
```

部署后,运行结果如图 7.2 所示。

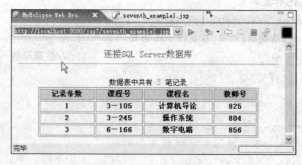

图 7.2 seventh_example1.jsp 的运行结果

使用 JDBC-ODBC 桥接器访问数据库分析如下:

1. 创建 ODBC 数据源

要通过 ODBC 访问数据库,必须先为数据库建立一个 ODBC 数据源。为 school 数据库创建数据源的操作如下:

(1) 选择"开始"→"设置"→"控制面板"命令,打开"控制面板"窗口,然后在窗口中双击"管理工具"图标,打开"管理工具"对话框,再双击"数据源(ODBC)"图标,打开"ODBC 数据源管理器"对话框,如图 7.3 所示。

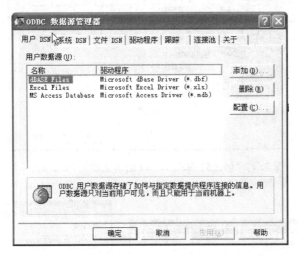

图 7.3 "ODBC 数据源管理器"对话框

(2) 选择"系统 DSN"选项卡,单击"添加"按钮,打开"创建新数据源"对话框,如图 7.4 所示。

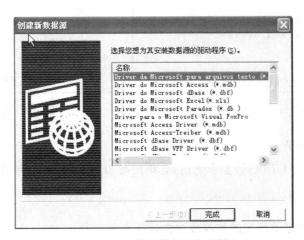

图 7.4 "创建新数据源"对话框

(3) 选中 SQL Server,单击"完成"按钮,打开"创建到 SQL Server 的新数据源"对话框,如图 7.5 所示。

(4) 在数据源名称文本框中输入创建的数据源名字,这里输入 myschool,服务器输入".",然后单击"下一步"按钮,直到如图 7.6 所示的界面。

(5) 选中"更改默认的数据库为"复选框,选择 school 数据库,单击"下一步"按钮,再单击"完成"按钮。再单击"测试数据源"按钮,测试结果如图 7.7 所示,数据源建立完毕。

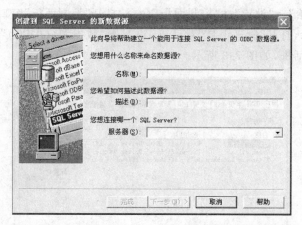

图 7.5 "创建到 SQL Server 的新数据源"对话框(一)

图 7.6 "创建到 SQL Server 的新数据源"对话框(二)

图 7.7 测试结果

2. 加载驱动程序

在 JDBC 连接到 ODBC 数据库之前,必须加载 JDBC-ODBC 桥驱动程序,代码为

```
Class.forName("sun.jdbc.odbc.JdbcOdbcDriver");
```

3. 和 ODBC 数据源指定的数据库建立连接

Connection 类的实例是表示与数据库建立连接的对象,一个应用程序可与单个数据库有一个或多个连接,或者与多个数据库有多个连接。打开连接对象与数据库建立连接的标准方法是

```
Connection con=DriverManager.getConnection("jdbc:odbc:数据源名","用户名","口令");
Connection con=
DriverManager.getConnection("jdbc:odbc:myschool","sa","");
```

这样就和数据源 myschool 建立了连接,就可以通过 SQL 语句和该数据源指定数据库中的表交互信息,比如查询、更新表中记录。

4. 访问数据库

(1) Statement 用于将 SQL 语句发送到要访问的数据库中，并获取指定 SQL 语句的结果。JDBC 实际有 3 种类型 Statement 对象，它们都作为在给定连接上执行 SQL 语句的包容器：Statement、PreparedStatement（继承 Statement）、CallableStatement（继承 PreparedStatement）。它们都用于发送特定类型的 SQL 语句：Statement 对象用于执行不带参数的简单 SQL 语句；PreparedStatement 对象用于执行带或不带 IN 参数的预编译 SQL 语句；CallableStatement 对象用于执行数据库中的存储过程。

要从指定的数据库连接得到一个 Statement(java.sql 包)实例，代码如下：

```
Statement stmt=
con.createStatement(ResultSet.TYPE_SCROLL_INSENSITIVE,ResultSet.CONCUR_READ_ONLY);
```

(2) 通过 ResultSet 来获得查询结果，通常对数据库查询返回一个包含查询结果的 ResultSet 对象。执行查询，代码如下：

```
ResultSet rs=stmt.executeQuery("SELECT * FROM course");
```

ResultSet 接口主要方法：

(1) void beforeFirst() throws SQLException

移动记录指针到第一条记录前。

(2) boolean first() throws SQLException

移动记录指针到第一条记录。

(3) boolean last() throws SQLException

移动记录指针到最后一条记录。

(4) void afterLast() throws SQLException

移动记录指针到最后一条记录后。

(5) boolean absolute(int row) throws SQLException

移动记录指针到指定位置，第一行为 1。

(6) boolean next() throws SQLException

移动记录指针到下一条记录。

(7) String getString(int columnIndex) throws SQLException

取得指定字段值，columnIndex 为查询结果集中列索引值。

(8) String getString(String columnName) throws SQLException

取得指定字段值，columnName 为列名。

(9) ResultSetMetaData getMetaData() throws SQLException

取得 ResultSetMetaData 类对象，它保存了所有 ResultSet 类对象中关于字段的信息。

常用的一些 get×××方法如表 7.1 所示。

表 7.1 常用 get×××方法

返回值类型	方法名称	返回值类型	方法名称
int	getInt()	java.sql.Time	getTime()
java.lang.String	getString()	java.sql.Date	getDate()

7.3 使用纯 Java 数据库驱动程序

7.3.1 连接 SQL Server 数据库

例 7-2 查询本地 SQL Server 服务器上的 school 数据库中表 course 的记录。seventh_example2.jsp：

```jsp
<%@page contentType="text/html; charset=GB 2312" import="java.sql.*" %>
<HTML>
<BODY>
<CENTER>
<FONT SIZE=4 COLOR=blue>JDBC 直接访问 SQL Server 数据库</FONT>
</CENTER>
<HR>
<CENTER>
<%!
String driverName="com.microsoft.jdbc.sqlserver.SQLServerDriver";
String dbURL="jdbc:microsoft:sqlserver://localhost:1433;
DatabaseName=school";
String userName="sa";
String userPwd="";
Connection con;
Statement stmt;
ResultSet rs;
%>
<%
try {
Class.forName(driverName);
con=DriverManager.getConnection(dbURL,userName,userPwd);
out.print("连接成功!");
stmt=con.createStatement
     (ResultSet.TYPE_SCROLL_INSENSITIVE,ResultSet.CONCUR_READ_ONLY);
rs=stmt.executeQuery("SELECT * FROM course");
                               //建立 ResultSet(结果集)对象,并执行 SQL 语句
rs.last();                     //移至最后一条记录
}
catch(Exception e){
e.printStackTrace();
}
%>
<br>
数据表中共有
<FONT SIZE=4 COLOR=red>
<!--取得最后一条记录的行数-->
```

```
<%=rs.getRow()%>
</FONT>
笔记录
<br>
<TABLE border=1 bordercolor="# FF0000" bgcolor=# EFEFEF WIDTH=400>
<TR bgcolor=CCCCCC ALIGN=CENTER>
<TD><B>记录条数</B></TD>
<TD><B>课程号</B></TD>
<TD><B>课程名</B></TD>
<TD><B>教师号</B></TD>
</TR>
<%
rs.beforeFirst();                       //移至第一条记录之前
//利用while循环配合next方法将数据表中的记录列出
while(rs.next())
{
%>
<TR ALIGN=CENTER>
<!--利用getRow方法取得记录的位置-->
<TD><B><%=rs.getRow()%></B></TD>
<TD><B><%=rs.getString("cno")%></B></TD>
<TD><B><%=rs.getString("cname")%></B></TD>
<TD><B><%=rs.getString("tno")%></B></TD>
</TR>
<%
}
rs.close();                             //关闭ResultSet对象
stmt.close();                           //关闭Statement对象
con.close();                            //关闭Connection对象
%>
</TABLE>
</CENTER>
</BODY>
</HTML>
```

部署后,运行结果如图7.8所示。

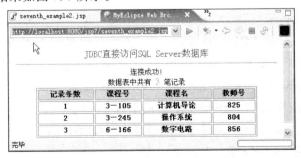

图7.8　seventh_example2.jsp运行结果

使用纯 Java 数据库驱动程序访问 SQL Server 2000 数据库的分析如下：

1. 下载并安装 SQL Server 2000 driver for JDBC

下载 SQL Server 2000 driver for JDBC，该驱动安装成功后，请将安装目录下的 lib 目录下的三个 .jar 文件（msbase.jar，mssqlserver.jar，msutil.jar）加到 CLASSPATH 中；如果你使用的是 MyEclipse，将这三个文件根据 IDE 的提示加到工程中也可，就是把这 3 个 jar 文件拷贝到 WEB-INF/lib 目录下。

2. 升级 SQL Server 2000 并打补丁

升级你的 SQL Server 2000，为其打上 SQL Server 2000 SP4 补丁。如果你的程序在运行时提示"Error establishing socket"，一般情况下，打上 SQL Server 2000 的补丁就可解决。若还是不能安装，删除注册表 PendingFileRenameOperations 键。

3. 驱动的加载方法

在建立连接之前，要先加载 SQL Server 2000 JDBC 的驱动，代码形式如下：

```
Class.forName("com.microsoft.jdbc.sqlserver.SQLServerDriver");
```

此处要注意，forName 方法的参数字符串必须完全与此相同，区分大小写，其实这个串就是驱动类的完整名称：包名+类名。

4. 获得一个连接

在操作数据库之前，要先获得与数据库的一个连接，使用如下代码格式：

```
DriverManager.getConnection(连接字符串,登录用户名,登录密码);
```

例如：

```
DriverManager.getConnection("jdbc:microsoft:sqlserver://localhost:1433;
DatabaseName=school","sa","");
```

在此处关键的是连接字符串的内容，localhost 部分即服务器的名字，可以更改；1433 部分为 SQL Server 使用的端口号，根据实际情况修改即可；DatabaseName 即为要连接的数据库的名字，在此要注意 DatabaseName 之前的是分号，而不是冒号。

5. 可能出现问题

部署运行，如果提示"ClassNotFoundException"，那一定是 Class.forName("com.microsoft.jdbc.sqlserver.SQLServerDriver");该段代码拼写有误，或者是 SQL Server 2000 Driver for JDBC Lib 目录下的 3 个 jar 文件未加入到 CLASSPATH 中。或把这 3 个 .jar 文件 msbase.jar、mssqlserver.jar、msutil.jar 放到 tomcat/common/lib 目录下，这样也需要设置环境变量 CLASSPATH，然后重启 Tomcat。

出现 java.sql.SQLException：[Microsoft][SQLServer 2000 Driver for JDBC][SQLServer]对象名'course'无效。

根本原因：访问数据库的用户有登录权限，但无操作表的权限。

解决办法：

（1）在[企业控制台]窗口→[树]子窗口→[安全性]子树→[登录]项里将你使用的登录用户的默认数据库设为你所使用的数据库。

（2）在[企业控制台]窗口→[树]子窗口→[安全性]子树→[登录]项里新增一个登录用户(在其中选择 SQL Server 身份验证、服务器角色和要访问的数据库)，以后便可用些新增用户访问你选中的数据库了。

7.3.2 连接 Oracle 数据库

1. 注册一个 driver

首先下载 ojdbc14.jar，根据 IDE 的提示加到工程中，然后注册驱动程序。

注册驱动程序常用有两种方式：

方式1：

```
Class.forName("oracle.jdbc.driver.OracleDriver");
```

Java 规范中明确规定：所有的驱动程序必须在静态初始化代码块中将驱动注册到驱动程序管理器中。

方式2：

```
Driver drv=new oracle.jdbc.driver.OracleDriver();
DriverManager.registerDriver(drv);
```

2. 建立连接

```
conn=DriverManager.getConnection("jdbc:oracle:thin:@127.0.0.1:1521:school",
"User","Password");
```

Oracle URL 的格式：

jdbc:oracle:thin(协议)：@×××.×××.×××.×××:××××(IP 地址及端口号)：×××××××(所使用的数据库名)

7.3.3 连接 MySql 数据库

（1）首先下载 mysql-connector-java-5.0.4-bin.jar，根据 IDE 的提示加到工程中。然后注册驱动程序。

```
Class.forName("com.mysql.jdbc.Driver");
```

（2）建立连接如下：

```
conn=DriverManager.getConnection("jdbc:mysql://127.0.0.1:3306/school",
"User","Password");
```

7.4 查询操作

JSP 和数据库的交互是非常重要的技术,人们经常需要从数据库中查询数据。和数据库建立连接后,就可以使用 JDBC 提供的 API 和数据库交互信息。JDBC 提供了 3 种接口来实现 SQL 语句的发送执行,它们分别是 Statement、PreparedStatement(继承 Statement)、CallableStatement(继承 PreparedStatement)。它们都用于发送特定类型的 SQL 语句,Statement 对象用于执行不带参数的简单 SQL 语句;PreparedStatement 对象用于执行带或不带 IN 参数的预编译 SQL 语句;CallableStatement 对象用于执行对数据库的存储过程。

7.4.1 Statement

使用 Statement 类来发送和执行 SQL 语句首先要创建 Statement 对象。建立 Statement 类对象可以通过 Connection 类中 createStatement()方法创建。

方法 1:

```
Statement createStatement()throws SQLException
```

方法 2:

```
Statement createStatement(int resultSetType,
              int resultSetConcurrency)
              throws SQLException
```

(1) resultSetType 参数有两个取值:

- ResultSet.TYPE_SCROLL_INSENSITIVE:游标上下滚动,数据库变化时,当前结果集不变。
- ResultSet.TYPE_SCROLL_SENSITIVE:游标上下滚动,数据库变化时,结果集随之变动。

(2) resultSetConcurrency 用来指定是否可以使用结果集更新数据库,它也有两个取值:

- ResultSet.CONCUR_READ_ONLY:结果集不能被更新。
- ResultSet.CONCUR_UPDATABLE:结果集可以更新。

例如:

```
Statement stmt=
con.createStatement(ResultSet.TYPE_SCROLL_INSENSITIVE,ResultSet.CONCUR_READ_ONLY);
```

创建好 Statement 对象后,就可以利用它提供的 executeQuery()方法来执行一个产生单个结果集的查询语句,它返回一个 ResultSet 对象。

```
ResultSet executeQuery(String sql) throws SQLException
```

如：

```
ResultSet rs=stmt.executeQuery("SELECT * FROM course");
```

7.4.2 PreparedStatement

例 7-3 查询本地 SQL Server 服务器上的 school 数据库中表 course 的记录。seventh_example3.jsp：

```
<%@page contentType="text/html;charset=GB 2312" import="java.sql.*" %>
<HTML>
<BODY>
<CENTER>
<FONT SIZE=4 COLOR=blue>JDBC 直接访问 SQL Server 数据库</FONT>
</CENTER>
<HR>
<CENTER>
<%!
String driverName="com.microsoft.jdbc.sqlserver.SQLServerDriver";
String dbURL="jdbc:microsoft:sqlserver://localhost:1433;DatabaseName=school";
String userName="sa";
String userPwd="";
Connection con;
PreparedStatement pstmt;
ResultSet rs;
%>
<%
try{
Class.forName(driverName);
con=DriverManager.getConnection(dbURL,userName,userPwd);
out.print("连接成功!");
pstmt=con.preparedStatement("SELECT * FROM course where tno=?",ResultSet.TYPE_SCROLL_INSENSITIVE,ResultSet.CONCUR_READ_ONLY);
pstmt.setString(1,"825");
rs=pstmt.executeQuery();                //建立 ResultSet(结果集)对象,并执行 SQL 语句
rs.last();                              //移至最后一条记录
}
catch(Exception e){
e.printStackTrace();
}
%>
<br>
数据表中共有
<FONT SIZE=4 COLOR=red>
<!--取得最后一条记录的行数-->
```

```
<%=rs.getRow()%>
</FONT>
笔记录
<br>
<TABLE border=1 bordercolor="# FF0000" bgcolor=# EFEFEF WIDTH=400>
<TR bgcolor=CCCCCC ALIGN=CENTER>
<TD><B>记录条数</B></TD>
<TD><B>课程号</B></TD>
<TD><B>课程名</B></TD>
<TD><B>教师号</B></TD>
</TR>
<%
rs.beforeFirst();                    //移至第一条记录之前
//利用 while 循环配合 next 方法将数据表中的记录列出
while(rs.next())
{
%>
<TR ALIGN=CENTER>
<!--利用 getRow 方法取得记录的位置-->
<TD><B><%=rs.getRow()%></B></TD>
<TD><B><%=rs.getString("cno")%></B></TD>
<TD><B><%=rs.getString("cname")%></B></TD>
<TD><B><%=rs.getString("tno")%></B></TD>
</TR>
<%
}
rs.close();                          //关闭 ResultSet 对象
pstmt.close();                       //关闭 Statement 对象
con.close();                         //关闭 Connection 对象
%>
</TABLE>
</CENTER>
</BODY>
</HTML>
```

部署后，运行结果如图 7.9 所示。

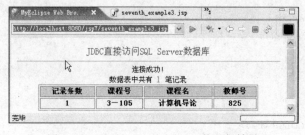

图 7.9　seventh_example3.jsp 的运行结果

使用 PreparedStatement 类，它执行的 SQL 语句可以包含一个或多个 IN 参数。所谓 IN 参数指那些在 SQL 语句创立时尚未指定值的参数，在 SQL 语句中 IN 参数的值用"?"代替。建立 PreparedStatement 类对象可以通过 Connection 类中 preparedStatement()方法创建。

方法1：

```
PreparedStatement preparedStatement(String sql)
            throws SQLException
```

方法2：

```
PreparedStatement preparedStatement(String sql,
                int resultSetType,
                int resultSetConcurrency)
            throws SQLException
```

例如：

```
PreparedStatement pstmt;
pstmt=con.preparedStatement("SELECT * FROM course where tno=?",ResultSet.TYPE_SCROLL_INSENSITIVE,ResultSet.CONCUR_READ_ONLY);
```

在 PreparedStatement 对象执行前，每一个 IN 参数都必须设置，通过 set×××()方法来实现，其中×××表示各种数据类型名。如 IN 参数为 integer 类型，则可用 setInt()方法设置它。

例如 pstmt.setString(1,"825");

其中 1 表示参数位置，825 表示参数值。

设置好 IN 参数后，执行查询使用 executeQuery()方法。代码如下：

```
ResultSet rs;
rs=pstmt.executeQuery();
```

7.4.3 CallableStatement

例 7-4 利用存储过程查询 school 数据库中学生学号、姓名、课程名和成绩。

(1) 创建存储过程 stud_degree，查询学生学号、姓名、课程名和成绩。

```
create procedure stud_degree
as
select student.sno,student.sname,course.cname,score.degree
from
student,course,score
where student.sno=score.sno and course.cno=score.cno
GO
```

(2) seventh_example4.jsp：

```jsp
<%@page contentType="text/html; charset=GB 2312" import="java.sql.*"%>
<HTML>
<BODY>
<CENTER>
<FONT SIZE=4 COLOR=blue>JDBC 直接访问 SQL Server 数据库</FONT>
</CENTER>
<HR>
<CENTER>
<%!
String driverName="com.microsoft.jdbc.sqlserver.SQLServerDriver";
String dbURL="jdbc:microsoft:sqlserver://localhost:1433;
DatabaseName=school";
String userName="sa";
String userPwd="";
Connection con;
CallableStatement callstmt;
ResultSet rs;
%>
<%
try{
Class.forName(driverName);
con=DriverManager.getConnection(dbURL,userName,userPwd);
out.print("连接成功!");
callstmt=con.prepareCall("exec
stud_degree",ResultSet.TYPE_SCROLL_INSENSITIVE,ResultSet.CONCUR_READ_ONLY);
rs=callstmt.executeQuery();         //建立 ResultSet(结果集)对象,并执行 SQL 语句
rs.last();                          //移至最后一条记录
}
catch(Exception e){
e.printStackTrace();
}
%>
<br>
数据表中共有
<FONT SIZE=4 COLOR=red>
<!--取得最后一条记录的行数-->
<%=rs.getRow()%>
</FONT>
笔记录
<br>
<TABLE border=1 bordercolor="#FF0000" bgcolor=#EFEFEF WIDTH=400>
<TR bgcolor=CCCCCC ALIGN=CENTER>
<TD><B>记录条数</B></TD>
<TD><B>学号</B></TD>
<TD><B>姓名</B></TD>
```

```
<TD><B>课程名</B></TD>
<TD><B>成绩</B></TD>
</TR>
<%
rs.beforeFirst();                          //移至第一条记录之前
//利用 while 循环配合 next 方法将数据表中的记录列出
while(rs.next())
{
%>
<TR ALIGN=CENTER>
<!--利用 getRow 方法取得记录的位置-->
<TD><B><%=rs.getRow()%></B></TD>
<TD><B><%=rs.getString("sno")%></B></TD>
<TD><B><%=rs.getString("sname")%></B></TD>
<TD><B><%=rs.getString("cname")%></B></TD>
<TD><B><%=rs.getString("degree")%></B></TD>
</TR>
<%
}
rs.close();                                //关闭 ResultSet 对象
callstmt.close();                          //关闭 Statement 对象
con.close();                               //关闭 Connection 对象
%>
</TABLE>
</CENTER>
</BODY>
</HTML>
```

部署后，运行结果如图 7.10 所示。

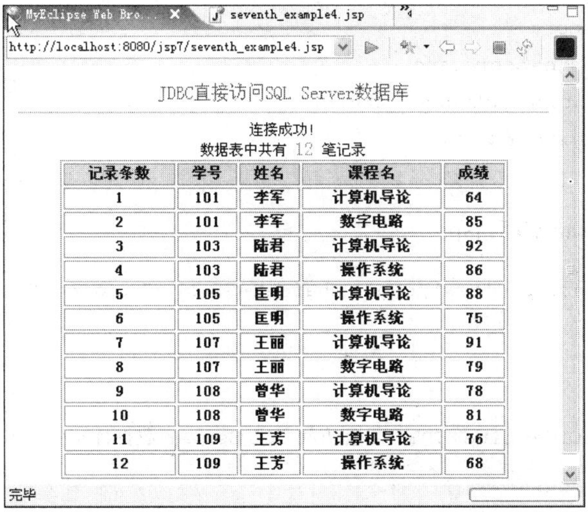

记录条数	学号	姓名	课程名	成绩
1	101	李军	计算机导论	64
2	101	李军	数字电路	85
3	103	陆君	计算机导论	92
4	103	陆君	操作系统	86
5	105	匡明	计算机导论	88
6	105	匡明	操作系统	75
7	107	王丽	计算机导论	91
8	107	王丽	数字电路	79
9	108	曾华	计算机导论	78
10	108	曾华	数字电路	81
11	109	王芳	计算机导论	76
12	109	王芳	操作系统	68

图 7.10　seventh_example4.jsp 的运行结果

使用 CallableStatement 对象用于执行对数据库的存储过程。建立 CallableStatement 类对象可以通过 Connection 类中 prepareCall()方法创建。

方法 1：

```
CallableStatement prepareCall(String sql) throws SQLException
```

方法 2：

```
CallableStatement prepareCall(String sql,
                int resultSetType,
                int resultSetConcurrency)
                throws SQLException
```

例如：

```
CallableStatement callstmt;
ResultSet rs;
callstmt=con.prepareCall("exec stud_degree",
ResultSet.TYPE_SCROLL_INSENSITIVE,
ResultSet.CONCUR_READ_ONLY);
rs=callstmt.executeQuery();
```

例 7-5 根据输入学号，利用存储过程查询 school 数据库中学生姓名和平均成绩。
(1) 创建存储过程 average，它返回两个参数@st_name 和@st_avg，它们分别代表了姓名和平均分。

```
Use school
CREATE PROCEDURE average(@st_no int,@st_name char(8)output,@st_avg float output)
AS
select @st_name=student.sname,@st_avg=AVG(score.degree)
from student,score
where student.sno=score.sno
group by student.sno,student.sname
having student.sno=@st_no
GO
```

(2) seventh_example5.jsp：

```
<%@page contentType="text/html; charset=GB 2312" import="java.sql.*"%>
<HTML>
<BODY>
<CENTER>
<FONT SIZE=4 COLOR=blue>JDBC 直接访问 SQL Server 数据库</FONT>
</CENTER>
<HR>
<CENTER>
<%!
```

```
String driverName="com.microsoft.jdbc.sqlserver.SQLServerDriver";
String dbURL="jdbc:microsoft:sqlserver://localhost:1433;DatabaseName=school";
String userName="sa";
String userPwd="";
Connection con;
CallableStatement callstmt;
%>
<%
try{
Class.forName(driverName);
con=DriverManager.getConnection(dbURL,userName,userPwd);
out.print("连接成功!");
callstmt=con.prepareCall("{call average(?,?,?)}");
callstmt.setString(1,"108");
callstmt.registerOutParameter(2,Types.CHAR);
callstmt.registerOutParameter(3,Types.FLOAT);
callstmt.executeQuery();
}
catch(Exception e){
e.printStackTrace();
}
%>
<br>
<TABLE border=1 bordercolor="#FF0000" bgcolor=#EFEFEF WIDTH=400>
<TR bgcolor=CCCCCC ALIGN=CENTER>
<TD><B>姓名</B></TD>
<TD><B>平均分</B></TD>
</TR>
<TR ALIGN=CENTER>
<TD><B><%=callstmt.getString(2)%></B></TD>
<TD><B><%=callstmt.getFloat(3)%></B></TD>
</TR>
</TABLE>
<%
callstmt.close();            //关闭Statement对象
con.close();                 //关闭Connection对象
%>
</CENTER>
</BODY>
</HTML>
```

部署后,运行结果如图7.11所示。

有些存储过程要求用户输入参数,这时可以在生成的CallableStatement对象的存储过程中用问号设置输入参数,然后在这个存储过程执行之前使用set×××()方法给参数赋

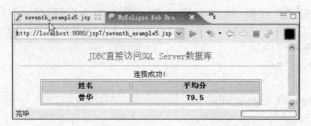

图 7.11　seventh_example5.jsp 的运行结果

值。另外，某些存储过程可能会返回输出参数，这时在执行这个存储过程之前，必须使用 CallableStatement 的 registerOutParameter()方法登记输出参数。registerOutParameter()方法中要给出输出参数的相应位置和数据类型。SQL 数据类型的值在 java.sql.Types 类中有定义。执行存储过程后，必须使用 get×××()方法指出获取哪一个输出参数的值。

例如：

```
CallableStatement callstmt;
callstmt=con.prepareCall("{call average(?,?,?)}");
callstmt.setString(1,"108");
callstmt.registerOutParameter(2,Types.CHAR);
callstmt.registerOutParameter(3,Types.FLOAT);
callstmt.executeQuery();
<%=callstmt.getString(2)%>
<%=callstmt.getFloat(3)%>
```

7.5　插入、更新和删除操作

Statement 对象调用 executeUpdate()方法用于执行 INSERT、DELETE 和 UPDATE 操作。

int **executeUpdate**(String sql) throws SQLException

方法返回值是一个整数，指示受影响的行数。对于创建表 create table 或删除表 drop table 等不操作行的语句，executeUpdate()返回值总是 0。

7.5.1　插入记录

例 7-6

seventh_example6.jsp：

```
<%@page contentType="text/html; charset=GB 2312" import="java.sql.*"%>
<HTML>
<BODY>
<CENTER>
<FONT SIZE=4 COLOR=blue>JDBC 直接访问 SQL Server 数据库</FONT>
```

```
</CENTER>
<HR>
<CENTER>
<%!
String driverName="com.microsoft.jdbc.sqlserver.SQLServerDriver";
String dbURL="jdbc:microsoft:sqlserver://localhost:1433;DatabaseName=school";
String userName="sa";
String userPwd="";
Connection con;
Statement stmt;
ResultSet rs;
%>
<%
try{
Class.forName(driverName);
con=DriverManager.getConnection(dbURL,userName,userPwd);
out.print("连接成功!");
stmt=con.createStatement
    (ResultSet.TYPE_SCROLL_INSENSITIVE,ResultSet.CONCUR_READ_ONLY);
rs=stmt.executeQuery("SELECT * FROM course");
//建立 ResultSet(结果集)对象,并执行 SQL 语句
rs.last();                                  //移至最后一条记录
}
catch(Exception e){
e.printStackTrace();
}
%>
<br>
插入前数据表中共有
<FONT SIZE=4 COLOR=red>
<!--取得最后一条记录的行数-->
<%=rs.getRow()%>
</FONT>
笔记录
<br>
<TABLE border=1 bordercolor="#FF0000" bgcolor=#EFEFEF WIDTH=400>
<TR bgcolor=CCCCCC ALIGN=CENTER>
<TD><B>记录条数</B></TD>
<TD><B>课程号</B></TD>
<TD><B>课程名</B></TD>
<TD><B>教师号</B></TD>
</TR>
<%
rs.beforeFirst();                           //移至第一条记录之前
```

```jsp
//利用 while 循环配合 next 方法将数据表中的记录列出
while(rs.next())
{
%>
<TR ALIGN=CENTER>
<!--利用 getRow 方法取得记录的位置-->
<TD><B><%=rs.getRow()%></B></TD>
<TD><B><%=rs.getString("cno")%></B></TD>
<TD><B><%=rs.getString("cname")%></B></TD>
<TD><B><%=rs.getString("tno")%></B></TD>
</TR>
<%
}
%>
</TABLE>
<%
try {
int count=stmt.executeUpdate("insert into course values('3-102','JSP','825')");
if(count!=0)System.out.print("影响行数"+count);
rs=stmt.executeQuery("SELECT * FROM course");
//建立 ResultSet(结果集)对象,并执行 SQL 语句
rs.last();                                    //移至最后一条记录
}
catch(Exception e){
e.printStackTrace();
}
%>
<br>
插入后数据表中共有
<FONT SIZE=4 COLOR=red>
<!--取得最后一条记录的行数-->
<%=rs.getRow()%>
</FONT>
笔记录
<br>
<TABLE border=1 bordercolor="#FF0000" bgcolor=#EFEFEF WIDTH=400>
<TR bgcolor=CCCCCC ALIGN=CENTER>
<TD><B>记录条数</B></TD>
<TD><B>课程号</B></TD>
<TD><B>课程名</B></TD>
<TD><B>教师号</B></TD>
</TR>
<%
```

```
rs.beforeFirst();                              //移至第一条记录之前
//利用 while 循环配合 next 方法将数据表中的记录列出
while(rs.next())
{
%>
<TR ALIGN=CENTER>
<!--利用 getRow 方法取得记录的位置-->
<TD><B><%=rs.getRow()%></B></TD>
<TD><B><%=rs.getString("cno")%></B></TD>
<TD><B><%=rs.getString("cname")%></B></TD>
<TD><B><%=rs.getString("tno")%></B></TD>
</TR>
<%
}
%>
<%
rs.close();                                    //关闭 ResultSet 对象
stmt.close();                                  //关闭 Statement 对象
con.close();                                   //关闭 Connection 对象
%>
</TABLE>
</CENTER>
</BODY>
</HTML>
```

部署后,运行结果如图 7.12 所示。

图 7.12   seventh_example6.jsp 运行结果

插入记录代码如下:

```
int count=stmt.executeUpdate("insert into course values('3-102','JSP','825')");
```

7.5.2 更新记录

例 7-7

seventh_example7.jsp:

```jsp
<%@page contentType="text/html; charset=GB 2312" import="java.sql.*" %>
<HTML>
<BODY>
<%!
String driverName="com.microsoft.jdbc.sqlserver.SQLServerDriver";
String dbURL="jdbc:microsoft:sqlserver://localhost:1433; DatabaseName=school";
String userName="sa";
String userPwd="";
Connection con;
Statement stmt;
ResultSet rs;
 %>
<%
try{
Class.forName(driverName);
con=DriverManager.getConnection(dbURL,userName,userPwd);
stmt=con.createStatement
     (ResultSet.TYPE_SCROLL_INSENSITIVE,ResultSet.CONCUR_READ_ONLY);
rs=stmt.executeQuery("SELECT * FROM course where cno='3-102'");
//建立 ResultSet(结果集)对象,并执行 SQL 语句
rs.first();
}
catch(Exception e){
e.printStackTrace();
}
%>
<br>
记录修改前
<br>
<TABLE border=1 bordercolor="#FF0000" bgcolor=#EFEFEF WIDTH=400>
<TR bgcolor=CCCCCC ALIGN=CENTER>
<TD><B>课程号</B></TD>
<TD><B>课程名</B></TD>
<TD><B>教师号</B></TD>
</TR>
<TR ALIGN=CENTER>
<TD><B><%=rs.getString("cno")%></B></TD>
<TD><B><%=rs.getString("cname")%></B></TD>
<TD><B><%=rs.getString("tno")%></B></TD>
```

```
</TR>
</TABLE>
<%
try{
int count=stmt.executeUpdate("update course set cname='Servlet' where cno='3-102'");
if(count!=0)System.out.print("影响行数"+count);
rs=stmt.executeQuery("SELECT * FROM course");
 //建立ResultSet(结果集)对象,并执行SQL语句
}
catch(Exception e){
e.printStackTrace();
}
%>
<br>
记录修改后
<br>
<TABLE border=1 bordercolor="#FF0000" bgcolor=#EFEFEF WIDTH=400>
<TR bgcolor=CCCCCC ALIGN=CENTER>
<TD><B>课程号</B></TD>
<TD><B>课程名</B></TD>
<TD><B>教师号</B></TD>
</TR>
<%rs.first();%>
<TR ALIGN=CENTER>
<TD><B><%=rs.getString("cno")%></B></TD>
<TD><B><%=rs.getString("cname")%></B></TD>
<TD><B><%=rs.getString("tno")%></B></TD>
</TR>
</TABLE>
<%
rs.close();                    //关闭ResultSet对象
stmt.close();                  //关闭Statement对象
con.close();                   //关闭Connection对象
%>
</TABLE>
</CENTER>
</BODY>
</HTML>
```

部署后,运行结果如图7.13所示。

更新记录代码如下:

```
int count=stmt.executeUpdate("update course set cname='Servlet' where cno='3-102'");
```

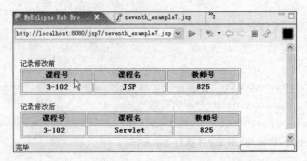

图 7.13 seventh_example7.jsp 的运行结果

7.5.3 删除记录

例 7-8

seventh_example8.jsp：

```
<%@page contentType="text/html;charset=GB 2312" import="java.sql.*" %>
<HTML>
<BODY>
<%!
String driverName="com.microsoft.jdbc.sqlserver.SQLServerDriver";
String dbURL="jdbc:microsoft:sqlserver://localhost:1433;DatabaseName=school";
String userName="sa";
String userPwd="";
Connection con;
Statement stmt;
ResultSet rs;
int count;
%>
<%
try{
Class.forName(driverName);
con=DriverManager.getConnection(dbURL,userName,userPwd);
stmt=con.createStatement
       (ResultSet.TYPE_SCROLL_INSENSITIVE,ResultSet.CONCUR_READ_ONLY);
rs=stmt.executeQuery("SELECT * FROM course where cno='3-102'");
//建立 ResultSet(结果集)对象,并执行 SQL 语句
rs.first();
}
catch(Exception e){
e.printStackTrace();
}
%>
```

记录删除前
```
<br>
<TABLE border=1 bordercolor="#FF0000" bgcolor=#EFEFEF WIDTH=400>
<TR bgcolor=CCCCCC ALIGN=CENTER>
<TD><B>课程号</B></TD>
<TD><B>课程名</B></TD>
<TD><B>教师号</B></TD>
</TR>
<TR ALIGN=CENTER>
<TD><B><%=rs.getString("cno")%></B></TD>
<TD><B><%=rs.getString("cname")%></B></TD>
<TD><B><%=rs.getString("tno")%></B></TD>
</TR>
</TABLE>
<%
try {
count=stmt.executeUpdate("delete from course where cno='3-102'");
rs=stmt.executeQuery("SELECT * FROM course where cno='3-102'");
//建立 ResultSet(结果集)对象,并执行 SQL 语句
}
catch(Exception e){
e.printStackTrace();
}
%>
<br>
```
记录删除后
```
<br>
<%if(count!=0)out.print("不存在 cno='3-102'的记录");%>
<br>
<TABLE border=1 bordercolor="#FF0000" bgcolor=#EFEFEF WIDTH=400>
<TR bgcolor=CCCCCC ALIGN=CENTER>
<TD><B>课程号</B></TD>
<TD><B>课程名</B></TD>
<TD><B>教师号</B></TD>
</TR>
<%while(rs.next()){ %>
<TR ALIGN=CENTER>
<TD><B><%=rs.getString("cno")%></B></TD>
<TD><B><%=rs.getString("cname")%></B></TD>
<TD><B><%=rs.getString("tno")%></B></TD>
</TR>
<%} %>
</TABLE>
<%
```

```
rs.close();                    //关闭 ResultSet 对象
stmt.close();                  //关闭 Statement 对象
con.close();                   //关闭 Connection 对象
%>
</CENTER>
</BODY>
</HTML>
```

部署后,运行结果如图 7.14 所示。

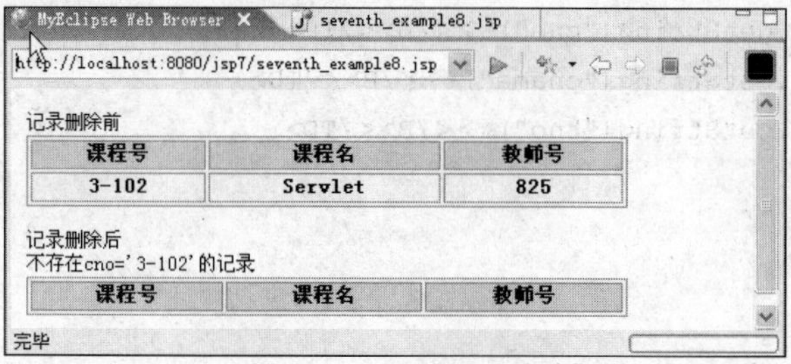

图 7.14 seventh_example8.jsp 的运行结果

删除记录代码如下:

```
count=stmt.executeUpdate("delete from course where cno='3-102'");
```

7.6 分页显示记录

如果从数据库中查询的记录非常多时,就需要进行分页显示。有两种分页解决方法,一种方法是第一次把所有资料都查询出来,然后在每页中显示指定的资料,如下面的例7-9 所示;另一种方法是多次查询数据库,每次只获得本页的数据,如下面的例 7-10 所示。考虑到数据往往是大量甚至是海量的,如果一次性获取,那么这些数据必然大量占用服务器内存资源,使系统性能大大降低,因此建议使用第二种方法。

例 7-9

seventh_example9.jsp:

```
<%@page contentType="text/html; charset=GB 2312" import="java.sql.*" %>
<html>
<head>
<style type="text/css">
<!--
.style1 {
    font-size: 24px;
    color: #3300FF;
}
-->
</style>
```

```
</head>
<body>
<div align="center"><span class="style1">分页显示记录</span><BR>
</div>
<BR>
<table border=2 bordercolor="#FF0000" align="center">
    <tr>
        <td>sno</td>
        <td>sname</td>
        <td>ssex</td>
        <td>sbirthday</td>
        <td>sage</td>
    </tr>
<%Class.forName("com.microsoft.jdbc.sqlserver.SQLServerDriver");
String url="jdbc:microsoft:sqlserver://localhost:1433;DatabaseName=school";
//school 为你的数据库
String user="sa";
String password="";
Connection conn=DriverManager.getConnection(url,user,password);
int intPageSize;                              //一页显示的记录数
int intRowCount;                              //记录总数
int intPageCount;                             //总页数
int intPage;                                  //待显示页码
java.lang.String strPage;
int i;
intPageSize=2;                                //设置一页显示的记录数
strPage=request.getParameter("page");         //取得待显示页码
if(strPage==null){
//表明在 QueryString 中没有 page 这一个参数,此时显示第一页数据
intPage=1;
} else{
//将字符串转换成整型
intPage=java.lang.Integer.parseInt(strPage);
if(intPage<1)intPage=1;
}
Statement stmt=conn.createStatement(ResultSet.TYPE_SCROLL_SENSITIVE,
    ResultSet.CONCUR_UPDATABLE);
String sql="select * from student";
ResultSet rs=stmt.executeQuery(sql);
rs.last();                                    //光标指向查询结果集中最后一条记录
intRowCount=rs.getRow();                      //获取记录总数
intPageCount=(intRowCount+intPageSize-1)/intPageSize;    //计算总页数
if(intPage>intPageCount)
intPage=intPageCount;                         //调整待显示的页码
if(intPageCount>0)
{
```

```
        rs.absolute((intPage-1) * intPageSize+1);
        //将记录指针定位到待显示页的第一条记录上
        //显示数据
        i=0;
        while(i<intPageSize && !rs.isAfterLast()) {%>
          <tr>
            <td><%=rs.getString("sno")%></td>
            <td><%=rs.getString("sname")%></td>
            <td><%=rs.getString("ssex")%></td>
            <td><%=rs.getDate("sbirthday")%></td>
            <td><%=rs.getInt("sage")%></td>
          </tr>
          <%rs.next();
            i++;
          }
        }
        %>
        </table>
        <hr color="#999999">
        <div align="center">第<%=intPage%>页 共<%=intPageCount%>页
         <%if(intPage<intPageCount){%>
         <a href="seventh_example9.jsp?page=<%=intPage+1%>">下一页</a>
         <%}%>
         <%if(intPage>1){%>
         <a href="seventh_example9.jsp?page=<%=intPage-1%>">上一页</a>
         <%}%>
         <%rs.close();
           stmt.close();
           conn.close();
         %>
        </div>
        </body>
        </html>
```

部署后,运行结果如图 7.15 所示。

图 7.15　seventh_example9.jsp 的运行结果(一)

单击"下一页"超链接,结果如图 7.16 所示。

图 7.16　seventh_example9.jsp 的运行结果(二)

例 7-10

(1) 首先开发一个页面控制的 JavaBean。

PageBean.java：

```
package com;
import java.util.Vector;
public class PageBean {
    public int curPage;                              //当前是第几页
    public int maxPage;                              //一共有多少页
    public int maxRowCount;                          //一共有多少行
    public int rowsPerPage=2;                        //每页多少行
    public Vector data;                              //本页中要显示资料
    public PageBean()
    {
    }
    public void countMaxPage(){                      //根据总行数计算总页数
        if(this.maxRowCount%this.rowsPerPage==0){
            this.maxPage=this.maxRowCount/this.rowsPerPage;
        }
        else{
            this.maxPage=this.maxRowCount/this.rowsPerPage+1;
        }
    }

    public Vector getResult()
    {
        return this.data;
    }
    public PageBean(ContactBean contact)throws Exception
    {
        this.maxRowCount=contact.getAvailableCount();
        //得到总行数
        this.data=contact.getResult();               //得到要显示于本页的资料
```

```
            this.countMaxPage();
    }
}
```

(2) PageBean(ContactBean contact)构造函数中,ContactBean 是一个和特定业务相关的 JavaBean,它操作数据库,返回相关的结果。

ContactBean.java:

```
package com;
import java.sql.*;
import java.util.Vector;
public class ContactBean {
Connection conn;
Vector v;
public ContactBean()throws Exception
{Class.forName("com.microsoft.jdbc.sqlserver.SQLServerDriver");
    String url="jdbc:microsoft:sqlserver://localhost:1433;DatabaseName=school";
      //school 为你的数据库
    String user="sa";
    String password="";
    conn=DriverManager.getConnection(url,user,password);
    v=new Vector();
}
public int getAvailableCount()throws Exception
//返回要查询的记录数
{int ret=0;
Statement stmt=conn.createStatement();
String strSql="select count(*) from student";
ResultSet rset=stmt.executeQuery(strSql);
while(rset.next())
{
    ret=rset.getInt(1);
}
return ret;
}
public PageBean listData(String page)throws Exception
//获取指定页面数据,并封装在 PageBean 中返回
{
    try{
        PageBean pageBean=new PageBean(this);
        int pageNum=Integer.parseInt(page);
        Statement stmt=conn.createStatement();
        String strSql="select top "+pageNum*pageBean.rowsPerPage+"
        * from student order by sno";
        ResultSet rset=stmt.executeQuery(strSql);
```

```
            int i=0;
            while(rset.next())
            {
                if(i>(pageNum-1)*pageBean.rowsPerPage-1)
                {
                    Object[]obj=new Object[5];
                    obj[0]=rset.getString("sno");
                    obj[1]=rset.getString("sname");
                    obj[2]=rset.getString("ssex");
                    obj[3]=rset.getDate("sbirthday");
                    obj[4]=rset.getInt("sage");
                    v.add(obj);
                }
                i++;
            }
            rset.close();
            stmt.close();
            pageBean.curPage=pageNum;
            pageBean.data=v;
            return pageBean;
        }
        catch(Exception e)
        {
            e.printStackTrace();
            throw e;
        }
    }
    public Vector getResult()throws Exception
    {
        return v;
    }
}
```

（3）如何使用页面控制的 JavaBean 呢？需要一个 Servlet(ContactServlet.java)，用于接收客户端的请求，调用 ContactBean 的 listData() 方法，并且获得 PageBean 对象，把它保存在 request 对象中。

ContactServlet.java：

```
package com;
import java.io.IOException;
import javax.servlet.RequestDispatcher;
import javax.servlet.ServletException;
import javax.servlet.http.HttpServlet;
```

```java
import javax.servlet.http.HttpServletRequest;
import javax.servlet.http.HttpServletResponse;
public class ContactServlet extends HttpServlet {
    public ContactServlet(){
        super();
    }
    public void destroy(){
        super.destroy();
    }
    public void doGet(HttpServletRequest request,HttpServletResponse response)
    throws ServletException,IOException {

        response.setContentType("text/html");

        try{
            ContactBean contact=new ContactBean();
            PageBean pageCtl=
            contact.listData((String)request.getParameter("jumpPage"));
            request.setAttribute("pageCtl",pageCtl);
            //把 PageBean 保存在 request 中
        }
        catch(Exception e)
        {
            e.printStackTrace();
        }
        RequestDispatcher dis=
        request.getRequestDispatcher("/seventh_example10.jsp");
        dis.forward(request,response);

    }
    public void doPost(HttpServletRequest request,HttpServletResponse
    response)throws ServletException,IOException {
        doGet(request,response);
    }
    public void init()throws ServletException {
    }
}
```

ContactServlet 执行过程如下：获得要显示的页面代码，ContactBean 对象使用页面代码为参数调用 ContactBean 的 listData()方法。从 ContactBean 获得一个 PageBean 物件，把 PageBean 对象设置为 request 属性，把视图派发到目的页面 seventh_example10.jsp。

(4) seventh_example10.jsp：

```jsp
<%@page language="java" import="java.util.*,com.PageBean" pageEncoding="GBK"%>
```

```
<jsp:useBean id="pageCtl" class="com.PageBean" scope="request"/>
<script language="JavaScript">

function Jumping()
{
//document.write(document.PageForm.jumpPage.value);
document.PageForm.submit();
return;
}
function gotoPage(pagenum){
document.PageForm.jumpPage.value=pagenum;
//document.write(document.PageForm.jumpPage.value);
document.PageForm.submit();
return;
}
</script>
<table border=1>
<tr>
    <td align="center" width="95">sno</td>
    <td align="center" width="95">sname</td>
    <td align="center" width="95">ssex</td>
    <td align="center" width="95">sbirthday</td>
    <td align="center" width="95">sage</td>
  </tr>
<%//pageCtl=(PageBean)request.getAttribute("pageCtl");
Vector v=pageCtl.getResult();
Enumeration e=v.elements();
while(e.hasMoreElements())
{Object[]obj=(Object[])e.nextElement();
%>
<tr>
<td align="center" width="95"><%=obj[0]%></td>
<td align="center" width="95"><%=obj[1]%></td>
<td align="center" width="95"><%=obj[2]%></td>
<td align="center" width="95"><%=obj[3]%></td>
<td align="center" width="95"><%=obj[4]%></td>
</tr>
<%}%>
</table>

<%if(pageCtl.maxPage!=1){%>
<form name="PageForm" action="/jsp7/CS" method="post">

每页<%=pageCtl.rowsPerPage %>行
共<%=pageCtl.maxRowCount %>行
第<%=pageCtl.curPage %>页
```

```
共<%=pageCtl.maxPage%>页
<br>
<%if(pageCtl.curPage==1){out.print("首页 上一页"); }else{%>
<a href="javascript:gotoPage(1)">首页</a>
<a href="javascript:gotoPage(<%=pageCtl.curPage-1%>)">上一页</a>
<%}%>
<%if(pageCtl.curPage==pageCtl.maxPage){out.print("下一页 尾页"); }else{%>
<a href="javascript:gotoPage(<%=pageCtl.curPage+1%>)">下一页</a>
<a href="javascript:gotoPage(<%=pageCtl.maxPage%>)">尾页</a>
<%}%>
转到<select name="jumpPage" onchange="Jumping()">
<%for(int i=1;i<=pageCtl.maxPage;i++)
{
if(i==pageCtl.curPage){
%>

<option selected value=<%=i%>><%=i %></option>
<%}else{ %>
<option value=<%=i%>><%=i %></option>
<%}} %>
</select>页
</form>
<%}%>
```

部署后,在地址栏中输入 http://localhost:8080/jsp7/CS?jumpPage=1,运行结果如图 7.17 所示。

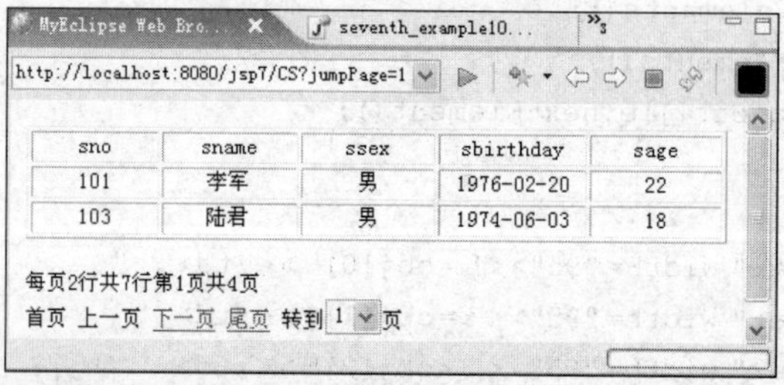

图 7.17 seventh_example10.jsp 的运行结果(一)

单击"尾页"超链接,如图 7.18 所示。

图 7.18 seventh_example10.jsp 的运行结果(二)

7.7 查询 Excel 电子表格

(1) 创建 Excel 文件 student.xls，如图 7.19 所示。

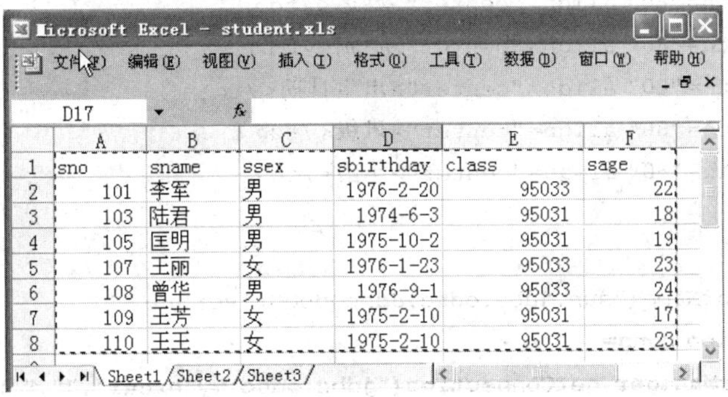

图 7.19 Excel 表格

(2) 创建 ODBC 数据源，名字为 my_excel。在"创建新数据源"对话框中选择 Microsoft Excel Driver(*.xls)选项之后在"ODBC Microsoft Excel 安装"对话框中选择刚创建的工作簿 student.xls，单击"确定"按钮即可。

(3) 编写 JSP 文件。

例 7-11 查询 Excel 电子表格。

seventh_example11.jsp：

```
<%@ page contentType="text/html;charset=GB 2312" language="java" import="
java.sql.*" errorPage="" %>
<!DOCTYPE HTML PUBLIC "-//W3C//DTD HTML 4.01 Transitional//EN" "http://www.w3.
org/TR/html4/loose.dtd">
<html>
<head>
<meta http-equiv="Content-Type" content="text/html; charset=GB 2312">
<title>JSP 查询 Excel 表格中的数据</title>
<style type="text/css">
<!--
.style1 {
    font-size: 18px;
    color: #3366FF;
}
-->
</style>
</head>
<body>
<div align="center" class="style1">
使用 JSP 查询 Excel 表格中的数据
```

```
      <br>
    </div>
    <table border=1 bordercolor="#33FF66" align="center">
      <tr>
      <td width="80" align="center">学号</td>
        <td width="80" align="center">姓名</td>
        <td width="80" align="center">性别</td>
        <td width="80" align="center">出生日期</td>
        <td width="80" align="center">班级</td>
        <td width="80" align="center">年龄</td>
      </tr>
<%
    Class.forName("sun.jdbc.odbc.JdbcOdbcDriver");
    Connection conn=
      DriverManager.getConnection("jdbc:odbc:my_excel","","");
    Statement stmt=
    conn.createStatement(ResultSet.TYPE_SCROLL_SENSITIVE,
         ResultSet.CONCUR_UPDATABLE);
    String sql="select * from [Sheet1$]";
    ResultSet rs=stmt.executeQuery(sql);
    while(rs.next()){
%>
      <tr>
      <td><%=rs.getString("sno").substring(0,3)%></td>
      <td><%=rs.getString("sname")%></td>
       <td><%=rs.getString("ssex")%></td>
      <td><%=rs.getDate("sbirthday")%></td>
       <td><%=rs.getString("class").substring(0,5)%></td>
      <td><%=rs.getInt("sage")%></td>
      </tr>
<%
    }
    %>
<%
        out.print("恭喜您,查询 Excel 表成功!");
        %>
<%
        rs.close();
        stmt.close();
        conn.close();
        %>
</table>
</body>
</html>
```

部署后，运行结果如图 7.20 所示。

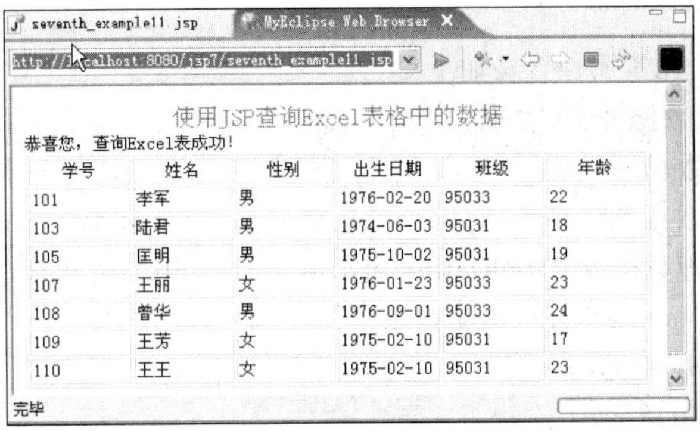

学号	姓名	性别	出生日期	班级	年龄
101	李军	男	1976-02-20	95033	22
103	陆君	男	1974-06-03	95031	18
105	匡明	男	1975-10-02	95031	19
107	王丽	女	1976-01-23	95033	23
108	曾华	男	1976-09-01	95033	24
109	王芳	女	1975-02-10	95031	17
110	王王	女	1975-02-10	95031	23

图 7.20 seventh_example11.jsp 运行结果

7.8 数据库连接池

数据库操作中，和数据库建立连接(Connection)是最为耗时的操作之一，而且，数据库都有最大连接数目限制，如果很多用户访问的是同一数据库，所进行的又是同样的操作，比如记录查询，那么，为每个用户都建立一个连接是不合理的。为解决这一问题，引入连接池概念。

所谓连接池，就是预先建立好一定数量数据库连接，将这些连接对象存放在一个称为连接池的容器中，当需要访问数据库时，只要从连接池中取出一个连接对象即可，当用户使用完连接对象后，将该连接对象放回到连接池中。如果某用户需要操作数据库时，连接池中已没有连接对象可用，那么该用户就必须等待，直到连接池中有了连接对象。

例 7-12 在 Tomcat 中配置连接池。

(1) 确保 Tomcat 安装目录的\common\lib 目录(webapps\yourweb\WEB-INF\lib)中包含 JDBC 连接数据库所必需的 3 个 jar 文件。

(2) 修改 Tomcat 安装目录的 conf/server.xml 文件，在＜GlobalNamingResources＞元素中添加如下内容，用以配置连接数据库各项信息。注意配置文件中原有＜Resource…/＞保留。

```
<Resource name="jdbc/TestDB"
          auth="Container"
          type="javax.sql.DataSource"
          username="sa"
          password=""
          driverClassName=
          "com.microsoft.jdbc.sqlserver.SQLServerDriver"
          maxIdle="10"
          maxWait="1000"
          maxActive="100"
```

```
            url="jdbc:microsoft:sqlserver://localhost:1433;
            DatabaseName=school"/>
```

其中,Resource 元素属性含义如下:

① name:设置数据源 JNDI 名。

② type:设置数据源类型。

③ auth:设置数据源管理者,有两个可选值 Container 和 Application。Container 表示由容器创建和管理数据源,Application 表示由 Web 应用创建和管理数据源。

④ driverClassName:JDBC 驱动程序。

⑤ url:连接数据库路径。

⑥ username:用户名。

⑦ password:口令。

⑧ maxActive:设置连接池中处于活动状态数据库连接最大数目,0 表示不受限制。

⑨ maxIdle:设置连接池中处于空闲状态数据库连接最大数目,0 表示不受限制。

⑩ maxWait:设置连接池中没有处于空闲状态连接时,请求数据库连接的请求的最长等待时间(单位 ms),如果超出该时间将抛出异常,-1 表示无限等待。

(3) 修改 Tomcat 安装目录的 conf/context.xml 文件,在<Context>元素中添加如下内容。

```
<ResourceLink global="jdbc/TestDB" name="jdbc/TestDB"
type="javax.sql.DataSource"/>
```

Context 元素代表一个 Web 应用,连接池需要读取该元素中的信息完成数据库连接。

(4) 测试代码 seventh_example12.jsp。

```
<%@page contentType="text/html;charset=GBK" %>
<%@page import="java.sql.*" %>
<%@page import="javax.naming.*" %>
<%
try{
Context initCtx=new InitialContext();
Context ctx=(Context)initCtx.lookup("java:comp/env");
Object obj=(Object)ctx.lookup("jdbc/TestDB");
javax.sql.DataSource ds=(javax.sql.DataSource)obj;
Connection conn=ds.getConnection();
Statement stmt=conn.createStatement();
String strSql="select getDate()";
ResultSet rs=stmt.executeQuery(strSql);
rs.next();
Date date=rs.getDate(1);
out.println(date.toString());
rs.close();
```

```
stmt.close();
conn.close();
}
catch(Exception ex){
out.print(ex);
}
%>
```

(5) 部署后,运行结果如图 7.21 所示,表明数据库连接池配置成功。

图 7.21　seventh_example12.jsp 的运行结果

Javax.sql.DataSource 接口负责与数据库建立连接,在应用时不需要编写连接数据库代码,可以直接从数据源中获得数据库连接,在 DataSource 中预先建立了多个数据库连接,这些数据库连接保存在数据库连接池中,当程序访问数据库时,只需从连接池取出空闲的连接,访问结束后,再将连接归还给连接池。DataSource 对象由容器(例如 Tomcat)提供,不能通过创建实例的方法来获得 DataSource 对象,需要利用 Java 的 JNDI (Java Naming and Directory Interface)来获得 DataSource 对象引用。JNDI 是一种将对象和名字绑定的技术,对象工厂负责生产对象,并将其与唯一的名字绑定,在程序中可以通过名字获得对象引用。通过 JNDI 获取数据源,代码如下:

```
Context initCtx=new InitialContext();
Context ctx=(Context)initCtx.lookup("java:comp/env");
Object obj=(Object)ctx.lookup("jdbc/TestDB");
javax.sql.DataSource ds= (javax.sql.DataSource)obj;
```

在配置数据源时,该例是修改 Tomcat 安装目录的 conf/context.xml 文件,也可以配置 Web 工程目录下的 META-INFO\context.xml 文件,建议采用后者,因为这样配置的数据源更有针对性,代码如下:

```
<Context>
<Resource name="jdbc/TestDB"
          auth="Container"
          type="javax.sql.DataSource"
          username="sa"
          password=""
          driverClassName=
          "com.microsoft.jdbc.sqlserver.SQLServerDriver"
          maxIdle="10"
          maxWait="1000"
          maxActive="100"
```

```
url="jdbc:microsoft:sqlserver://localhost:1433;DatabaseName=school"/>
</Context>
```

例 7-13

seventh_example13.jsp：

```jsp
<%@page contentType="text/html;charset=GB 2312" %>
<%@page import="java.sql.*" %>
<jsp:useBean id="conSet" class="pfc.ApplicationCon" scope="application"/>
<jsp:useBean id="inquire" class="pfc.UseConBean" scope="request"/>
<% Connection connection=conSet.getOneConnetion();
   inquire.setConnection(connection);
%>
<jsp:setProperty name="inquire" property="tableName" param="tableName"/>
<HTML>
<Body bgcolor=cyan>
你连接的数据库是 school
<form method="post" action="">
输入表的名字：
<Input type="text" name="tableName" size=8>
<Input type="submit" value="提交">
</form>
在<jsp:getProperty name="inquire" property="tableName"/>表查询到记录：
<BR><jsp:getProperty name="inquire" property="queryResult"/>
<% conSet.putBackOneConnetion(connection);
%>
</Body>
</HTML>
```

ApplicationCon.java：

```java
package pfc;
import java.sql.*;
import java.util.LinkedList;
public class ApplicationCon
{   LinkedList<Connection> list;          //存放 Connection 对象的链表
    public ApplicationCon()
    { try {Class.forName("com.microsoft.sqlserver.jdbc.SQLServerDriver");}
      catch(Exception e){ }
      list=new LinkedList<Connection>();
      for(int k=0;k<=10;k++)              //创建 10 个连接
      {  try{
            String uri="jdbc:sqlserver://127.0.0.1:1433;DatabaseName=school";
            String id="sa";
```

```java
                String password="";
                Connection con=
                DriverManager.getConnection(uri,id,password);
                list.add(con);
             }
          catch(SQLException e){}
       }
    }
    public synchronized Connection getOneConnetion()
    {  if(list.size()>0)
          return list.removeFirst();
//链表删除第一个节点,并返回该节点中的连接对象
       else
          return null;
    }
    public synchronized void putBackOneConnection(Connection con)
    {  list.addFirst(con);
    }
}
```

UseConBean.java：

```java
package pfc;
import java.sql.*;
public class UseConBean
{   String tableName="";                        //表名
    StringBuffer queryResult;                   //查询结果
    Connection con;
    public UseConBean()
    {  queryResult=new StringBuffer();
    }
    public void setTableName(String s)
    {  tableName=s.trim();
       queryResult=new StringBuffer();
    }
    public String getTableName()
    {  return tableName;
    }
    public void setConnection(Connection con)
    { this.con=con;
    }
    public StringBuffer getQueryResult()
    {  Statement sql;
       ResultSet rs;
```

```
        try{ queryResult.append("<table border=1>");
             DatabaseMetaData metadata=con.getMetaData();
             ResultSet rs1=metadata.getColumns(null,null,tableName,null);
             int 字段个数=0;
             queryResult.append("<tr>");
             while(rs1.next())
              { 字段个数++;
                String clumnName=rs1.getString(4);
                queryResult.append("<td>"+clumnName+"</td>");
              }
             queryResult.append("</tr>");
             sql=con.createStatement();
             rs=sql.executeQuery("SELECT * FROM "+tableName);
             while(rs.next())
             { queryResult.append("<tr>");
                 for(int k=1;k<=字段个数;k++)
    { queryResult.append("<td>"+rs.getString(k)+"</td>");
                 }
                 queryResult.append("</tr>");
             }
             queryResult.append("</table>");
           }
          catch(SQLException e)
          { queryResult.append("请输入正确的表名"+e);
            }
         return queryResult;
       }
    }
```

部署后,运行结果如图7.22所示。

图7.22 seventh_example13.jsp的运行结果(一)

在图7.22中,输入"course",单击"提交"按钮,结果如图7.23所示。

第7章 访问数据库

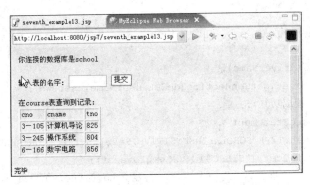

图 7.23 seventh_example13.jsp 的运行结果(二)

7.9 实验与训练指导

(1) 查询 MySql 数据库。

① 建立数据库 Mysqldb。

② 建立表 employees。

表 employees 的结构如表 7.2 所示。

表 7.2 表 employees 的结构

列名	数据类型	长度	说明
EmpId	int	11	雇员 id、主键、自增长
EmpName	varchar	20	雇员姓名
DepId	int	11	部门 id
Title	varchar	50	职务
Salary	int	11	薪水

③ 建立 mysql.jsp。

```
<%@page contentType="text/html; charset=GB 2312" import="java.sql.*" %>
<HTML>
<BODY>
<HR>
<CENTER>
<%!
String driverName="com.mysql.jdbc.Driver";
String dbURL="jdbc:mysql://127.0.0.1:3306/mysqldb";
String userName="root";
String userPwd="root";
Connection con;
Statement stmt;
ResultSet rs;
```

```jsp
%>
<%
try{
Class.forName(driverName);
con=DriverManager.getConnection(dbURL,userName,userPwd);
out.print("连接成功!");
stmt=con.createStatement
    (ResultSet.TYPE_SCROLL_INSENSITIVE,ResultSet.CONCUR_READ_ONLY);
rs=stmt.executeQuery("SELECT * FROM employees");
                                        //建立 ResultSet(结果集)对象,并执行 SQL 语句
rs.last();                              //移至最后一条记录
}
catch(Exception e){
e.printStackTrace();
}
%>
<br>
数据表中共有
<FONT SIZE=4 COLOR=red>
<!--取得最后一条记录的行数-->
<%=rs.getRow()%>
</FONT>
笔记录
<br>
<TABLE border=1 bordercolor="#FF0000" bgcolor=#EFEFEF WIDTH=400>
<TR bgcolor=CCCCCC ALIGN=CENTER>
<TD><B>记录条数</B></TD>
<TD><B>雇员 id</B></TD>
<TD><B>雇员姓名</B></TD>
<TD><B>部门 id</B></TD>
<TD><B>职务</B></TD>
<TD><B>薪水</B></TD>
</TR>
<%
rs.beforeFirst();                       //移至第一条记录之前
//利用 while 循环配合 next 方法将数据表中的记录列出
while(rs.next())
{
%>
<TR ALIGN=CENTER>
<!--利用 getRow 方法取得记录的位置-->
<TD><B><%=rs.getRow()%></B></TD>
<TD><B><%=rs.getString("EmpId")%></B></TD>
<TD><B><%=rs.getString("EmpName")%></B></TD>
```

```
<TD><B><%=rs.getString("DepId")%></B></TD>
<TD><B><%=rs.getString("Title")%></B></TD>
<TD><B><%=rs.getString("Salary")%></B></TD>
</TR>
<%
}
rs.close();                          //关闭 ResultSet 对象
stmt.close();                        //关闭 Statement 对象
con.close();                         //关闭 Connection 对象
%>
</TABLE>
</CENTER>
</BODY>
</HTML>
```

(2) 你需存钱到你的账户,创建一个 Servlet,它接收与检验用户账号与 pin 号。然后,第一个 Servlet 应把材料传送到第二个 Servlet。第二个 Servlet 应接收用户存入的金额。第三个 Servlet 应更新表格,显示已更新的表格给用户。第四个 Servlet 应显示该用户最后 20 次交易。

① 编写 formrequestdispatcher.html,运行结果如图 7.24 所示。

图 7.24   formrequestdispatcher.html 的运行结果

formrequestdispatcher.html:

```
<HTML>
<BODY bgcolor=pink>
    <center>
        <H1>Earnest Bank</H1>
    </center>
    <center>
        <FORM method=POST action="servlet/firstServlet">
        <table>
        <tr>
        <td>Enter your account number here</td><td>
        <input type=text name=accnum></td>
        </tr>
```

```html
<tr>
<td>Enter your pin number here</td>
<td><input type=text name=pinnum></td>
</tr>
</table>
<center>
    <input type=SUBMIT value=SUBMIT>
</center>
</form>
</center>
</body>
</html>
```

② 编写 Servlet1 代码,第一个 Servlet 使用 login 表来检查账号与 pin 号。如果有效,创建 accountnumber 属性,并赋给已打入账号,否则向用户显示错误消息。如果账号和 pin 号有效,调用第二个 Servlet。

firstServlet:

```java
import java.sql.*;
import javax.servlet.*;
import javax.servlet.http.*;
import java.io.*;
import java.util.*;
public class firstServlet extends HttpServlet
{
    static Connection dbcon;
    static String resulttosecond="NA";
    public void doPost(HttpServletRequest req,HttpServletResponse res) throws
    ServletException,IOException
    {
        try
        {
            Class.forName("sun.jdbc.odbc.JdbcOdbcDriver");
            dbcon=DriverManager.getConnection
            ("jdbc:odbc:MyDataSource","sa","");

        }
        catch(ClassNotFoundException e)
        {
            System.out.println("Database driver not found");
            System.out.println(e.toString());
        }
        catch(Exception e)
        {
```

```java
            System.out.println("UNKNOWN!?");
            System.out.println(e.toString());
        }                                      //end catch

//Creating a shared attribute
        ServletContext context=getServletContext();
        context.setAttribute("accountnumber"," ");

        String accnum=req.getParameter("accnum");
        String pinnum=req.getParameter("pinnum");
/*Check whether the accnum and the pinnum are valid*/
        try
        {
            PreparedStatement s=dbcon.preparedStatement("select
            * from login where cAccount_ID=? and cPin_no=?");
            s.setString(1,accnum);
            s.setString(2,pinnum);
            ResultSet result=s.executeQuery();
            boolean rowfound=false;
            rowfound=result.next();
            if(rowfound==true)
            {
                resulttosecond=result.getString(1);
                context.setAttribute("accountnumber",resulttosecond);
            //if the account number is valid
            //call the second servlet
            RequestDispatcher dispatcher=
            getServletContext().getRequestDispatcher("/servlet/secondServlet");

                if(dispatcher==null)
                {
                    res.sendError(res.SC_NO_CONTENT);
                }
                dispatcher.forward(req,res);

                try
                {
                    dbcon.close();
                }
                catch(Exception e)
                {
                    System.out.println("Error closing database");
                    System.out.println(e.toString());
```

```
                            }                           //end catch
                        }
                    if(rowfound==false)
                    {

                        PrintWriter out=res.getWriter();
                        res.setContentType("text/html");
                        resulttosecond="NA";
                        out.println("<html>");
                        out.println("<body bgcolor=pink>");
                        out.println("Pls check the values that you have entered");
                        out.println("</body>");
                        out.println("</html>");
                          out.close();
                    }

                }                                       //end try
            catch(SQLException e)
            {
                System.out.println(e.toString());
            }                                           //end catch
        }                                               //end doPost
    }                                                   //end class definition
```

③ 编写 Servlet2 代码，第二个 Servlet 用 getAttribute()得到账号，它也显示用户可以输入存款金额的表单，单击 deposit 按钮，调用第三个 Servlet。

secondServlet：

```
import javax.servlet.*;
import javax.servlet.http.*;
import java.io.*;
import java.util.*;
import java.sql.*;
public class secondServlet extends HttpServlet
{
public void service (HttpServletRequest req, HttpServletResponse res) throws ServletException,IOException
    {
        PrintWriter out=res.getWriter();
        res.setContentType("text/html");
    //Accessing the accout number from the servlet context
        ServletContext context=getServletContext();
        Object obj=context.getAttribute("accountnumber");
        String value=obj.toString();
        out.println("<HTML>");
```

```
out.println("<BODY bgcolor=pink>");
out.println("<center>");
out.println("<h1>Earnest Bank</h1>");
out.println("</center>");
out.println("<FORM method=post
action=../servlet/thirdServlet>");
out.println("<b>Click the deposit button to deposit your money</b>");
out.println("<table>");
out.println("<tr>");
out.println("<td>");
out.println("Account number:</td><td>"+value);
out.println("</td>");
out.println("</tr>");
out.println("<tr>");
out.println("<td>");
out.println("Cheque number:</td><td><input type=text name=checknum>");
out.println("</td>");
out.println("</tr>");
out.println("<tr>");
out.println("<td>");
out.println("Enter the amount to be deposited:
</td><td><input type=text name=amount value=0>");
out.println("</td>");
out.println("</tr>");
out.println("</table>");
out.println("<input type=submit value=deposit>");
out.println("<br>");
out.println("</FORM>");
out.println("</BODY>");
out.println("</HTML>");

    }
}
```

④ 编写 Servlet3 代码,第三个 Servlet 也用 getAttribute()得到账号,校对要存的金额和支票号,并在 account_holder_transaction 表中打入它们。其金额不在 account_holder 表中更新,因为支票交易不是立即清算的。将所记录的交易和上一次交易后的金额显示给用户。

thirdServlet:

```
import javax.servlet.*;
import javax.servlet.http.*;
import java.io.*;
import java.util.*;
```

```java
import java.util.Calendar;
import javax.sql.*;
import java.sql.*;

public class thirdServlet extends HttpServlet
{
    String accountnumber;
    Connection dbcon;
    public void doPost(HttpServletRequest req,HttpServletResponse res) throws
    ServletException,IOException
    {
        try
        {
            Class.forName("sun.jdbc.odbc.JdbcOdbcDriver");
            dbcon=DriverManager.getConnection
            ("jdbc:odbc:MyDataSource","sa","");
            System.out.println("connection est");

        }
        catch(ClassNotFoundException e)
        {
            System.out.println("Database driver not found");
            System.out.println(e.toString());
            throw new UnavailableException(this,"Cannot
            connect to the database");
        }
        catch(Exception e)
        {
            System.out.println("UNKNOWN!?");
        }                                           //end catch

//Accessing the accout number from the servlet context
        ServletContext context=getServletContext();
        Object obj=context.getAttribute("accountnumber");
        String accnum=obj.toString();
        PrintWriter out=res.getWriter();
        res.setContentType("text/html");
        out.println("<html>");
        out.println("<body bgcolor=pink>");
        String amount=req.getParameter("amount");
//Getting the cheque number from the form
        String checknum=req.getParameter("checknum");
//checking if the checknumber is empty
        boolean checkcorrect,amountcorrect;
```

```java
        checkcorrect=true;
        amountcorrect=true;
        if(checknum.length()==0)
        {
            checkcorrect=false;
            out.println("Pls enter the cheque number properly");
        }

        String name=new String();
        Double temp=Double.valueOf(amount);
        double mdeposit=temp.doubleValue();
        if(mdeposit<=0)
        {
            amountcorrect=false;
            out.println("The deposit amount must be valid");
            out.println("<br>");
            out.println("Pls reenter the amount");
        }
        if(checkcorrect && amountcorrect)
        {

//inserting the data in the Account_Holder_Transaction the date
//of transaction has been set to accepts the default date in SQL
//The value of vcParticulars is taken as Cheque deposit in this program
//String vcparticulars=new String("Cheque Deposit");
//This value needs to be picked up from the account_holder table and
//inserted with every transaction that the customer makes
//double balance=0.0;

//Inserting the details into the Account_Holder_Transaction table
//-----------------------------------------------------------

            try
            {
                PreparedStatement s=dbcon.preparedStatement("insert Account_
                Holder_Transaction values(?,getDate(),?,?,?)");
                s.setString(1,accnum);
                s.setString(2,vcparticulars);
                s.setString(3,checknum);
                s.setDouble(4,mdeposit);
                int rows=s.executeUpdate();
                try
                {
```

```
                    dbcon.close();
                }
                catch(Exception e)
                {
                    System.out.println(e.toString());
                }

                if(rows==0)
                {

                    System.out.println("Error inserting rows in the Account-
                    Holder-Transaction table");
                }
                else
                {
                    out.println("Your transaction details have been recorded.");
                    out.println("<br>");
                    out.println("Click the report button to view the last 20
                    transactions that were made.");
                    out.println("<br>");
                    out.println("<form method=post
                    action='../servlet/fourthServlet'>");
                    out.println("<input type=submit value=Report>");
                    out.println("</form>");
                    System.out.println("The values have been successfully
                    inserted in the Account_Holder_Table");
                }

            }                                       //end try
            catch(Exception e)
            {
                System.out.println(e.toString());
            }
            out.println("</BODY>");
            out.println("</HTML>");
            out.close();
        }

    }                                               //End doPost
}                                                   //End class definition
```

⑤ 编写 Servlet4 代码,显示客户所做最后 20 次交易,也显示以前所做交易金额。fourthServlet:

```
import javax.servlet.*;
```

```java
import javax.servlet.http.*;
import java.io.*;
import java.util.*;
import java.util.Calendar;
import javax.sql.*;
import java.sql.*;

public class fourthServlet extends HttpServlet
{
    String accountnumber;
    Connection dbcon;

    public void doPost(HttpServletRequest req,HttpServletResponse res) throws
    ServletException,IOException
    {
//Establishing the connection with the database
        try
        {
            Class.forName("sun.jdbc.odbc.JdbcOdbcDriver");
            dbcon=DriverManager.getConnection
            ("jdbc:odbc:MyDataSource","sa","");
            System.out.println("connection est");

        }
        catch(ClassNotFoundException e)
        {
            System.out.println("Database driver not found");
            System.out.println(e.toString());
            throw new UnavailableException(this,
            "Cannot connect to the database");
        }
        catch(Exception e)
        {
            System.out.println("UNKNOWN!?");
        }                                   //end catch
//Accessing the account number from the servlet context
        ServletContext context=getServletContext();
        Object obj=context.getAttribute("accountnumber");
        String accnum=obj.toString();
        double amount=0.0;
        PrintWriter out=res.getWriter();
        res.setContentType("text/html");
        try
```

```
            {
                    PreparedStatement s=dbcon.preparedStatement("select
                    mBalance from Account_Holder where cAccount_id=?");
                    s.setString(1,accnum);
                    ResultSet result=s.executeQuery();
                    result.next();
                    if(result==null)
                    {
                        System.out.println("Error executing the query");
                    }
                    else
                    {
                        amount=result.getDouble(1);
                    }
            }
            catch(SQLException e)
            {
                System.out.println(e.toString());
            }                                   //end catch
            out.println("<HTML>");
            out.println("<BODY bgcolor=pink>");
            out.println("<head>");
            out.println("<title>");
            out.println("Balance");
            out.println("</title>");
            out.println("</head>");
            out.println("<b><u>Your balance details</u></b>");
            out.println("<br>");
            out.println("Account number: "+accnum);
            out.println("<br>");
            out.println("Balance after the previous transaction: "+amount);
            out.println("<br>");
            out.println("<b><font size=5 color=green>Balance statement</font></b>");
//printing the last 20 transactions made by the user
            boolean rowfound=true;
            out.println("<hr>");
            out.println("<table cellpadding=20>");
            out.println("<tr>");
            out.println("<td>");
            out.println("Account Number ");
            out.println("</td>");
            out.println("<td>");
            out.println("Date    ");
```

```java
            out.println("</td>");
            out.println("<td>");
            out.println("Amount Deposited(Rs) ");
            out.println("</td>");
            out.println("</tr>");
            out.println("</table>");
            out.println("<hr>");
//Fetching the details from the account_holder_transaction table and displaying them
            int totalrows=0;
            try
            {
                PreparedStatement s1=dbcon.preparedStatement("select
                count(*)from account_holder_transaction where cAccount_id=?");
                s1.setString(1,accnum);
                ResultSet r=s1.executeQuery();
                r.next();
                totalrows=r.getInt(1);
                totalrows-=20;
            }
            catch(Exception e)
            {
                System.out.println(e.toString());
            }
            try
            {
                PreparedStatement s2=dbcon.preparedStatement("Select cAccount_id,
                datepart(d,dDate_of_transaction),datepart(m,dDate_of_
                transaction),datepart(yy,dDate_of_transaction),mAmount from
                account_holder_transaction where cAccount_id=?");
                s2.setString(1,accnum);
                ResultSet result=s2.executeQuery();
                rowfound=result.next();
                int numrows=0;
                int dd,mm,yy;
                dd=mm=yy=0;
                if(rowfound)
                    numrows=1;
                String d=new String(" ");
                while(rowfound)
                {
                    if(numrows>totalrows)
                    {
                        dd=result.getInt(2);
```

```
                    mm=result.getInt(3);
                    yy=result.getInt(4);
                    double mdeposit=result.getDouble(5);
                    d=dd+"/"+mm+"/"+yy;
                    out.println("           ");
                    out.println(accnum);
                    out.println("             ");
                    out.println(d);
                    out.println("             ");
                    out.println(mdeposit);
                    out.println("<br>");
                }
                rowfound=result.next();
                numrows++;
            }                                   //end while

        }
        catch(Exception e)
        {
            System.out.println(e.toString());
        }
        out.println("</BODY>");
        out.println("</HTML>");
        out.close();

    }                                           //End doPost
}                                               //End class definition
```

⑥ 执行 HTML 表单,如图 7.24 所示,在图 7.24 中输入账号 AH0001 与 pin 号 1001,单击 submit 按钮,调用第一个 Servlet,如图 7.25 所示。

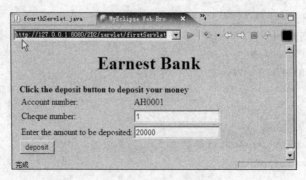

图 7.25　登录后显示

在图 7.25 中,输入支票号 1,存款数量 20 000,单击 deposit 按钮,如图 7.26 所示。

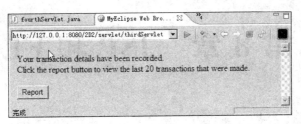

图 7.26 报表提示

在图 7.26 中,单击 Report 按钮,如图 7.27 所示。

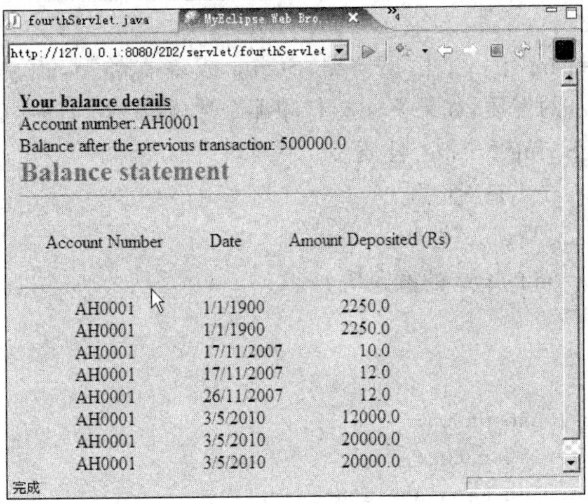

图 7.27 生成报表

第 8 章　JSP 和 EL

8.1　EL 及其在 JSP 中的重要地位

例 8-1　如果 bean 有一个性质不是 String 或基本类型,而是 Object 类型,这个 Object 类型又有自己的性质,如果真正想打印那个性质的性质,该如何办?

Person 有一个 String "name" 性质。

Person 有一个 Car "car" 性质。

Car 有一个 String "color" 性质。

如果想打印 Person 的 car 的颜色呢?

Servlet 代码:

```
package pfc;
import java.io.IOException;
import java.io.PrintWriter;
import javax.servlet.RequestDispatcher;
import javax.servlet.ServletException;
import javax.servlet.http.HttpServlet;
import javax.servlet.http.HttpServletRequest;
import javax.servlet.http.HttpServletResponse;
public class EL extends HttpServlet {
    public EL() {
        super();
    }

    public void destroy() {
        super.destroy();
    }


    public void doGet(HttpServletRequest request, HttpServletResponse response)
    throws ServletException, IOException {

        doPost(request,response);
```

```
    }

    public void doPost(HttpServletRequest request, HttpServletResponse
    response) throws ServletException, IOException {

        Person p=new Person();
          p.setName("tom");
          Car c=new Car();
          c.setColor("blue");
          p.setCar(c);
          request.setAttribute("person",p);
          RequestDispatcher
          view=request.getRequestDispatcher("result.jsp");
          view.forward(request,response);

    }
    public void init() throws ServletException {
        //Put your code here
    }

}
```

显示性质的性质,使用脚本。
result.jsp：

```
<%@ page language="java"   pageEncoding="GBK"%>
<html>
<body>
Car's color is:
<%=((pfc.Person)request.getAttribute("person")).getCar().getColor()%>
</body>
</html>
```

输入 http://localhost:8080/jsp8temp/EL,输出 Car's color is：blue。

使用标准动作(没有脚本)。
result1.jsp：

```
<%@ page language="java"   pageEncoding="GBK"%>
<html>
<body>
<jsp:useBean id="person" class="pfc.Person" />
Car's color is: <jsp:getProperty name="person" property="car"/>
</body>
</html>
```

car 的值是什么？我们希望得到 Car's color is: blue。

但是输入 http://localhost:8080/jsp8temp/EL,实际却得到:

```
Car's color is: pfc.Car@ 103de90
```

因此,不能用:

```
property="car.color"
```

利用<jsp:getProperty>,只能访问 bean 属性的性质。不能访问嵌套性质,也就无法得到我们想要的性质的性质。

解决这个问题的方法是表达式语言。

没有脚本的 JSP 代码,使用 EL。

result2.jsp:

```
<%@ page language="java"  pageEncoding="GBK"%>
<html>
<body>
Car's color is:${person.car.color}
</body>
</html>
```

输入 http://localhost:8080/jsp8temp/EL,输出 Car's color is: blue。

使用 ${person.car.color}代替以下代码:

```
<%=((Person)request.getAttribute("person")).getCar().getColor() %>
```

可见使用 EL 打印嵌套性能非常容易,即可以轻松打印性质的性质。

引入 EL(Expression Language)主要原因之一是,希望不依赖脚本元素就能创建表示层 JSP 页面。脚本元素一般是用 Java 编写的代码,可以嵌入一个 JSP 页面中。之所以想在 JSP 中嵌入脚本元素,主要是受应用需求的驱使。要求使用脚本元素的主要应用需求如下:

- 为 JSP 提供流程控制。
- 设置 JSP 页面局部变量,并在以后访问。
- 要提供复杂表达式(涉及 Java 对象)的值。
- 访问一个任意 Java 对象的属性。
- 调用 JavaBean 或其他 Java 对象的方法。

可是,经验告诉我们,在 JSP 中使用脚本元素,会使大型项目从长远来看很难维护。还会带来一些不好的编程实践,可能会使应用的表示(用户界面)与业务逻辑紧密地耦合,这就降低了应用的灵活性和可扩展性。创建 Web 应用时,这种做法是很不合适的。理想情况下,应尽一切可能创建没有脚本元素的 JSP。

为了创建完全没有脚本元素也能正常工作的 JSP,它应满足上述 5 个应用需求,而且无须使用嵌入的 Java 代码。前两项由 JSTL 处理,后三项由 EL 解决。

8.2 EL 语法

EL 语法：

${expression}

由 ${ 开头,接着 expression 是 EL 的表达式,最后 } 结尾。在这里 ${ 符号被视为 EL 的起始点,所以如果在 JSP 网页中要显示 ${ 字符串,必须在前面加上反斜杠符号\,亦即写成 \${ 的格式,或者写成 ${''${''},也就是用 EL 来输出 ${ 符号。在 EL 中要输出一个字符串,可将此字符串放在一对单引号或双引号内。

例 8-2 表达式用法。

eighth_example1.jsp：

```
<%@ page contentType="text/html; charset=GB 2312" %>
<html>
<head>
<meta http-equiv="Content-Type" content="text/html; charset=GB 2312" />
<link href="style.css" type="text/css" rel="stylesheet">
<title>表达式的用法实例</title>
</head>
<body>
<table width="524" border="1" align="center">
  <tr>
    <td width="147" height="20">表示方法</td>
    <td width="126">显示结果</td>
    <td width="229">含义</td>
  </tr>
  <tr>
    <td height="20">\${expression}</td>
    <td>${expression}</td>
    <td>expression 对象不存在,返回 null</td>
  </tr>
  <tr>
    <td height="20">\${'expression'}</td>
    <td>${'expression'}</td>
    <td>返回数据 expression</td>
  </tr>
  <tr>
    <td height="20">\${"expression"}</td>
    <td>${"expression"}</td>
    <td>返回数据 expression</td>
  </tr>
  <tr>
```

```
            <td height="20">\\${expression}</td>
            <td>\${expression}</td>
            <td>返回数据\${expression}</td>
        </tr>
        <tr>
            <td height="20">\${'\${'}expression}</td>
            <td>${'${'}expression}</td>
            <td>返回数据\${expression}</td>
        </tr>
        <tr>
            <td height="20">${expression}</td>
            <td>${expression}</td>
            <td>表达式$和{符号之间不能有空格</td>
        </tr>
    </table>
</body>
</html>
```

部署后,运行结果如图 8.1 所示。

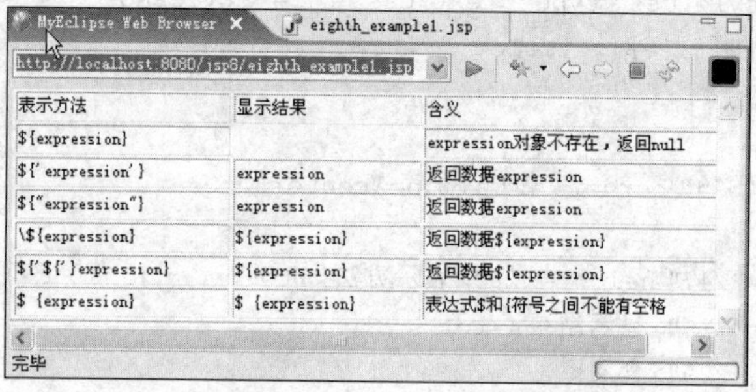

图 8.1　eighth_example1.jsp 的运行结果

8.3　EL 运算符

1. 使用"[ ]"和"."来取得对象属性

${user.name}或者${user[name]}表示取出对象 user 中 name 属性值。

（1）如果表达式中变量后有一个[ ],左边变量则有更多选择,可以是 map、bean、List 或是数组。

（2）如果中括号里是一个 String 直接量(即用引号引起的串),这可以是一个 Map 键,或是一个 bean 性质,还可以是 List 或是数组中的索引。

对数组使用[ ]操作符。

在 Servlet 中：

```
public class a extends HttpServlet {
```

```
    public a() {
        super();
    }
    public void doGet (HttpServletRequest request, HttpServletResponse
    response) throws ServletException, IOException {
        String book[]={"java","jsp","struts"};
        request.setAttribute("booka",book);
        RequestDispatcher dispatcher = request
                .getRequestDispatcher("aaa.jsp");
        dispatcher.forward(request, response);
    }
}
```

在 JSP 中：

```
<%@ page language="java" pageEncoding="GBK"  %>
<html>
<body>
Book is :${booka[0]}
<br>
Book is :${booka["0"]}
</body>
</html>
```

都输出

```
Book is :java
```

结论：数组和 List 中的 String 索引会强制转换为 int。

（3）对于 bean 和 map，这两个操作符都可以用。如果中括号里没有引号，容器就会计算中括号的内容，搜索与该名字绑定的属性，并替换为这个属性的值。

在 Servlet 中：

```
java.util.Map bookMap=new java.util.HashMap();
bookMap.put("a","java");
bookMap.put("b","jsp");
bookMap.put("c","struts");
request.setAttribute("bookMap", bookMap);
request.setAttribute("abc", "a");
```

在 JSP 中：Book is :${bookMap[abc]}计算为 Book is :${bookMap["a"]}。由于有一个名为 abc 的请求属性，它的值为 a，而且 a 是 bookMap 的一个键。

在 JSP 中，这样写是不行的（给定以上 Servlet 代码）：

Book is :${bookMap["abc"]} 计算为 Book is :${bookMap["abc"]}，不变，因为 bookMap 中没有名为 abc 的键。

2. 求余运算符

求余运算符是%，例如，${9%7}结果为2。

3. 关系运算符

关系运算符如表8.1所示。

表8.1 关系运算符的说明及举例

关系运算符	说明	例子	结果	关系运算符	说明	例子	结果
==	等于	${8==8}	true	>=	大于等于	${8>=7}	true
!=	不等于	${8!=8}	false	<	小于	${8<7}	false
>	大于	${8>7}	true	<=	小于等于	${8<=7}	false

4. 逻辑运算符

逻辑运算符如表8.2所示。

表8.2 逻辑运算符的说明及举例

逻辑运算符	说明	例子	结果
&&	与	${8==8 && 8>7}	true
||	或	${8==8 || 8>7}	true
!	非	${!(8>=7)}	false

5. empty 运算符

empty 运算符是一个前缀运算符，即 empty 运算符位于操作数前方，被用来决定一个对象或变量是否为 null 或空，格式如下：

${empty 变量或对象}

empty 运算符的操作数类型如表8.3所示。

表8.3 empty 运算符的操作数类型

操作数类型	空值	操作数类型	空值
字符串	""	映射(map)	无元素
所有命名变量	null	列表(list)	无元素
数组(array)	无元素		

6. 条件运算符

${条件表达式？表达式1：表达式2}

若条件表达式为真，计算表达式1的值，否则计算表达式2的值。

${8>=7?8+7:8-7}   结果 15

例 8-3 访问 JavaBean 属性。

eighth_example2.jsp：

```
<%@ page contentType="text/html; charset=GB 2312" language="java" %>
<html>
<head>
<meta http-equiv="Content-Type" content="text/html; charset=GB 2312" />
<link href="css/style.css" type="text/css" rel="stylesheet">
</head>
<body>
<table width="659" height="425" border="0" align="center" cellpadding="0" cellspacing="0" >
  <tr>
    <td height="71" align="center">用户注册</td>
  </tr>
  <tr>
    <td valign="top">
    <form name="form" method="post" action="getInfo.jsp">
    <table width="346" border="1" align="center" cellpadding="0" cellspacing="0">
      <tr align="center">
        <td width="113" height="30">用  户  名:</td>
        <td width="227"><input type="text" name="account"></td>
      </tr>
      <tr align="center">
        <td height="30">密     码:</td>
        <td><input type="password" name="password"></td>
      </tr>
      <tr align="center">
        <td height="30">姓     名:</td>
        <td><input type="text" name="username"></td>
      </tr>
      <tr align="center">
        <td height="30">年     龄:</td>
        <td><input type="text" name="age"></td>
      </tr>
      <tr align="center">
        <td height="30">性     别:</td>
        <td><input type="text" name="sex"></td>
      </tr>
    </table>
      <table width="346" border="0" align="center">
        <tr align="center">
          <td>
```

```
                <input type="submit" name="Submit" value="提交">   
                <input type="reset" name="Submit2" value="清除">
            </td>
          </tr>
        </table>
      </form>
     </td>
    </tr>
</table>
</body>
</html>
```

getInfo.jsp：

```
<%@ page contentType="text/html; charset=GB 2312" %>
<html>
<head>
<meta http-equiv="Content-Type" content="text/html; charset=GB 2312" />
<link href="css/style.css" type="text/css" rel="stylesheet">
<jsp:useBean id="userBean" scope="request" class="pfc.UserBean"/>
<%
request.setCharacterEncoding("GB 2312");
userBean.setAccount(request.getParameter("account"));
userBean.setPassword(request.getParameter("password"));
userBean.setAge(request.getParameter("age"));
userBean.setSex(request.getParameter("sex"));
userBean.setUsername(request.getParameter("username"));
%>
</head>
<body>
<table width="659" height="425" border="0" align="center" cellpadding="0" cellspacing="0" background="image/background.jpg">
  <tr>
    <td height="71" align="center">用户注册信息是</td>
  </tr>
  <tr>
    <td valign="top">
    <table width="346" border="1" align="center" cellpadding="0" cellspacing="0">
      <tr align="center">
        <td width="113" height="30">用 户 名：</td>
        <td width="227">${userBean.account}</td>
      </tr>
      <tr align="center">
        <td height="30">密    码：</td>
        <td>${userBean.password}</td>
```

```html
      </tr>
      <tr align="center">
        <td height="30">姓    名:</td>
        <td>${userBean.username}</td>
      </tr>
      <tr align="center">
        <td height="30">年    龄:</td>
        <td>${userBean.age}</td>
      </tr>
      <tr align="center">
        <td height="30">性    别:</td>
        <td>${userBean.sex}</td>
      </tr>
       </table>
       </td>
  </tr>
</table>
</body>
</html>
```

UserBean.java：

```java
package pfc;
public class UserBean {
    public String account ="";
    public String password ="";
    public String username="";
    public String age="";
    public String sex="";
    public String getAccount() {
        return account;
    }
    public void setAccount(String account) {
        this.account =account;
    }
    public String getAge() {
        return age;
    }
    public void setAge(String age) {
        this.age =age;
    }
    public String getSex() {
        return sex;
    }
    public void setSex(String sex) {
        this.sex =sex;
```

```
        }
        public String getUsername() {
            return username;
        }
        public void setUsername(String username) {
            this.username =username;
        }
        public String getPassword() {
            return password;
        }
        public void setPassword(String password) {
            this.password =password;
        }


}
```

部署后,运行结果如图 8.2 所示。

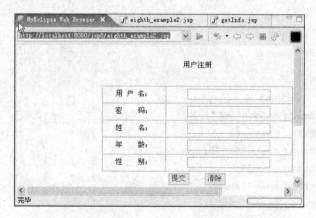

图 8.2　eighth_example2.jsp 的运行结果(一)

在图 8.2 分别输入"3 只小猪"、"123"、"张三"、"23"、"男",单击"提交"按钮,如图 8.3 所示。

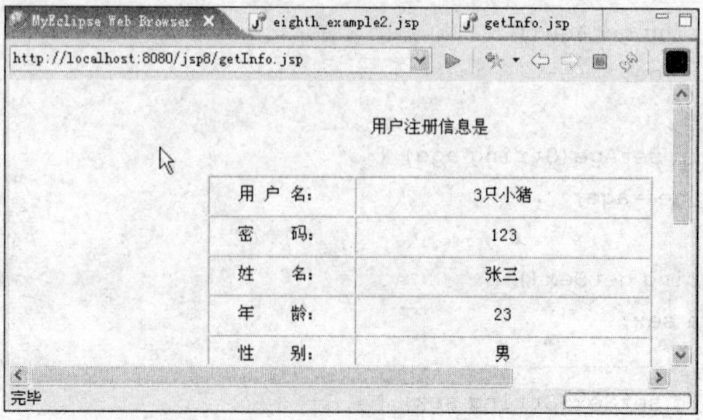

图 8.3　eighth_example2.jsp 的运行结果(二)

8.4 EL 表达式中的隐含对象

表达式中的隐含对象如表 8.4 所示。

表 8.4 表达式隐含对象

隐含对象	对象类型	说明
pageContext	javax.servlet.jsp.PageContext	用于访问 JSP 隐含对象，如 request、response、out、session、config、servletContext 等，例如 S{pageContext.session}，也可以取得一个 JSP 页面背景信息
pageScope	java.util.Map	存取 page 范围内属性值
requestScope	java.util.Map	存取 request 范围内属性值
sessionScope	java.util.Map	存取 session 范围内属性值
applicationScope	java.util.Map	存取 application 范围内属性值
param	java.util.Map	ServletRequest.getParameter(String name)，返回 String 类型值
paramValues	java.util.Map	ServletRequest.getParameterValues(String name)，返回 String[]类型数组
initParam	java.util.Map	ServletContext.getInitParameter(String name)，返回 String 类型值
cookie	java.util.Map	HttpServletRequest.getCookie()

例 8-4 pageContext 隐含对象的应用。

eighth_example3.jsp：

```
<%@ page pageEncoding="GB 2312"%>
<html>
    <head>
        <title>pageContext 隐含对象的调用</title>
        <link href="css/style.css" type="text/css" rel="stylesheet">
<body>
<p align="center">pageContext 隐含对象的调用</p>
<table width="737" border="1" align="center">
  <tr align="center">
    <td>pageContext 隐含对象的调用</td>
    <td >说明</td>
    <td >调用结果</td>
  </tr>
  <tr>
    <td>\${pageContext.request.queryString}</td>
    <td>获取参数</td>
```

```
      <td>${pageContext.request.queryString}</td>
    </tr>
    <tr>
      <td>\${pageContext.request.requestURL}</td>
      <td>获取当前网页的地址,但是包含请求的参数</td>
      <td>${pageContext.request.requestURL}</td>
    </tr>
    <tr>
      <td>\${pageContext.request.contextPath}</td>
      <td>web 应用的名称</td>
      <td>${pageContext.request.contextPath}</td>
    </tr>
    <tr>
      <td>\${pageContext.request.method}</td>
      <td>获取 HTTP 的方法(GET 或 POST)</td>
      <td>${pageContext.request.method}</td>
    </tr>
    <tr>
      <td>\${pageContext.request.remoteAddr}</td>
      <td>获取用户的 IP 地址</td>
      <td>${pageContext.request.remoteAddr}</td>
    </tr>
  </table>
  </body>
</html>
```

部署后,运行结果如图 8.4 所示。

图 8.4　eighth_example3.jsp 的运行结果

例 8-5　获取参数隐含对象的应用。

eighth_example4.jsp:

```
<%@ page pageEncoding="GB 2312"%>
<html>
<link href="css/style.css" type="text/css" rel="stylesheet">
```

```html
<body>
<p align="center">param 和 paramValues 隐含对象的应用</p>

<form name="form" method="post" action="getPara.jsp">
<table width="426" border="0" align="center" cellpadding="0" cellspacing="0">
  <tr>
    <td width="108" height="30">姓名</td>
    <td width="298" height="30"><input type="text" name="name"></td>
  </tr>
  <tr>
    <td height="30">性别</td>
    <td height="30">
    <input type="radio" name="sex" value="男">
    男     
    <input type="radio" name="sex" value="女">
    女</td>
  </tr>
  <tr>
    <td height="30">年龄</td>
    <td height="30"><input type="text" name="age"></td>
  </tr>
  <tr>
    <td height="30">职业</td>
    <td height="30"><input type="text" name="profession"></td>
  </tr>
  <tr>
    <td height="30">您喜欢的高校</td>
    <td height="30">
      <input type="checkbox" name="school" value="清华">
      清华
      <input type="checkbox" name="school" value="北大">
      北大
      <input type="checkbox" name="school" value="北大方正软件学院">
      北大方正软件学院
      <input type="checkbox" name="school" value="其他">
      其他</td>
  </tr>
  <tr align="center">
    <td height="30" colspan="2">
    <input type="submit" name="Submit" value="提交">
         
    <input type="reset" name="Submit2" value="清除">
    </td>
  </tr>
```

```
    </table></form>
  </body>
</html>
```

getPara.jsp：

```jsp
<%@ page pageEncoding="GB 2312"%>
<html>
<head>
<meta http-equiv="Content-Type" content="text/html; charset=GB 2312" />
    <link href="css/style.css" type="text/css" rel="stylesheet">
<%request.setCharacterEncoding("GB 2312");%>
</head>
<body>
<p align="center">param 和 paramValues 隐含对象的参数</p>
<table width="416" border="0" align="center" cellpadding="0" cellspacing="0">
  <tr>
    <td width="108" height="30">姓名</td>
    <td width="298" height="30">${param.name}</td>
  </tr>
  <tr>
    <td height="30">性别</td>
    <td height="30">${param.sex}</td>
  </tr>
  <tr>
    <td height="30">年龄</td>
    <td height="30">${param.age}</td>
  </tr>
  <tr>
    <td height="30">职业</td>
    <td height="30">${param.profession}</td>
  </tr>
  <tr>
    <td height="30">您喜欢的高校</td>
    <td height="30">${paramValues.school[0]} ${paramValues.school[1]}
    ${paramValues.school[2]} ${paramValues.school[3]}</td>
  </tr>
</table>
</body>
</html>
```

部署后，运行结果如图 8.5 所示。

在图 8.5 中输入"张三"、21、"学生"，选中"男"单选按钮，选中"北大"和"北大方正软件学院"复选框，单击"提交"按钮，结果如图 8.6 所示。

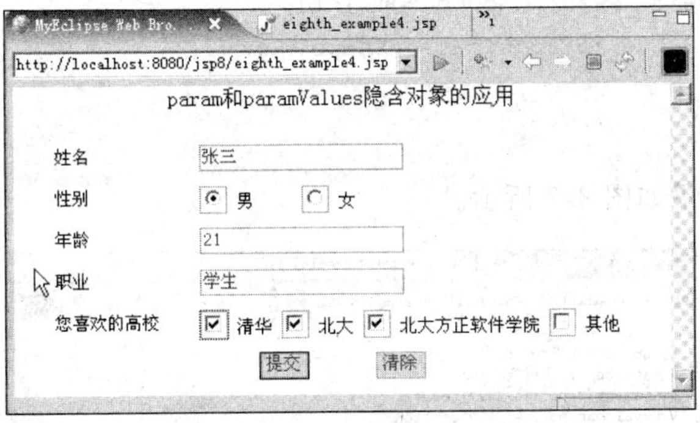

第8章 JSP和EL 201

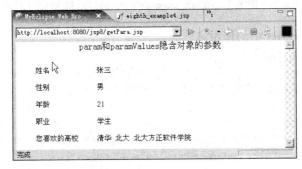

图 8.5 eighth_example4.jsp 的运行结果(一)

图 8.6 eighth_example4.jsp 的运行结果(二)

例 8-6 访问作用域范围隐含对象的应用。

eighth_example5.jsp：

```
<%@ page contentType="text/html; charset=GB 2312" language="java" %>
<html>
<head>
<meta http-equiv="Content-Type" content="text/html; charset=GB 2312" />
<title>EL 中 pageScope、requestScope、sessionScope、applicationScope 隐含对象
</title>
</head>
<%
pageContext.setAttribute("name","作用域为 page",PageContext.PAGE_SCOPE);
pageContext.setAttribute("name","作用域为 request",PageContext.REQUEST_SCOPE);
pageContext.setAttribute("name","作用域为 session",PageContext.SESSION_SCOPE);
pageContext.setAttribute("name","作用域为 application",PageContext.APPLICATION_
SCOPE);
%>
<body>
\${name}:${name}<br>
\${pageScope}:${pageScope.name}<br>
\${requestScope}:${requestScope.name}<br>
```

```
\${sessionScope}:${sessionScope.name}<br>
\${applicationScope}:${applicationScope.name}
</body>
</html>
```

部署后,运行结果如图 8.7 所示。

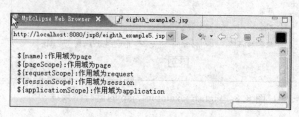

图 8.7　eighth_example5.jsp 的运行结果

例 8-7　访问 Servlet 中的作用域。

eighth_example6.jsp:

```
<%@ page contentType="text/html; charset=GB 2312" %>
<html>
<head>
<meta http-equiv="Content-Type" content="text/html; charset=GB 2312" />
<link href="css/style.css" rel="stylesheet" type="text/css">
<title>访问 Servlet</title>
<style type="text/css">
<!--
body {
    background-color: #FFCC00;
}
-->
</style></head>
<body>
<p align="center">访问 Servlet</p>
<table width="402" height="100" border="0" align="center">
  <tr>
    <td width="143">作用域为 request:</td>
    <td width="306">${university1}</td>
  </tr>
  <tr>
    <td>作用域为 session:</td>
    <td>${university2}、${university3}</td>   </tr>
  <tr>
    <td>作用域为 application:</td>
    <td>${university4}</td>
  </tr>
  <tr>
    <td>访问数组:</td>
```

```html
            <td>${city[0]}、${city[1]}、${city[2]}</td>
        </tr>
        <tr>
            <td>访问 List 集合：</td>
            <td>${majorList[0]}、${majorList[1]}、${majorList[2]}</td>
        </tr>
    </table>
</body>
</html>
```

UserInfoServlet.java：

```java
package pfc;
import java.io.IOException;
import javax.servlet.*;
import javax.servlet.http.*;
public class UserInfoServlet extends HttpServlet {
    public void doGet(HttpServletRequest request, HttpServletResponse response)
            throws ServletException, IOException {
        //作用域为 request
        request.setAttribute("university1", "清华");
        //作用域为 session
        HttpSession session = request.getSession();
        session.setAttribute("university2", "北大");
        session.setAttribute("university3", "南大");
        //作用域为 application
        ServletContext application = getServletContext();
        application.setAttribute("university4", "天大");
        //作用域为 session,访问数组
        String city[] = { "北京", "天津", "南京" };
        session.setAttribute("city", city);
        //作用域为 session,访问 List 容器
        java.util.List<String> majorList = new java.util.ArrayList<String>();
        majorList.add("软件技术");
        majorList.add("软件测试");
        majorList.add("游戏软件");
        session.setAttribute("majorList", majorList);
        RequestDispatcher dispatcher = request
                .getRequestDispatcher("eighth_example6.jsp");
        dispatcher.forward(request, response);
    }
}
```

部署后,运行结果如图 8.8 所示。

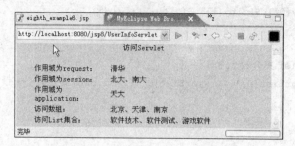

图 8.8　eighth_example6.jsp 的运行结果

8.5　函　　数

由于在 JSP 2.0 中，程序代码是独立放在 Java class 中的，EL 必须要有一个机制可以调用 Java class 的方法，而这个机制即是函数。一个函数可以对应到一个 Java class 的 public static method，这个对应是通过中介的文件，即标签库描述文件（Tag Library Descriptor，TLD）来完成的。类必须声明为 public 的，而类内被调用的方法必须声明为 public static 的。

例 8-8

eighth_example7.jsp：

```
<%@ page contentType="text/html; charset=GB 2312"  %>
<%@ taglib prefix="fun" uri ="/WEB-INF/function.tld"%>
<html>
<head>
<meta http-equiv="Content-Type" content="text/html; charset=GB 2312"/>
<link href="css/style.css" type="text/css" rel="stylesheet" />
<title>自定义函数的应用</title>
</head>
<style type="text/css">
<!--
body {
    background-color: #FFCC00;
}
-->
</style>
<body>
<p align="center">自定义函数的应用</p>
<form name="form1" method="post" action="eighth_example7.jsp">
<table width="300" border="0" align="center" cellpadding="0" cellspacing="0">
  <tr>
    <td width="272" align="center">
      第一个字符串<input type="text" name="first" value="${param.first}">
```

```
              
          </td>
        </tr>
          <tr>
            <td width="272" align="center">
            第二个字符串<input type="text" name="second" value="${param.second}">
              
            </td>
          </tr>
          <tr>
            <td width="272" align="center">
            <input type="submit" name="Submit" value="提交">
            </td>
          </tr>
</table>
</form>
<table width="300" border="0" align="center" cellpadding="0" cellspacing="0">
  <tr align="center">
    <td width="189" height="25">说明</td>
    <td width="111">输出结果</td>
  </tr>
  <tr align="center">
    <td height="25">将第一个字符串内容反向输出</td>
    <td>${fun:reverse(param.first)}</td>
  </tr>
   <tr align="center">
    <td height="25">将第一个字符串内容转换为大写字母</td>
    <td>${fun:cape(param.first)}</td>
  </tr>
   <tr align="center">
    <td height="25">将两个字符串内容连接</td>
        <td>${fun:connect(param.first,param.second)}</td>
  </tr>
  </table>
</body>
</html>
```

KindMethod.java：

```
package pfc;
public class KindMethod {
    //反向输出
    public static String reverse(String text) {
        return new StringBuffer(text).reverse().toString();
    }
```

```java
//转换成大写字母
public static String cape(String text) {
    return text.toUpperCase();
}
public static String connect(String x, String y) {
    return x+y;
}
}
```

function.tld：

```xml
<?xml version="1.0" encoding="UTF-8" ?>
<taglib xmlns="http://java.sun.com/xml/ns/j2ee"
  xmlns:xsi="http://www.w3.org/2001/XMLSchema-instance"
  xsi:schemaLocation="http://java.sun.com/xml/ns/j2ee http://java.sun.com/xml/ns/j2ee/web-jsptaglibrary_2_0.xsd"
  version="2.0">
  <description>library</description>
  <display-name>functions</display-name>
  <tlib-version>1.1</tlib-version>
  <short-name>fun</short-name>
  <function>
    <description>reverse</description>
    <name>reverse</name>
    <function-class>pfc.KindMethod</function-class>
    <function-signature>java.lang.String reverse( java.lang.String )
    </function-signature>
  </function>
  <function>
    <description>cape</description>
    <name>cape</name>
    <function-class>pfc.KindMethod</function-class>
    <function-signature>java.lang.String cape( java.lang.String )
    </function-signature>
  </function>
  <function>
    <description>connect</description>
    <name>connect</name>
    <function-class>pfc.KindMethod</function-class>
    <function-signature>
    java.lang.String connect( java.lang.String, java.lang.String)
    </function-signature>
  </function>
</taglib>
```

function.tld 文件解析如表 8.5 所示。

表 8.5　function.tld 的说明

description	函数说明（可省略）
name	函数名称
function-class	实现此函数 Java 类名称
function-signature	用来实现此函数的 Java method 声明

部署后，运行结果如图 8.9 所示。

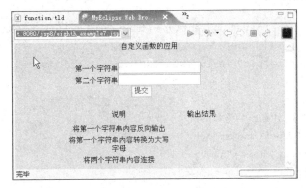

图 8.9　eighth_example7.jsp 的运行结果（一）

在图 8.9 中，分别输入 Love 和 Jsp，单击"提交"按钮，如图 8.10 所示。

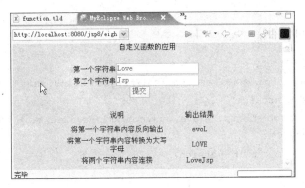

图 8.10　eighth_example7.jsp 的运行结果（二）

8.6　实验与训练指导

1. 利用表达式调用函数求阶乘

(1) 创建 factorial 类，其中 fac 函数求阶乘。

```
package pfc;
public class factorial {
```

```
        public static int fac(Integer n)
        {
            int n1=n.intValue();
            if(n1==0 || n1==1)
                return 1;
            else
                return n1 * fac(new Integer(n1-1));
        }
    }
```

(2) 创建 function.jsp。

```
<%@ page language="java" contentType="text/html; charset=GBK"
    %>
<%@ taglib prefix="pfc"  uri="/WEB-INF/tags/el.tld" %>
<html>
<body>
<p>EL 函数的使用:计算一个整数的阶乘</p>
<form action="function.jsp">
<input type="text" name="num">
<input type="submit" value="提交">
</form>
整数${param.num }的阶乘为:${pfc:fac(param.num)}
</body>
</html>
```

(3) 创建 el.tld 文件。

```
<?xml version="1.0"?>
<taglib xmlns=http://java.sun.com/xml/ns/j2ee xmlns:xsi="http://www.w3.org/
2001/XMLSchema-instance"
xsi:schemaLocation="http://java.sun.com/xml/ns/j2ee/web-jsptaglibrary_2_0.
xsd" version="2.0" >
<tlib-version>1.0</tlib-version>

<function>
<description>to cumpute the factical of num n</description>
<name>fac</name>
<function-class>pfc.factorial</function-class>
<function-signature>int fac(java.lang.Integer)
</function-signature>
</function>
</taglib>
```

(4) 运行结果如图 8.11 所示。

(5) 在图 8.11 中输入 3,单击"提交"按钮,如图 8.12 所示。

图 8.11 阶乘计算的初始界面

图 8.12 阶乘计算结果显示界面

2. 通过表达式语言访问数组和列表的值

index.jsp：

```
<%@ page contentType="text/html; charset=GB 2312" language="java" import=
    "java.sql.*" errorPage="" %>
<html>
<head>
<meta http-equiv="Content-Type" content="text/html; charset=GB 2312" />
<link href="css/style.css" rel="stylesheet" type="text/css">
<style type="text/css">
<!--
body {
    background-color: #FFCC00;
}
-->
</style></head>
<%
String name[] ={"清华","北大","北航","北科","北邮","北理"};
java.util.List<String>cityList =new java.util.ArrayList<String>();
cityList.add("廊坊");
cityList.add("石家庄");
cityList.add("秦皇岛");
cityList.add("唐山");
cityList.add("承德");
cityList.add("张家口");
request.setAttribute("name",name);
```

```
request.setAttribute("cityList",cityList);
%>
<body>
<p align="center">访问集合中的元素</p>
<table width="500" height="100" border="0" align="center">
  <tr align="center">
    <td width="120">访问数组:</td>
    <td width="98" height="50">${name[0]}</td>
    <td width="98">${name[1]}</td>
    <td width="98">${name[2]}</td>
    <td width="98">${name[3]}</td>
    <td width="98">${name[4]}</td>
    <td width="98">${name[5]}</td>
  </tr>

  <tr align="center">
    <td width="120">访问列表:</td>
    <td height="90">${cityList[0]}</td>
    <td>${cityList[1]}</td>
    <td>${cityList[2]}</td>
    <td>${cityList[3]}</td>
    <td>${cityList[4]}</td>
    <td>${cityList[5]}</td>
  </tr>
</table>
</body>
</html>
```

index.jsp 的运行结果如图 8.13 所示。

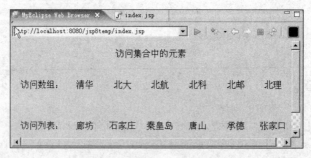

图 8.13　index.jsp 的运行结果

3. 禁用表达式语言

使用 page 指令禁用表达式代码如下：

```
<%@ page isELIgnored="true"%>
```

第 9 章 JSP 标记库

9.1 JSTL 标准标签库

9.1.1 什么是 JSTL

在 JSP 页面中使用 Java 脚本和表达式，使代码变得复杂，不易阅读，不易维护，而 JSTL 可以很好地帮助我们解决这些问题。

JSTL(Java Server Pages Standard Tag Library，JSP 标准标签库)包含用于编写和开发 JSP 页面的一组标准标签，它可以为用户提供一个无脚本环境。在此环境中，用户可以使用标签编写代码，无须使用 Java 脚本。

9.1.2 如何使用 JSTL

在项目中如何使用 JSTL 标签呢？在创建一个新的工程时，选择 Web Project，弹出一个对话框，如图 9.1 所示。

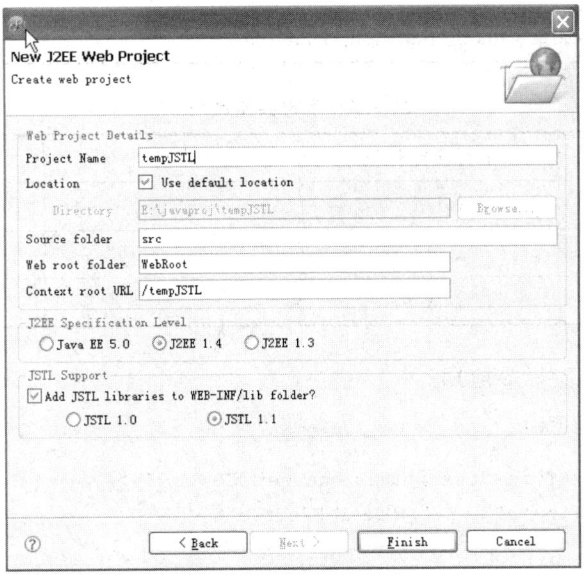

图 9.1 创建新的工程对话框

在填好其他信息后,在 JSTL Support 选项区域,选中 Add JSTL Libraries to WEB-INF/lib folder? 复选框,选中 JSTL 1.1 单选按钮,单击 Finish 按钮。在项目的目录下生成两个 jar 文件:jstl.jar 和 standard.jar,以及在 WEB-INF 目录下生成很多 tld 文件。之后在使用 JSTL 标签的 JSP 页面上使用 taglib 指令导入标签库描述符文件,就可以在项目中使用 JSTL 了。

9.2 JSTL 核心标签库

9.2.1 通用标签

1. ＜c:out＞输出结果

语法:

```
<c:out value="value" [escapeXml="{true|false}"]
[default="defaultValue"]/>
```

通用标签的参数及字符实体代码如表 9.1 和表 9.2 所示。

表 9.1 ＜c:out＞标签属性说明

名字	类型	描述	引用 EL
value	Object	将要计算表达式	可以
escapeXml	boolean	确定以下字符:＜,＞,&,','"在结果集中是否被转换成字符实体代码,默认为 true	不可以
default	Object	如果 value 是 null,输出 default 值	不可以

表 9.2 字符实体代码

字符	字符实体代码	字符	字符实体代码
＜	&lt;	'	&#039;
＞	&gt;	"	&#034;
&	&amp;		

例 9-1 ＜c:out＞标签应用。

ninth_example1.jsp:

```
<%@ page contentType="text/html; charset=GB 2312"%>
<%@ taglib prefix="c" uri="/WEB-INF/c.tld"%>
<html>
    <head>
        <meta http-equiv="Content-Type" content="text/html; charset=GB 2312">
    </head>
    <body>
```

```
        <c:out value="<c:out>标签输出 1+1=${1+1}" />
        <br>
        <c:out value="${null}"  default="Value属性没有指定"/>
        <br>
        <c:out value="<html><body>escapeXml=&#034false&#034后,&lt;c:out&gt;标签
不再转换特殊符号。
                    </body></html>" escapeXml="false" />
    </body>
</html>
```

部署后,运行结果如图9.2所示。

图9.2　ninth_example1.jsp的运行结果

2. ＜c:set＞设置

＜c:set＞用于在某个范围(request、session、application)中设置某个值,或者设置某个对象的属性。

语法1:

```
<c:set  var="name" value="value" [scope="{page|request|session|
       application|"}]/>
```

在scope指定范围内将变量值存储到变量中。

语法2:

```
<c:set  target="object"  property="propName" value="value"  />
```

将变量值存储到target属性指定的目标对象的propName属性中。其中target可以是JavaBean或Map集合对象。

3. ＜c:remove＞删除变量

语法:

```
<c:remove var="name" [scope="{page|request|session|application|"}]/>
```

scope默认值page。

4. ＜c:catch＞捕获异常

语法:

```
<c:catch [var="name"] >
…//存在异常的代码
</c:catch>
```

其中，var指定存储异常信息的变量。

例 9-2

ninth_example2.jsp：

```jsp
<%@ page contentType="text/html;charset=GBK"%>
<%@ taglib prefix="c" uri="/WEB-INF/c.tld"%>
<html>
    <head>
        <meta http-equiv="Content-Type" content="text/html;charset=GB 2312">
    </head>
    <body>
        <c:set var="test1" value="测试 page 范围变量结果" scope="page"/>
        <c:set var="test2" value="测试 session 范围变量结果" scope="session"/>
        <c:set var="test3" value="测试 application 范围变量结果" scope="application"/>
        在没调用 &lt;c:remove&gt;之前:<br>
        <c:out value="变量 test1=${test1}"/><br>
        <c:out value="变量 test2=${test2}"/><br>
        <c:out value="变量 test3=${test3}"/><br>
        <c:remove var="test1" scope="page"/>
        <c:remove var="test2" scope="session"/>
        调用了 &lt;c:remove&gt;之后:<br>
        <c:out value="变量 test1=${test1}"/><br>
        <c:out value="变量 test2=${test2}"/><br>
        <c:out value="变量 test3=${test3}"/><br>
        <c:catch var="error">
        <%
        String str="pfc";
        Integer number=new Integer(str);
        %>
        </c:catch>
        <c:out value="发生异常${error }"></c:out>
    </body>
</html>
```

部署后，运行结果如图9.3所示。

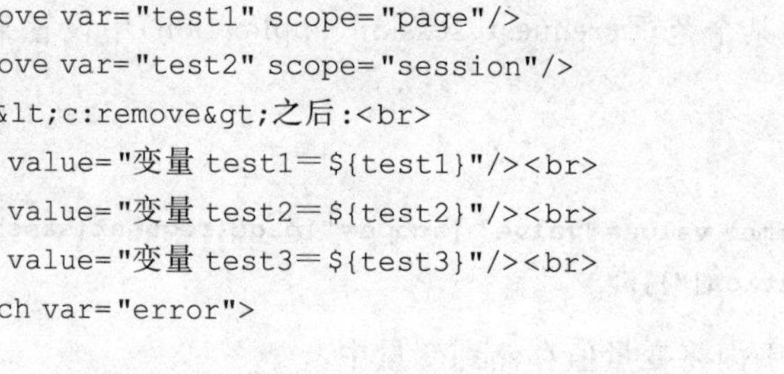

图 9.3 ninth_example2.jsp 的运行结果

9.2.2 条件标签

1. <c:if>标签

语法：

```
<c:if test="condition" var="name" [scope=page|request|session|application ]>
    …//条件为真,执行的代码
</c:if>
```

其中,var 存储测试条件结果值。

2. <c:choose>标签

语法：

```
<c:choose>
    <c:when test="condition">
        …//条件为真,执行的代码
    </c:when>
    <c:otherwise>
        执行的代码
    </c:otherwise>
</c:choose>
```

例 9-3

ninth_example3.jsp：

```
<%@ page language="java" contentType="text/html; charset=GB 2312" pageEncoding
    ="GB 2312"%>
<%@ taglib prefix="c" uri="/WEB-INF/c.tld"%>
<%@ taglib prefix="fmt" uri="/WEB-INF/fmt.tld"%>
<html>
    <head>
        <meta http-equiv="Content-Type" content="text/html; charset=GB 2312">
        <title>&lt;c:if&gt;标签示例</title>
    </head>
    <body>
        <fmt:requestEncoding value="GBK"/>
        <c:choose>
        <c:when test="${empty param.user}">
            <form action="ninth_example3.jsp" method="post">
                请输入用户名:<input type="text" name="user">
                <input type="submit" value="提交">
            </form>
        </c:when>
        <c:otherwise>
```

```
            ${param.user }您好,欢迎光临本站。
          </c:otherwise>
        </c:choose>
   </body>
</html>
```

部署后,运行结果如图 9.4 所示。

图 9.4　ninth_example3.jsp 的运行结果(一)

当在图 9.4 中的文本框中没输入姓名时,单击"提交"按钮,没反应,当输入姓名"张三"后,单击"提交"按钮,结果如图 9.5 所示。

图 9.5　ninth_example3.jsp 的运行结果(二)

9.2.3　迭代标签

1. <c:forEach>标签

语法:

```
<c:forEach items="data" var="name" begin="start" end="finish" step="step"
    varStatus="statusname">
…//标签主体
</c:forEach>
```

(1) items：被循环遍历的对象,多用于数组、集合类、字符串和枚举类型。

(2) var：循环体变量。

(3) varStatus：循环的状态变量,它有以下几个状态属性:

- index：当前循环索引值。
- count：已执行几次循环。
- current：目前循环处理的对象。
- first：是否为第一次循环。
- last：是否为最后一次循环。

例 9-4

ninth_example4.jsp：

```jsp
<%@ page pageEncoding="GBK"%>
<%@ page import="java.util.List"%>
<%@ page import="java.util.ArrayList"%>
<%@ taglib prefix="c" uri="/WEB-INF/c.tld" %>
<html>
    <head>
        <title>&lt;c:forEach&gt;标签示例</title>
    </head>
    <body>
        <%List<String> list=new ArrayList<String>();
        list.add("北京大学");
        list.add("清华大学");
        list.add("北大方正软件学院");
        request.setAttribute("data",list);%>
        List 集合类中包含了三所大学<br>
        利用 &lt;c:forEach&gt;标签遍历其结果如下:<br>
        <c:forEach items="${data}" var="tag" varStatus="id">
            ${id.count } ${tag }<br>
        </c:forEach>
    </body>
</html>
```

部署后,运行结果如图 9.6 所示。

图 9.6　ninth_example4.jsp 的运行结果

例 9-5

ninth_example5.jsp：

```jsp
<%@ page pageEncoding="GBK"%>
<%@ taglib prefix="c" uri="/WEB-INF/c.tld"%>
<html>
    <head>
        <title>&lt;c:forEach&gt;标签示例</title>
    </head>
    <body>
        普通的循环体,循环规则是从 1 循环到 6<br>
        步长为 2,其输出结果如下:<br>
        <table width=300  border=1 >
            <tr>
```

```
            <td>变量 num</td>
            <td>id.index</td>
            <td>id.count</td>
            <td>id.first</td>
            <td>id.last</td>
        </tr>
        <c:forEach begin="1" end="6" step="2" var="num" varStatus="id">
            <tr>
                <td>${num }</td>
                <td>${id.index}</td>
                <td>${id.count}</td>
                <td>${id.first}</td>
                <td>${id.last}</td>
            </tr>
        </c:forEach>
    </table>
</body>
</html>
```

部署后,运行结果如图 9.7 所示。

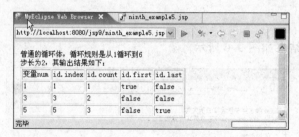

图 9.7　ninth_example5.jsp 的运行结果

＜c:forEach＞还可以嵌套使用,介绍如下。

Servlet 代码:

```
String book1[]={"java","jsp","struts"};
String book2[]={"dreamweaver","flash","fireworks"};
List bookList=new ArrayList();
bookList.add(book1);
bookList.add(book2);
request.setAttribute("books", bookList);
```

Servlet 完整代码(ForEach.java):

```
package pfc;
import java.io.IOException;
import java.io.PrintWriter;
import java.util.ArrayList;
```

```java
import java.util.List;
import javax.servlet.RequestDispatcher;
import javax.servlet.ServletException;
import javax.servlet.http.HttpServlet;
import javax.servlet.http.HttpServletRequest;
import javax.servlet.http.HttpServletResponse;
public class ForEach extends HttpServlet {
    public ForEach() {
        super();
    }
    public void destroy() {
        super.destroy(); //Just puts "destroy" string in log
        //Put your code here
    }
    public void doGet(HttpServletRequest request, HttpServletResponse response)
    throws ServletException, IOException {

        String book1[]={"java","jsp","struts"};
        String book2[]={"dreamweaver","flash","fireworks"};
        List bookList=new ArrayList();
        bookList.add(book1);
        bookList.add(book2);
        request.setAttribute("books", bookList);
        RequestDispatcher rd=request.getRequestDispatcher("/foreach.jsp");
        rd.forward(request,response);
    }

        public void doPost(HttpServletRequest request, HttpServletResponse
        response) throws ServletException, IOException {
            doGet(request,response);
        }


    public void init() throws ServletException {
        //Put your code here
    }

}
```

JSP 代码：

```
<c:forEach var="listElement" items="${books}">
<c:forEach var="book" items="${listElement}">
${book}
  
```

```
        </c:forEach>
        <br>
    </c:forEach>
```

JSP 完整代码(forEach.jsp)：

```
<%@ page language="java" pageEncoding="ISO 8859-1"%>
<!DOCTYPE HTML PUBLIC "-//W3C//DTD HTML 4.01 Transitional//EN">
<%@ taglib prefix="c" uri="/WEB-INF/c.tld" %>
<html>
<body>
<c:forEach var="listElement" items="${books}">
<c:forEach var="book" items="${listElement}">
${book}
  
</c:forEach>
<br>
</c:forEach>

</body>
</html>
```

运行结果如图 9.8 所示。

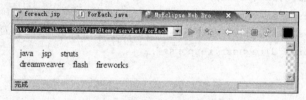

图 9.8　foreach.jsp 的运行结果

2. ＜c:forTokens＞标签

语法：

```
<c:forTokens items="String" delims="char" var="name" begin="start" end=
"finish" step="step" varStatus="statusname">
…//标签主体
</c:forTokens>
```

其中，delims 为字符串的分割字符。

例 9-6

ninth_example6.jsp：

```
<%@ page pageEncoding="GBK"%>
<%@ taglib prefix="c" uri="/WEB-INF/c.tld" %>
<html>
```

```
<head>
    <title>&lt;c:forTokens&gt;标签示例</title>
</head>
<body>
    <form ation="ninth_example6.jsp">
    输入日期:<input type="text" name="date" value="${param.date}">
    <input type="submit">
    <input type="reset">
    </form>
    <c:set var="unit0" value="年"/>
    <c:set var="unit1" value="月"/>
    <c:set var="unit2" value="日"/>
    <c:forTokens items="${param.date}" delims="-./" var="number" varStatus
    ="status">
    <c:set var="name" value="unit${status.index}"/>
    ${number}${pageScope[name]}
    </c:forTokens>
</body>
</html>
```

部署后运行,输入 2008/12/12,单击"提交"按钮,结果如图 9.9 所示。

图 9.9　ninth_example6.jsp 的运行结果

9.2.4　URL 标签

1. ＜c:param＞传递参数

语法:

`<c:param name="name" value="value" />`

2. ＜c:url＞超链接

语法:

`<c:url value="url" [context="context"] [var="varName"] [scope="page|request| session|application"]>`
　　`<c:param name="name" value="value" />`
`</c:url>`

其中：
- value：要处理的 URL。
- context：上下文路径，用于访问同一服务器的其他 Web 工程，其值必须以"/"开头，如指定该属性，那么 value 属性也必须以"/"开头。

注意：<c:url>做的只是 URL 重写，而不是 URL 编码。<c:param>会负责编码。

例 9-7

ninth_example7.jsp：

```jsp
<%@ page pageEncoding="GBK"%>
<%@ page import="java.util.Date"%>
<%@ taglib prefix="c" uri="/WEB-INF/c.tld" %>
<html>
    <head>
        <title>&lt;c:url&gt;标签示例</title>
    </head>
    <body>
    <c:set var="time" value="<%=new Date()%>"/>
    <c:url value="http://localhost:8080" var="url" scope="session">
        <c:param name="Hours" value="${time.hours}"/>
    </c:url>
    <a href=${url}>用 URL 作为超链接的参数</a>
    </body>
</html>
```

部署后，运行结果如图 9.10 所示。

图 9.10　ninth_example7.jsp 的运行结果（一）

在图 9.9 中，单击超链接，结果如图 9.11 所示。

图 9.11　ninth_example7.jsp 的运行结果（二）

3. <c:import>引入文件

语法 1:

```
<c:import  url="url"
          [context="context" ]
          [var="varName"]
          [scope="page|request|session|application "]
          [charEncoding=" charEncoding"]>
…//标签主体
</c: import >
```

语法 2:

```
<c:import  url="url"
          [context="context" ]
          [varReader="name"]
          [charEncoding=" charEncoding"]>
…//标签主体
</c: import >
```

其中:
- charEncoding:被导入文件编码格式。
- context:上下文路径,用于访问同一服务器的其他 Web 工程,其值必须以"/"开头,如指定该属性,那么 value 属性也必须以"/"开头。
- varReader:以 Reader 类型存储被包含文件内容。

另外,<c:import>可以把容器外内容拿过来。

例 9-8

ninth_example8.jsp:

```
<%@ page pageEncoding="GBK"%>
<%@ taglib prefix="c" uri="/WEB-INF/c.tld" %>
<html>
<head><title><c:out value="<c:import>标签" /></title></head>
<body>
<h2 align="center">心情驿站</h2>
<c:import url="menu.htm" charEncoding="GB 2312" />
</body>
</html>
```

Menu. htm:

```
<table align="center">
  <tr>
    <th><a href="index.jsp">[首    页]</a></th>
    <th><a href="introduce.jsp">[自我介绍]</a></th>
```

```
        <th><a href="album.jsp">[我的相册]</a></th>
        <th><a href="diary.jsp">[心情日记]</a></th>
        <th><a href="message.jsp">[留 言 版]</a></th>
    </tr>
</table>
```

部署后,运行结果如图 9.12 所示。

图 9.12 ninth_example8.jsp 的运行结果

例 9-9

ninth_example9.jsp:

```
<%@ page pageEncoding="GBK"%>
<%@ taglib prefix="c" uri="/WEB-INF/c.tld"%>
<html>
    <head>
        <title>导入资源文件</title>
    </head>
    <body>
    <center>注册新会员
    <form name="form1" method="post" action="reg.jsp">
        <table width="88%" height="100" border="0">
            <tr><td align="center">会员服务条款</td></tr>
            <tr>
                <td height="27" align="center" >
                    <textarea name="artcle" cols="60" rows="8">
                        <c:import url="agreement.txt" charEncoding="GBK"/>
                    </textarea>
                </td>
            </tr>
            <tr>
            <td height="27" align="center" >
            <input  type="submit" value="我接受"> 
            <input  type="button" value="我不接受"
            onClick="window.close();">
            </td>
            </tr>
        </table>
    </form>
    </center>
```

```
</body>
</html>
```

部署后,运行结果如图 9.13 所示。

图 9.13 ninth_example9.jsp 的运行结果

例 9-10

ninth_example10.jsp：

```
<%@ page contentType="text/html;charset=GB 2312" %>
<%@ taglib prefix="c" uri="http://java.sun.com/jsp/jstl/core" %>
<html>
<head><title><c:out value="<c:import>标签" /></title></head>
<body>
<h3>心情日记</h3>

<%-- 文件内容输出成 String 对象 --%>
<c:import url="diary.txt" var="diary" charEncoding="GB 2312" />
<c:out value="${diary}" />
<br>
<%-- 文件内容输出成 Reader 对象 --%>
<c:import url="diary.txt" varReader="diary" charEncoding="GB 2312">
  <c:out value="${diary}" />
</c:import>
</body>
</html>
```

Diary.txt：

2008 年 12 月 13 日,天气晴
天亮了,我起来了,太阳也起来了。

部署后,运行结果如图 9.14 所示。

4. <c:redirect>重定向

语法 1：

```
<c:redirect url="url" [context="context"] />
```

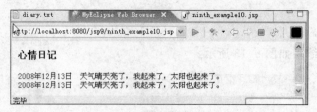

图 9.14 ninth_example10.jsp 的运行结果

语法 2：

<c:redirect url="url" [context="context"]>
   <c:param/>
</c:redirect>

例 9-11

ninth_example11.jsp：

```
<%@ page pageEncoding="GBK"%>
<%@ taglib prefix="c" uri="/WEB-INF/c.tld"%>
<HTML>
    <HEAD>
        <TITLE>重定向客户请求</TITLE>
        <LINK href="images/style.css" rel=stylesheet>
    </HEAD>
    <BODY onload=form1.manager.focus();>
    <FORM name=form1 action=loginM.jsp method=get>
    用户名： <INPUT type="text" name="manager"><br>
    密   码:<INPUT type=password name=PWD><br>
    <INPUT  type=submit value=确认 >
     
    <INPUT  type=reset value=重置 >
    </FORM>
    </BODY>
</HTML>
```

loginM.jsp：

```
<%@ page pageEncoding="GB18030"%>
<%@ page import="java.util.Date"%>
<%@ taglib prefix="c" uri="/WEB-INF/c.tld"%>
<%@ taglib prefix="fmt" uri="/WEB-INF/fmt.tld"%>
<fmt:requestEncoding value="GBK"/>
<html>
    <body>
        <c:if test="${param.manager eq 'pfc'&&param.PWD eq 'PFC'}">
        <c:redirect url="result.jsp">
```

```
            <c:param name="local" value="北京" />
            <c:param name="loginDate" value="<%=new Date().toLocaleString()
            %>"/>
        </c:redirect>
    </c:if>
    登录失败
    </body>
</html>
```

result.jsp：

```
<%@ page pageEncoding="GB18030"%>
<%@ taglib prefix="c" uri="/WEB-INF/c.tld"%>
<html>
    <body>
    登录成功<br>
    登录时间:${param.loginDate }<br>
    登录位置:
    <%=new String(request.getParameter("local").getBytes("ISO 8859-1"),
    "GBK") %>
    </body>
</html>
```

部署后,运行结果如图 9.15 所示。

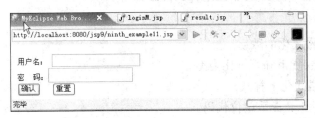

图 9.15　ninth_example11.jsp 的运行结果

在图 9.15 中,用户名输入"pfc",密码输入"PFC",单击"确认"按钮,结果如图 9.16 所示。

图 9.16　登录成功显示界面

在图 9.15 中,用户名或密码输入有误,单击"确认"按钮,结果如图 9.17 所示。

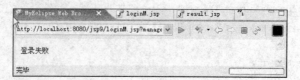

图 9.17 登录失败显示界面

9.2.5 格式标签

格式标签可以根据发出请求的客户端地域的不同显示当地区域语言格式,另外还有一些格式标签可以格式化数字和日期的显示格式。

1. ＜fmt:formatNumber＞标签

＜fmt:formatNumber＞ 设置数字在不同国家和区域的显示格式。

语法:

```
<fmt:formatNumber  value="num"  [type="number|currency|percent"]
[pattern="pattern"]  [currencyCode="code"]
[currencySymbol="symbol"]
[groupingUsed="true|false"]  [maxIntegerDigits="maxDigits"]
[minIntegerDigits="minDigits"]  [maxFractionDigits="maxDigits"]
[minFractionDigits="minDigits"]  [var="name"]
[scope="page|request|session|application "] />
```

其中:
- value:被格式化的数字。
- type:数字、货币和百分比类型。
- pattern:格式化的样式。
- currencyCode:货币单位代码。
- currencySymbol :货币符号。
- groupingUsed:是否对格式化后数字的证书部分分组,如 888,888,888.001。

例 9-12

ninth_example12.jsp:

```
<%@ page pageEncoding="GBK"%>
<%@ taglib prefix="fmt" uri="/WEB-INF/fmt.tld"%>
<html>
    <head>
        <title>&lt;fmt:formatNumber&gt;标签示例</title>
    </head>
    <body>
        <table border=1 >
            <tr align="center">
                <td width=100>格式</td>
```

```
            <td width=100>原数值</td>
            <td width=100>格式化后的数值</td>
    </tr>
    <tr>
        <td>数字格式</td>
        <td>8.8</td>
        <td><fmt:formatNumber value="8.8" type="number"/></td>
    </tr>
    <tr>
        <td>货币格式</td>
        <td>8.8</td>
        <td><fmt:formatNumber value="8.8" type="currency"/></td>
    </tr>
    <tr>
        <td>百分比格式</td>
        <td>0.88</td>
        <td><fmt:formatNumber value="0.88" type="percent"/></td>
    </tr>
    <tr>
        <td>最大整数 4 位</td>
        <td>888888.8</td>
        <td>
            <fmt:formatNumber value="888888.8" maxIntegerDigits="4"/>
        </td>
    </tr>
    <tr>
        <td>最小整数 4 位</td>
        <td>8.8</td>
        <td><fmt:formatNumber value="8.8" minIntegerDigits="4"/></td>
    </tr>
    <tr>
        <td>最大小数 5 位</td>
        <td>8.888888</td>
        <td>
            <fmt:formatNumber value="8.888888" maxFractionDigits="5"/>
        </td>
    </tr>
    <tr>
        <td>最小小数 4 位</td>
        <td>8.8</td>
        <td><fmt:formatNumber value="8.8" minFractionDigits="4"/></td>
    </tr>
    <tr>
        <td>整数不分组</td>
```

```
                <td>8888888.88</td>
                <td>
                    <fmt:formatNumber value="8888888.88" groupingUsed="false"/>
                </td>
            </tr>
        </table>
    </body>
</html>
```

部署后,运行结果如图 9.18 所示。

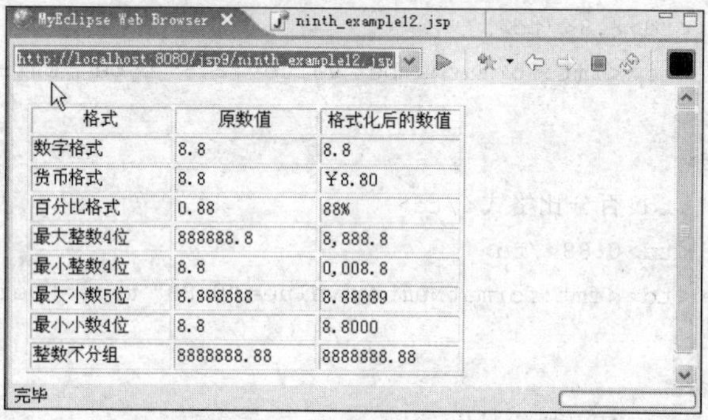

图 9.18 ninth_example12.jsp 的运行结果

2. <fmt:parseNumber>标签

<fmt:parseNumber>把字符串类型数字解析成数字类型的数值。

语法:

<fmt: parseNumber value="num" [type="number|currency|percent"] [pattern="pattern"] [parseLocale="locale"] [integerOnly="true|false"] [var="name"] [scope="page|request|session|application "] />

其中,parseLocale 指定不同的国家区域。

例 9-13

ninth_example13.jsp:

```
<%@ page  pageEncoding="GB18030"%>
<%@ taglib prefix="fmt" uri="/WEB-INF/fmt.tld"%>
<html>
    <head>
        <title>&lt;fmt:parseNumber&gt;标签示例</title>
    </head>
    <body>
        <table border=1 >
            <tr align="center">
                <td width=100>格式</td>
                <td width=100>原数值</td>
```

```
            <td width=100>解析后的数值</td>
        </tr>
        <tr>
        <td>数字格式</td>
        <td>8,888.8+100</td>
<td><fmt:parseNumber var="num" value="8,888.8"/>${num+100 }</td>
        </tr>
        <tr>
        <td>货币格式</td>
        <td>￥888.80+100</td>
<td><fmt:parseNumber var="num" value="￥888.80" type="currency"/>
            ${num+100 }</td>
        </tr>
        <tr>
            <td>百分比格式</td>
            <td>88%</td>
<td><fmt:parseNumber var="num" value="88%" type="percent"/>
            ${num }</td>
        </tr>
        <tr>
            <td>只显示整数</td>
            <td>88.88</td>
<td><fmt:parseNumber integerOnly="true" var="num" value="88.88"/>
            ${num }</td>
        </tr>
    </table>
  </body>
</html>
```

部署后，运行结果如图 9.19 所示。

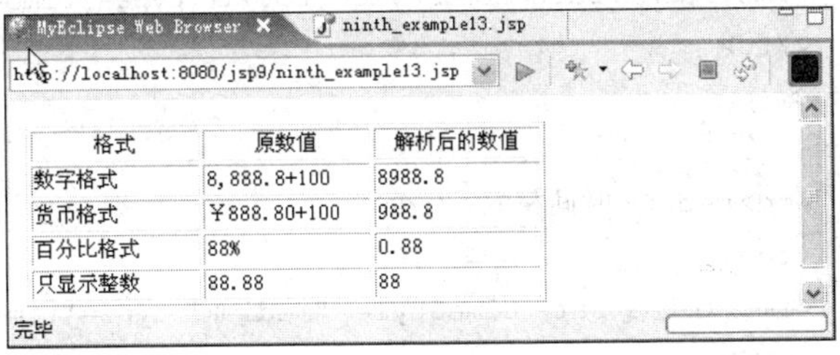

格式	原数值	解析后的数值
数字格式	8,888.8+100	8988.8
货币格式	￥888.80+100	988.8
百分比格式	88%	0.88
只显示整数	88.88	88

图 9.19　ninth_example13.jsp 的运行结果

3. <fmt:formatDate>标签

语法：

**<fmt: formatDate　value="date"　[type="time|date|both"]
[pattern="pattern"]　[dateStyle="default|short|medium|long|full"]**

[timeStyle="default|short|medium|long|full"]   [timeZone="timeZone"]
[var="name"] [scope="page|request|session|application "] />

例 9-14

ninth_example14.jsp：

```
<%@ page pageEncoding="GBK"%>
<%@ page import="java.util.Date"%>
<%@ taglib prefix="fmt" uri="/WEB-INF/fmt.tld"%>
<html>
    <head>
        <title>&lt;fmt:formatDate&gt;标签示例</title>
    </head>
    <body>
        <table border=1 >
            <%request.setAttribute("now",new Date()); %>
            <tr align="center">
                <td width=200>格式</td>
                <td width=300>格式化的日期</td>
            </tr>
            <tr>
                <td>显示日期和时间的完整格式</td>
                <td>
                <fmt:formatDate timeStyle="full" dateStyle="full"
                    type="both" value="${now}"/>
                </td>
            </tr>
            <tr>
                <td>short 时间格式</td>
                <td>
                <fmt:formatDate timeStyle="short" type="time" value="${now}"/>
                </td>
            </tr>
            <tr>
                <td>medium 时间格式</td>
                <td>
                <fmt:formatDate timeStyle="medium" type="time" value="${now}"/>
                </td>
            </tr>
            <tr>
                <td>long 时间格式</td>
                <td>
                <fmt:formatDate timeStyle="long" type="time" value="${now}"/>
                </td>
            </tr>
```

```
            <tr>
                <td>short 日期格式</td>
                <td>
                    <fmt:formatDate dateStyle="short" type="date" value="${now}"/>
                </td>
            </tr>
            <tr>
                <td>medium 日期格式</td>
                <td>
                    <fmt:formatDate dateStyle="medium" type="date" value="${now}"/>
                </td>
            </tr>
            <tr>
                <td>long 日期格式</td>
                <td>
                    <fmt:formatDate dateStyle="long" type="date" value="${now}"/>
                </td>
            </tr>
        </table>
    </body>
</html>
```

部署后,运行结果如图 9.20 所示。

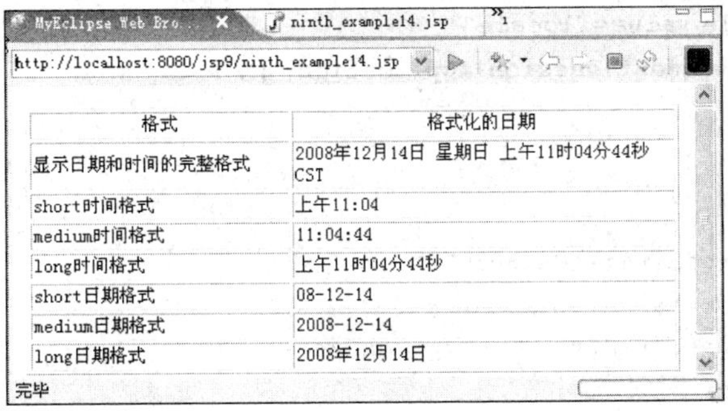

图 9.20　ninth_example14.jsp 的运行结果

4. <fmt:parseDate>标签

语法:

```
<fmt:parseDate   value="date"   [type="time|date|both"]
[pattern="pattern"]   [parseLocale="locale"]
[dateStyle="default|short|medium|long|full"]
[timeStyle="default|short|medium|long|full"]   [timeZone="timeZone"]
[var="name"] [scope="page|request|session|application "] />
```

5. ＜fmt:setTimeZone＞标签

语法：

```
<fmt: setTimeZone  value="timeZone"   [var="name"]
[scope="page|request|session|application "] />
```

其中，Value 指定的时区，惯用时区 Id，GMT-8。

例如：

```
<fmt: setTimeZone  value="CST"  scope=" session " />
```

6. ＜fmt:timeZone＞标签

语法：

```
<fmt:timeZone   value=" timeZone"    [var="name"]
[scope="page|request|session|application "] />
…//标签主体
</fmt:timeZone>
```

标签主体的所有时间和日期都采用标签设置的时区，它不会影响到标签外的时区设置。

7. ＜fmt:setLocale＞标签

语法：

```
<fmt: setLocale value="locale"
[scope="page|request|session|application "] />
```

例 9-15

ninth_example15.jsp：

```jsp
<%@ page pageEncoding="GB18030"%>
<%@ page import="java.util.Date"%>
<%@ taglib prefix="fmt" uri="/WEB-INF/fmt.tld"%>
<html>
   <head>
            <title>设置语言区域</title>
   </head>
   <body>
       <fmt:setLocale value="zh_CN"/>
       <%request.setAttribute("date",new Date()); %>
       <table border=0>
          <tr bgcolor="cyan">
              <td width=150>地域代码</td>
              <td width=100>日期格式</td>
          </tr>
          <tr>
```

```
            <td>zh_CN(中国)</td>
            <fmt:setLocale value="zh_CN"/>
            <td><fmt:formatDate value="${date }"/></td>
        </tr>
        <tr>
            <td>zh_TW(中国台湾地区)</td>
            <fmt:setLocale value="zh_TW"/>
            <td><fmt:formatDate value="${date }"/></td>
        </tr>
        <tr>
            <td>en_US(美国)</td>
            <fmt:setLocale value="en_US"/>
            <td><fmt:formatDate value="${date }"/></td>
        </tr>
    </table>
</body>
</html>
```

部署后,运行结果如图 9.21 所示。

图 9.21　ninth_example15.jsp 的运行结果

8．<fmt:requestEncoding>标签

语法：

<fmt：requestEncoding value="charEncoding" />

该标签和 request 内置对象的 setCharacterEncoding()方法功能相同。

9．<fmt:setBundle>标签

语法：

**<fmt:setBundle　basename="name"　[var="name"]
[scope="page|request|session|application "] />**

其中,baseName 指定消息资源文件名称,不需要指定文件扩展名称。

所谓消息资源文件,扩展名为 properties,消息是以 Key/Value 键值对形式存储的。

10．<fmt:bundle>标签

语法：

<fmt:bundle　basename="name"　[prefix="prefix"] >

…//标签主体
</fmt:bundle>

与<fmt:setBundle>不同,<fmt:bundle>只对标签体之内的范围有效。

11. <fmt:param>标签

语法:

<fmt:param value="value"/>

主要用于为<fmt:message>读取的消息资源指定参数值(如果消息资源有参数)。

12. <fmt:message>标签

语法 1:

<fmt:message key="keyName" [bundle="bundle"] [var="name"]
[scope="page|request|session|application"] / >

如果指定 var,读取的消息保存在指定变量中。

语法 2:

<fmt:message key="keyName" [bundle="bundle"] [var="name"]
[scope="page|request|session|application"] >
key<fmt:param />
</fmt:message>

在标签主体中指定键值和键值所对应的参数信息。

例 9-16

ninth_example16.jsp:

```
<%@ page pageEncoding="GBK"%>
<%@ page import="java.util.Date"%>
<%@ taglib prefix="fmt" uri="/WEB-INF/fmt.tld"%>
<html>
    <head>
        <title>读取消息资源的标签示例</title>
    </head>
    <body>
        <fmt:setLocale value="zh_TW"/>
        <fmt:setBundle basename="abc"/>
        <table border=1 >
            <tr align="center">
                <td width=100>键值</td>
                <td width=200>读取方式</td>
                <td width=200>取值</td>
            </tr>
            <tr align="center" bgcolor="cyan">
                <td>message</td>
```

```
                <td>从标签主体读取</td>
                <td><fmt:message>
                      message <fmt:param value="pfc"/>
                      <fmt:param value="北京北大方正软件学院"/>
                    </fmt:message></td>
            </tr>
            <tr align="center">
                <td>date</td>
                <td>以 key 属性读取</td>
                <td><fmt:message key="date">
                      <fmt:param value="<%=new Date()%>"/>
                    </fmt:message></td>
            </tr>
            <fmt:message key="time" var="nowTime" scope="page">
                <fmt:param value="<%=new Date()%>"/>
            </fmt:message>
            <tr align="center" bgcolor="cyan">
                <td>time</td>
                <td>以变量方式读取</td>
                <td>${nowTime }</td>
            </tr>
            <tr align="center">
                <td>college</td>
                <td>不指定消息参数</td>
                <td><fmt:message key="college"/></td>
            </tr>
        </table>
    </body>
</html>
```

资源文件中中文信息必须转换为 unicode 编码,通过 J2SDK 自带的 native2ascii 命令完成相应转换。

转换前 abc.properties：

```
message={0} is {1}
date=现在的日期是{0,date}
time=现在的时间是{0,time}
college=北京北大方正软件学院
```

转换后 abc.properties：

```
message={0} is {1}
date=\u73b0\u5728\u7684\u65e5\u671f\u662f{0,date}
time=\u73b0\u5728\u7684\u65f6\u95f4\u662f{0,time}
college=\u5317\u4eac\u5317\u5927\u65b9\u6b63\u8f6f\u4ef6\u5b66\u9662
```

把 abc.properties 文件部署在 src 文件夹下。

部署后，运行结果如图 9.22 所示。

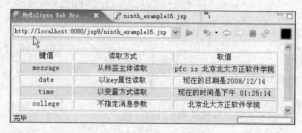

图 9.22　ninth_example16.jsp 的运行结果

注意：{0,date}表示第一个参数的日期部分。

例 9-17　国际化典型应用。

ninth_example17.jsp：

```
<%@ page pageEncoding="GBK" %>
<%@ include file="message.jsp" %>
<HTML>
<HEAD>
<TITLE>${g2 }</TITLE>
<LINK href="image_files/style.css" rel="stylesheet">
</HEAD>
<BODY>
<TABLE width=400 align=center border=0>
  <TR>
   <TD class=tableBorder>
   <TABLE height=47  width=607 align=center border=0>
      <TR>
        <TD width=185><IMG height=47 src="image_files/logo.jpg" width=185>
        </TD>
        <TD vAlign=top align=right width=607 background="image_files/
        bg_0.jpg">
        <TABLE height=32  width=375 border=0>
          <TR align="center">
            <TD width="33%">.<A class="other" href="#">${t1 }</A></TD>
            <TD width="33%">.<A class="other" href="#">${t2 }</A></TD>
            <TD width="33%"><A class="other" href="ninth_example17.jsp?
            lan=zh_CN">${t3 }</A>/
            <A class="other" href="ninth_example17.jsp? lan=en_US">${t4 }
            </A></TD>
          </TR>
        </TABLE></TD>
    </TR>
</TABLE>
```

```html
<TABLE height=36  width=607 align=center border=0>
  <TR bgcolor="#0045B5">
    <TD class="showRightLine" width="15%" align="center">
    <A href="#">${m1 }</A></TD>
    <TD class="showRightLine" width="15%" align="center">
    <A href="#">${m2 }</A></TD>
    <TD class="showRightLine" width="15%" align="center">
    <A href="#">${m3 }</A></TD>
    <TD class="showRightLine" width="15%" align="center">
    <A href="#">${m4 }</A></TD>
    <TD class="showRightLine" width="15%" align="center">
    <A href="#">${m5 }</A></TD>
    <TD class="showRightLine" width="15%" align="center">
    <A href="#">${m6 }</A></TD>
    <TD class="showRightLine" width="15%" align="center">
    <A href="#">${m7 }</A></TD>
  </TR>
</TABLE>
<TABLE height=108  width="100%" border=0>
  <TR>
    <TD width="176" height="108" align=right vAlign=top background=
    image_files/bg_3.jpg>
    <TABLE width=176 height="107" align=right background=image_files/
    bg_2.jpg >
        <TR>
          <TD width="174" height=105 valign="top">
          <TABLE height=103  width="100%" border=0>
            <TR>
              <TD><IMG height=42 src="image_files/a4.jpg" width=174>
              </TD>
            </TR>
            <TR>
              <TD class=tableBorder_l vAlign=top align=middle height=
            48><TABLE   width="88%" border=0>
                <TR>
                  <TD class=tableBorder_T_dashed height=24><A class=
                  "other" href="#">${g1 }</A></TD>
                </TR>
                <TR>
                  <TD class=tableBorder_T_dashed height=24><A class=
                  "other" href="#">${g2 }</A></TD>
                </TR>
              </TABLE></TD>
            </TR>
```

```
                    </TABLE></TD>
                </TR>
              </TABLE></TD>
            <TD width="432" align="center" vAlign=middle style="color=#ff6600">
           ${content }</TD>
          </TR>
        </TABLE>
        <TABLE  width=608 align=center border=0>
          <TR>
            <TD><TABLE height=45  width="100%"  align=center border=0>
                <TR bgColor=#cccccc>
                  <TD colSpan=3 height=8></TD>
                </TR>
                <TR>
                  <TD vAlign=bottom align=center height=24><P>${copyright1 }
                  </P></TD>
                </TR>
                <TR align="middle">
                  <TD height=15 align="center">${copyright2 } </TD>
                </TR>
                <TR bgColor="#cccccc">
                  <TD colSpan=3 height=8></TD>
                </TR>
              </TABLE></TD>
          </TR>
        </TABLE></TD>
     </TR>
  </TABLE>
 </BODY>
</HTML>
```

在文件 message.jsp 中把所有消息资源都读取到对应变量中。

```
<%@ page pageEncoding="GBK" %>
<%@ taglib prefix="fmt" uri="/WEB-INF/fmt.tld"%>
<fmt:setLocale value="${param.lan }"/>
<fmt:setBundle basename="localeMessage"/>
<fmt:message key="m1" var="m1" scope="page"/>
<fmt:message key="m2" var="m2" scope="page"/>
<fmt:message key="m3" var="m3" scope="page"/>
<fmt:message key="m4" var="m4" scope="page"/>
<fmt:message key="m5" var="m5" scope="page"/>
<fmt:message key="m6" var="m6" scope="page"/>
<fmt:message key="m7" var="m7" scope="page"/>
<fmt:message key="t1" var="t1" scope="page"/>
```

```
<fmt:message key="t2" var="t2" scope="page"/>
<fmt:message key="t3" var="t3" scope="page"/>
<fmt:message key="t4" var="t4" scope="page"/>
<fmt:message key="g1" var="g1" scope="page"/>
<fmt:message key="g2" var="g2" scope="page"/>
<fmt:message key="content" var="content" scope="page"/>
<fmt:message key="copyright1" var="copyright1" scope="page"/>
<fmt:message key="copyright2" var="copyright2" scope="page"/>
```

创建对应中文和英文两个区域的 localeMessage_zh_CN.properties 与 localeMessage_en_US.properties 属性文件。

（1）localeMessage_en_US.properties：

```
m1=Index
m2=NewGoods
m3=At a Sale
m4=Member
m5=Cart
m6=Order
m7=SellSort
t1=Affiliation
t2=Collection
t3=Chinese
t4=English
g1=\u300aRock And Grass\u300b
g2=ming zhu building
content=No Have Merchandise for the moment
copyright1=ming zhu building TEL:010-12345678 12345679 FAX:010-12345678
copyright2=CopyRight @ 2008 www.pfc.cn Bei Jing Province Fang Zheng Ke Ji
```

（2）localeMessage_zh_CN.properties：

```
m1=\u9996\u9875
m2=\u65b0\u54c1\u4e0a\u67b6
m3=\u7279\u4ef7\u5546\u54c1
m4=\u4f1a\u5458\u8d44\u6599\u4fee\u6539
m5=\u8d2d\u7269\u8f66
m6=\u67e5\u770b\u8ba2\u5355
m7=\u9500\u552e\u6392\u884c
t1=\u8054\u7cfb\u6211\u4eec
t2=\u6536\u85cf\u672c\u7ad9
t3=\u4e2d\u6587
t4=\u82f1\u6587
g1=\u300a\u77f3\u5934\u4e0e\u5c0f\u8349\u300b
g2=\u660e\u73e0\u5927\u53a6
content=\u6682\u65f6\u6ca1\u6709\u5546\u54c1
```

```
copyright1=\u660e\u73e0\u5927\u53a6\u670d\u52a1\u70ed\u7ebf:010-12345678
12345679 \u4f20\u771f:010-12345678
copyright2=CopyRight @ 2008 www.pfc.cn \u5317\u4eac\u5e02\u65b9\u6b63\u79d1
\u6280
```

部署后,运行结果如图 9.23 所示。

图 9.23 ninth_example17.jsp 运行的中文界面

在图 9.23 中,单击"英文"超链接,结果如图 9.24 所示。

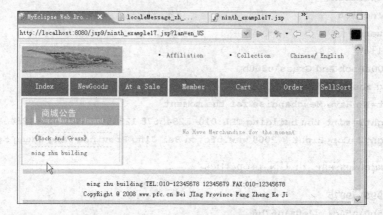

图 9.24 ninth_example17.jsp 运行的英文界面

9.3 实验与训练指导

创建一个基于 JSTL 的购物车,运行结果如图 9.25 所示。
在图 9.25 中,单击 Books 超链接,如图 9.26 所示。
在图 9.26 中,单击 BUY 超链接,如图 9.27 所示。
在图 9.27 中,单击 Clear the cart 超链接,如图 9.28 所示。
在图 9.28 中,单击 Return to Shopping 超链接,如图 9.25 所示。

图 9.25 网上购物车(一)

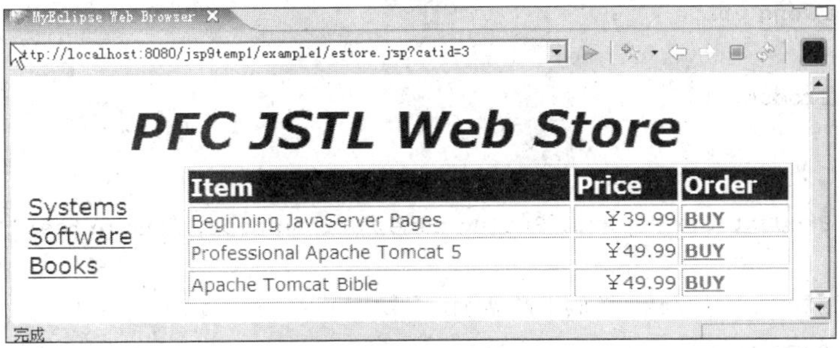

图 9.26 网上购物车(二)

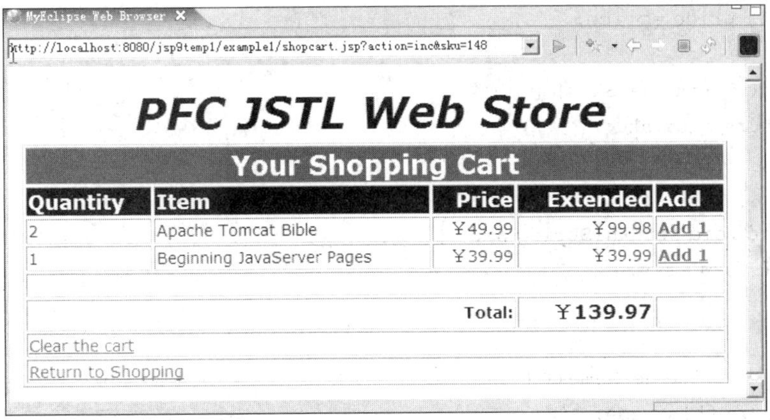

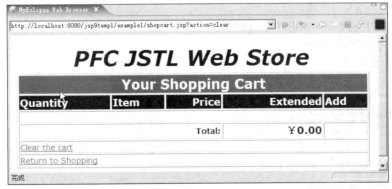

图 9.27 网上购物车(三)

图 9.28 网上购物车(四)

1. 创建 4 个类文件

(1) Product.java：

```java
package com.wrox.begjsp.ch03;
public class Product
{
  private String sku;
  private String name;
  private String desc;
  private long price;

  public Product()
  {
  }
  public Product(String sku, String name, String desc, long price)
  {
    this.sku =sku;//sku 类似于产品 ID
    this.name =name;
    this.desc =desc;
    this.price =price;
  }
  public String getSku() {
    return this.sku;
  }

  public void setSku(String sku) {
    this.sku =sku;
  }

  public String getName() {
    return this.name;
  }

  public void setName(String name) {
    this.name =name;
  }

  public String getDesc() {
    return this.desc;
  }

  public void setDesc(String desc) {
    this.desc =desc;
  }
```

```java
  public long getPrice() {
    return this.price;
  }

  public void setPrice(long price) {
    this.price =price;
  }
}
```

(2) Category.java：

```java
package com.wrox.begjsp.ch03;

public class Category
{
  private String id;
  private String name;

  public Category()
  {
  }

  public Category(String id, String name)
  {
    this.id =id;
    this.name =name;
  }
  public String getId() {
    return this.id;
  }

  public void setId(String id) {
    this.id =id;
  }

  public String getName() {
    return this.name;
  }

  public void setName(String name) {
    this.name =name;
  }
}
```

(3) LineItem.java:

```java
package com.wrox.begjsp.ch03;

public class LineItem
{
  private int quantity;
  private String sku;
  private String desc;
  private long price;

  public LineItem()
  {
  }

  public LineItem(int quantity, String sku, String desc, long price)
  {
    this.quantity = quantity;
    this.sku = sku;
    this.desc = desc;
    this.price = price;
  }

  public int getQuantity() {
    return this.quantity;
  }

  public void setQuantity(int quantity) {
    this.quantity = quantity;
  }

  public String getSku() {
    return this.sku;
  }

  public void setSku(String sku) {
    this.sku = sku;
  }

  public String getDesc() {
    return this.desc;
  }

  public void setDesc(String desc) {
```

```java
    this.desc =desc;
  }

  public long getPrice() {
    return this.price;
  }

  public void setPrice(long price) {
    this.price =price;
  }
}
```

(4) EShop.java:

```java
package com.wrox.begjsp.ch03;
import java.util.ArrayList;
import java.util.List;
public class EShop
{
  public static ArrayList getCats()
  {
    ArrayList values =new ArrayList();

    values.add(new Category("1", "Systems"));
    values.add(new Category("2", "Software"));
    values.add(new Category("3", "Books"));
    return values;
  }

  public static ArrayList getItems(String catid) {
    ArrayList values =new ArrayList();
    if (catid.equals("1")) {
      values.add(new Product("232", "Pentium 4 - 4 GHz, 512 MB, 300 GB", "", 98999L));

      values.add(new Product("238", "AMD Opteron - 4 GHz, 1 GB, 300 GB", "", 120099L));
    }
    else if (catid.equals("2")) {
      values.add(new Product("872", "Tomcat 5 Server for Windows", "", 9900L));

      values.add(new Product("758", "Tomcat 5 Server for Linux", "", 9900L));
    }
    else if (catid.equals("3")) {
      values.add(new Product("511", "Beginning JavaServer Pages", "", 3999L));

      values.add(new Product("188", "Professional Apache Tomcat 5", "", 4999L));
```

```java
      values.add(new Product("148", "Apache Tomcat Bible", "", 4999L));
    }

    return values;
  }

  public static Product getItem(String sku) {
    ArrayList cats = getCats();
    Product foundProd = null;
    for (int i = 0; i < cats.size(); ++i) {
      Category curCat = (Category)cats.get(i);
      ArrayList items = getItems(curCat.getId());
      for (int j = 0; j < items.size(); ++j) {
        Product curProd = (Product)items.get(j);
        if (curProd.getSku().equals(sku)) {
          foundProd = curProd;
          break;
        }
      }
      if (foundProd != null) {
        break;
      }
    }

    return foundProd;
  }

  public static void clearList(List list)
  {
    list.clear();
  }
  public static void addList(List list, Object item) {
    list.add(item);
  }
}
```

2. 创建/WEB-INF/jsp/eshop-taglib.tld 文件

```xml
<?xml version="1.0" encoding="UTF-8"?>

<taglib xmlns="http://java.sun.com/xml/ns/j2ee"
    xmlns:xsi="http://www.w3.org/2001/XMLSchema-instance"
    xsi:schemaLocation="http://java.sun.com/xml/ns/j2ee web-jsptaglibrary_2_0.xsd"
    version="2.0">
```

```xml
<description>A taglib for eshop functions.</description>
<tlib-version>1.0</tlib-version>
<short-name>EShopunctionTaglib</short-name>
<uri>EShopFunctionTagLibrary</uri>
<function>
    <description>Obtain the catalog categories</description>
    <name>getCats</name>
    <function-class>com.wrox.begjsp.ch03.EShop</function-class>
    <function-signature>java.util.ArrayList getCats()</function-signature>
</function>

<function>
    <description>Obtain the items in a category</description>
    <name>getItems</name>
    <function-class>com.wrox.begjsp.ch03.EShop</function-class>
    <function-signature>java.util.ArrayList getItems(java.lang.String)
    </function-signature>
</function>



<function>
    <description>Obtain an item given an sku</description>
    <name>getItem</name>
    <function-class>com.wrox.begjsp.ch03.EShop</function-class>
    <function-signature>com.wrox.begjsp.ch03.Product getItem
    (java.lang.String)</function-signature>
</function>
<function>
    <description>Clear a list</description>
    <name>clearList</name>
    <function-class>com.wrox.begjsp.ch03.EShop</function-class>
    <function-signature>void clearList(java.util.List)</function-signature>
</function>
<function>
    <description>Add an item to a list</description>
    <name>addList</name>
    <function-class>com.wrox.begjsp.ch03.EShop</function-class>
    <function-signature>void addList(java.util.List, java.lang.Object)
    </function-signature>
</function>
</taglib>
```

3. 创建 jsp 文件

（1）estore.jsp

```
<%@ taglib prefix="c" uri="http://java.sun.com/jsp/jstl/core" %>
```

```jsp
<%@ taglib prefix="fmt" uri="http://java.sun.com/jsp/jstl/fmt" %>
<%@ taglib prefix="wxshop" uri="EShopFunctionTagLibrary" %>
<%@ page pageEncoding="GBK"%>
<%@ page   session="true" %>
<c:if test="${empty cats}">
  <c:set var="cats" value="${wxshop:getCats()}" scope="application"/>
</c:if>

<html>
<head>
<title>PFC Shopping Mall</title>
<link rel=stylesheet type="text/css" href="store.css">
</head>
<body>
<table width="600">
<tr><td colspan="2" class="mainHead">PFC JSTL Web Store</td></tr>

<tr>
<td width="20%">
<!--left three category -->
<c:forEach var="curCat" items="${cats}">
<c:url value="/example1/estore.jsp" var="localURL">
   <c:param name="catid" value="${curCat.id}"/>
</c:url>
<a href="${localURL}" class="category">${curCat.name}</a>
</br>
</c:forEach>
</td>
<td width=" * ">
<h1></h1>
<table border="1" width="100%">
<tr><th align="left">Item</th><th align="left">Price</th><th align="left">Order</th></tr>
<c:set var="selectedCat"   value="${param.catid}"/>
<c:if test="${empty selectedCat}">
  <c:set var="selectedCat"   value="1"/>
</c:if>
<c:forEach var="curItem" items="${wxshop:getItems(selectedCat)}">
  <tr>
  <td>${curItem.name}</td>
  <td align="right">
      <fmt:formatNumber value="${curItem.price / 100}" type="currency"/>
  </td>
```

```
    <td>
      <c:url value="/example1/shopcart.jsp" var="localURL">
          <c:param name="action" value="buy"/>
          <c:param name="sku" value="${curItem.sku}"/>
      </c:url>
    <a href="${localURL}"><b>BUY</b></a>
    </td>
  </tr>
  </c:forEach>
  </table>
  </td>
  </tr>
  </table>

</body>
</html>
```

(2) shopcart.jsp：

```
<%@ taglib prefix="c" uri="http://java.sun.com/jsp/jstl/core" %>
<%@ taglib prefix="fmt" uri="http://java.sun.com/jsp/jstl/fmt" %>
<%@ taglib prefix="wxshop" uri="EShopFunctionTagLibrary" %>
<%@ page pageEncoding="GBK"%>
<%@ page session="true" %>

<c:set var="EXAMPLE" value="/example1"/>
<c:set var="SHOP_PAGE" value="/estore.jsp"/>
<c:set var="CART_PAGE" value="/shopcart.jsp"/>

<html>
<head>
<title>PFC Shopping Mall - Shopping Cart</title>
<link rel=stylesheet type="text/css" href="store.css">
</head>
<body>
<c:if test="${!(empty param.sku)}">
  <c:set var="prod" value="${wxshop:getItem(param.sku)}"/>
</c:if>

<jsp:useBean id="lineitems" class="java.util.ArrayList" scope="session"/>

<c:choose>
   <c:when test="${param.action == 'clear'}">
      ${wxshop:clearList(lineitems)}
   </c:when>
```

```jsp
        <c:when test="${param.action =='inc' || param.action=='buy'}">
           <c:set var="found" value="false"/>

           <c:forEach var="curItem" items="${lineitems}">

              <c:if test="${(curItem.sku) == (prod.sku)}">
                <jsp:setProperty name="curItem" property="quantity" value=
                "${curItem.quantity +1}"/>
                <c:set var="found" value="true" />
              </c:if>
          </c:forEach>
          <c:if test="${!found}">
              <c:remove var="tmpitem"/>
              <jsp:useBean id="tmpitem" class="com.wrox.begjsp.ch03.LineItem">
              <jsp:setProperty name="tmpitem" property="quantity" value="1"/>
              <jsp:setProperty name="tmpitem" property="sku" value=
              "${prod.sku}"/>
              <jsp:setProperty name="tmpitem" property="desc" value=
              "${prod.name}"/>
              <jsp:setProperty name="tmpitem" property="price" value=
              "${prod.price}"/>
              </jsp:useBean>
         ${wxshop:addList(lineitems, tmpitem)}
      </c:if>
     </c:when>
    </c:choose>

<c:set var="total" value="0"/>
<table width="640">
    <tr><td class="mainHead">PFC JSTL Web Store</td></tr>
<tr>
<td>
<h1></h1>
<table border="1" width="640">

<tr><th colspan="5" class="shopCart">Your Shopping Cart</th></tr>
<tr><th align="left">Quantity</th><th align="left">Item</th><th align=
"right">Price</th>
<th align="right">Extended</th>
<th align="left">Add</th></tr>
<c:forEach var="curItem" items="${lineitems}">
<c:set var="extended" value="${curItem.quantity * curItem.price}"/>
<c:set var="total" value="${total +extended}"/>
```

```
<tr>
   <td>${curItem.quantity}</td>
   <td>${curItem.desc}</td>
   <td align="right">
     <fmt:formatNumber value="${curItem.price / 100}" type="currency"/>
   </td>
   <td align="right">
     <fmt:formatNumber value="${extended / 100}" type="currency"/>
   </td>
   <td>

<c:url value="${EXAMPLE}${CART_PAGE}" var="localURL">
   <c:param name="action" value="inc"/>
   <c:param name="sku" value="${curItem.sku}"/>
</c:url>
<a href="${localURL}"><b>Add 1</b></a>
   </td>
</tr>
</c:forEach>
<tr>
<td colspan="5"> 
</td>
</tr>
<tr>
<td colspan="3" align="right"><b>Total:</b></td>
<td align="right" class="grandTotal">
  <fmt:formatNumber value="${total / 100}" type="currency"/>
</td>
<td> </td>
</tr>

<tr>
<td colspan="5">
<c:url value="${EXAMPLE}${CART_PAGE}" var="localURL">
   <c:param name="action" value="clear"/>
</c:url>
<a href="${localURL}">Clear the cart</a>
</td>
</tr>
<tr>
<td colspan="5">
<c:url value="${EXAMPLE}${SHOP_PAGE}" var="localURL"/>
<a href="${localURL}">Return to Shopping</a>
</td>
```

```
        </tr>
        </table>
    </td></tr>
</table>
</body>
</html>
```

第 10 章 使用 MVC 创建 Web 应用

MVC 就是把业务逻辑从 Servlet 中抽出来,把它放在一个"模型"中,所谓模型就是一个可重用的普通 Java 类。模型是业务数据(如购物车的状态)和方法(处理该数据的规则)的组合。

10.1 MVC 中的几个概念

1. 模型(Java 类)

实际的业务逻辑和状态放在模型中。换句话说,模型知道用什么规则来得到和更新状态。

购物车的内容(和处理购物车内容的规则)就属于 MVC 中的模型。

2. 视图(JSP)

负责表示。它从控制器得到模型的状态(不过不是直接得到,控制器会把模型数据放在视图能找到的一个地方)。另外,视图还要获得用户输入,交给控制器。

3. 控制器(Servlet)

从请求获得用户输入,并明确这些输入对模型有什么影响。

告诉模型自行更新,并且让视图(JSP)能得到新的模型状态。

10.2 使用 MVC 创建 Web 应用的实例

例 10-1

(1) 第一个表单页面的 book.html:

```
<html>
<body>
<h3>book selection page</h3>
<form method="post" action="selectbook.do">
```

```
select book series<p>
book:
<select name="book" size="1">
<option>java
<option>.net
</select>
<br>
</br>
<input type="submit">
</form>
</body>
</html>
```

(2) 模型 Book.java:

```java
package com;
import java.util.ArrayList;
import java.util.List;

public class Book {
  public List getBooks(String book)
  {
    List books=new ArrayList();
    if(book.equals("java"))
    {books.add("jsp");
     books.add("Struts");
    }
    else
    {books.add("asp.net");
     books.add("C#");
    }
    return (books);
  }
}
```

(3) 控制器 BookSelect.java:

```java
import java.io.IOException;
import java.io.PrintWriter;
import java.util.List;
import javax.servlet.RequestDispatcher;
import javax.servlet.ServletException;
import javax.servlet.http.HttpServlet;
import javax.servlet.http.HttpServletRequest;
import javax.servlet.http.HttpServletResponse;
import com.Book;
```

```
public class BookSelect extends HttpServlet {

    public void doPost(HttpServletRequest request, HttpServletResponse response)
            throws ServletException, IOException {
        String book=request.getParameter("book");
        Book booka=new Book();
        List result=booka.getBooks(book);
        request.setAttribute("books", result);
        RequestDispatcher view=request.getRequestDispatcher("result.jsp");
        view.forward(request,response);
        }
}
```

(4) result.jsp：

```
<%@ page language="java" import="java.util.*" %>
<html>
<body>
<h3>book recommendations :
<%List books= (List)request.getAttribute("books");
Iterator it=books.iterator();
while(it.hasNext())
{
out.print("<br>"+it.next());
}
%>
</h3>
</body>
</html>
```

在地址栏中输入 http://localhost:8080/jsp10/book.html，运行结果如图 10.1 所示。

图 10.1　result.jsp 的运行结果（一）

在图 10.1 中单击"提交查询内容"按钮，运行结果如图 10.2 所示。

例 10-2

（1）建立 SQL Server 数据库 login，建表 T_UserInfo，表结构如图 10.3 所示。

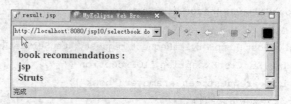

图 10.2 result.jsp 的运行结果(二)

列名	数据类型	长度	允许空
userName	varchar	50	
password	varchar	30	

图 10.3 表 T_UserInfo 的结构

创建数据源名字 login。

(2) 构建视图组件。

有 3 个视图组件,分别是登录页面 login.jsp、主页面 main.jsp 和注册页面 register.jsp。它们之间的关系是,当用户在登录页面 login.jsp 中填入用户名和密码并提交后,系统将检查该用户是否已经注册,如果已注册,进入主页面 main.jsp,否则进入注册页面 register.jsp。

当用户单击"登录"按钮后,把请求传给一个叫做 loginServlet 的 Servlet,以做进一步处理。

login.jsp:

```
<%@ page contentType="text/html; charset=GB 2312" %>
<html>
<head>
<title>登录页面</title>
</head>
<body>
<form method="post" action="loginservlet" >
 用户名:<input type="text" name="username" size="15"><br><br>
 密    码:<input type="password" name="password" size="15"><br><br>
<input type="submit" name="submit" value="登录"><br>
</form>
</body>
</html>
```

用户登录成功,则转入 main.jsp。

main.jsp:

```
<%@ page contentType="text/html; charset=GB 2312" %>
<html>
<head>
<title>
```

```
主页面
</title>
</head>
<body bgcolor="#ffffff">
<h1>
<%=session.getAttribute("username")%>,你成功登录,现已进入主页面!
</h1>
</body>
</html>
```

用户登录失败,则转入 register.jsp,请注册用户信息。

register.jsp:

```
<%@ page contentType="text/html; charset=GB 2312" %>
<html>
<head>
<title>
注册页面
</title>
</head>
<body bgcolor="#ffffff">
<h1>
<%=session.getAttribute("username")%>,你未能成功登录,现进入注册页面,请注册你的信息!
</h1>
</body>
</html>
```

(3) 构建控制组件。

控制组件是 Servlet,叫 loginServlet,代码如下:

```
package login;
/* 控制组件 */
import javax.servlet.*;
import javax.servlet.http.*;
import java.io.*;
import java.util.*;
public class loginServlet extends HttpServlet {
  private static final String CONTENT_TYPE ="text/html; charset=GB 2312";
  //初始化 Servlet
  public void init() throws ServletException {
  }
  //处理 HTTP POST 请求
  public void doPost(HttpServletRequest request, HttpServletResponse response)
  throws ServletException, IOException {
    //从请求中取出用户名和密码的值
```

```java
    String username = request.getParameter("username");
    String password = request.getParameter("password");
    //生成一个 ArrayList 对象,并把用户名和密码的值存入该对象中
    ArrayList arr = new ArrayList();
    arr.add(username);
    arr.add(password);
    //生成一个 Session 对象
    HttpSession session = request.getSession(true);
    session.removeAttribute("username");
    session.setAttribute("username",username);
    //调用模型组件 loginHandler,检查该用户是否已注册
    loginHandler login = new loginHandler();
    boolean mark = login.checkLogin(arr);

    //如果已注册,进入主页面
    if(mark) response.sendRedirect("main.jsp");
    //如果未注册,进入注册页面
    else   response.sendRedirect("register.jsp");
  }
  //处理 HTTP GET 请求
  public void doGet(HttpServletRequest request, HttpServletResponse response)
     throws ServletException, IOException {
     doPost(request,response);
     }
  //销毁 Servlet
  public void destroy() {
  }
}
```

注意修改 web.xml 文件:

```xml
<?xml version="1.0" encoding="UTF-8"?>
<web-app version="2.4"
    xmlns="http://java.sun.com/xml/ns/j2ee"
    xmlns:xsi="http://www.w3.org/2001/XMLSchema-instance"
    xsi:schemaLocation="http://java.sun.com/xml/ns/j2ee
    http://java.sun.com/xml/ns/j2ee/web-app_2_4.xsd">
<servlet>
  <servlet-name>loginServlet</servlet-name>
  <servlet-class>login.loginServlet</servlet-class>
</servlet>
<servlet-mapping>
  <servlet-name>loginServlet</servlet-name>
  <url-pattern>/loginservlet</url-pattern>
</servlet-mapping>
```

```
</web-app>
```

(4) 构建模型组件。

模型组件是 loginHandler,它先从数据访问组件 dbPool 取得数据库连接,然后检查数据库中是否已有该用户记录,即检查该用户是否已注册,如果已注册,返回 true,否则返回 false。

loginHandler.java:

```
package login;
/* 模型组件 */
import java.sql.*;
import java.util.*;
public class loginHandler {
  public loginHandler() {
  }
  Connection conn;
  PreparedStatement ps;
  ResultSet rs;
  //检查是否已注册
  public boolean checkLogin(ArrayList arr)
  {
    //从数据访问组件 dbPool 中取得连接
    conn = dbPool.getConnection();
    String name = (String)arr.get(0);
    String password = (String)arr.get(1);
    try {
      String sql = "select * from T_UserInfo where username=? and password=?";
      ps = conn.prepareStatement(sql);
      ps.setString(1,name);
      ps.setString(2,password);
      rs = ps.executeQuery();
      if(rs.next())
        {
          //释放资源
          dbPool.dbClose(conn,ps,rs);
          return true;
        }
      else {
        dbPool.dbClose(conn,ps,rs);
        return false;
      }
    } catch (SQLException e) {return false;}
  }
}
```

(5) 构建数据访问组件。

数据访问组件是 dbPool,它从一个属性文件 db.properties(部署在 src 目录下)获得数据库驱动程序名、URL、用户名和密码,然后利用这些信息连接数据库。

dbPool.java:

```java
package login;
/* 数据访问组件 */
import java.io.*;
import java.util.*;
import java.sql.*;
public class dbPool{
    private static dbPool instance =null;
    //取得连接
    public static synchronized Connection getConnection() {
        if (instance ==null){
            instance =new dbPool();
        }
        return instance._getConnection();
    }
    private dbPool(){
        super();
    }
    private  Connection _getConnection(){
        try{
            String sDBDriver   =null;
            String sConnection   =null;
            String sUser =null;
            String sPassword =null;

            Properties p =new Properties();
            InputStream is =getClass().getResourceAsStream("/db.properties");
            p.load(is);
            sDBDriver =p.getProperty("DBDriver",sDBDriver);
            sConnection =p.getProperty("Connection",sConnection);
            sUser =p.getProperty("User","sa");
            sPassword =p.getProperty("Password","");

            Properties pr =new Properties();
            pr.put("user",sUser);
            pr.put("password",sPassword);
            pr.put("characterEncoding", "GB 2312");
            pr.put("useUnicode", "TRUE");
            Class.forName(sDBDriver).newInstance();
            return DriverManager.getConnection(sConnection,pr);
```

```
        }
        catch(Exception se){
            System.out.println(se);
            return null;
        }
    }
    //释放资源
    public static void dbClose(Connection conn,PreparedStatement ps,ResultSet rs)
    throws SQLException
    {
        rs.close();
        ps.close();
        conn.close();
    }
}
```

db.properties：

```
DBDriver=sun.jdbc.odbc.JdbcOdbcDriver
Connection=jdbc:odbc:login
User=sa
Password=
```

（6）部署，运行结果如图10.4所示。

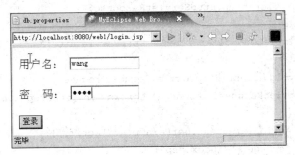

图10.4 登录界面

用户名输入"wang"，密码"1234"，单击"登录"按钮，结果如图10.5所示。

图10.5 登录成功显示界面

用户名输入"wang "，密码"12"，单击"登录"按钮，结果如图10.6所示。

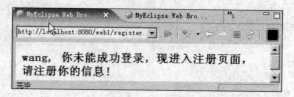

图 10.6 登录未成功显示界面

10.3 实验与训练指导

创建一个 MVC 应用，这里不利用数据库，只是加深对 MVC 的理解。

1. 控制器

SimpleController.java：

```java
package com.wrox.begjsp.ch17.mvc;
import java.io.IOException;
import java.util.List;
import javax.servlet.RequestDispatcher;
import javax.servlet.ServletException;
import javax.servlet.http.HttpServlet;
import javax.servlet.http.HttpServletRequest;
import javax.servlet.http.HttpServletResponse;

public class SimpleController extends HttpServlet
{
    protected void doPost(HttpServletRequest request,
        HttpServletResponse response) throws ServletException, IOException
    {
        String action = request.getParameter("action");
        String jspPage = "/index.jsp";

        if ((action == null) || (action.length() < 1))
        {
            action = "default";
        }

        if ("default".equals(action))
        {
            jspPage = "/index.jsp";
        }
        else if ("displaylist".equals(action))
        {
            CustomerManager manager = new CustomerManager();
```

```java
        List customers = manager.getCustomers();
        request.setAttribute("customers", customers);

        jspPage ="/displayList.jsp";
    }
    else if ("displaycustomer".equals(action))
    {
        String id = request.getParameter("id");
        CustomerManager manager = new CustomerManager();
        Customer customer = manager.getCustomer(id);
        request.setAttribute("customer", customer);

        jspPage ="/displayCustomer.jsp";
    }
    else if ("editcustomer".equals(action))
    {
        String id = request.getParameter("id");
        CustomerManager manager = new CustomerManager();
        Customer customer = manager.getCustomer(id);
        request.setAttribute("customer", customer);

        jspPage ="/editCustomer.jsp";
    }
    else if ("editcustomerexe".equals(action))
    {
        String id = request.getParameter("id");
        CustomerManager manager = new CustomerManager();
        Customer customer = manager.getCustomer(id);
        String a1=request.getParameter("firstname");
        String a2=request.getParameter("lastname");
        String a3=request.getParameter("address");
        customer.setFirstName(a1);
        customer.setLastName(a2);
        customer.setAddress(a3);
        request.setAttribute("customer", customer);

        jspPage ="/displayCustomer.jsp";
    }
    dispatch(jspPage, request, response);
}

protected void dispatch(String jsp, HttpServletRequest request,
    HttpServletResponse response) throws ServletException, IOException
{
```

```java
        if (jsp !=null)
        {
            RequestDispatcher rd =request.getRequestDispatcher(jsp);
            rd.forward(request, response);
        }
    }

    protected void doGet(HttpServletRequest request,
        HttpServletResponse response) throws ServletException, IOException
    {
        doPost(request, response);
    }
}
```

2. 模型

(1) Customer.java：

```java
package com.wrox.begjsp.ch17.mvc;
public class Customer
{
    private String _id;
    private String _firstName;
    private String _lastName;
    private String _address;

    public Customer(String id, String firstName, String lastName, String address)
    {
        _id =id;
        _firstName =firstName;
        _lastName =lastName;
        _address =address;
    }

    public String getAddress()
    {
        return _address;
    }

    public void setAddress(String address)
    {
        _address =address;
    }

    public String getFirstName()
```

```java
    {
        return _firstName;
    }

    public void setFirstName(String firstName)
    {
        _firstName = firstName;
    }

    public String getLastName()
    {
        return _lastName;
    }

    public void setLastName(String lastName)
    {
        _lastName = lastName;
    }

    public String getId()
    {
        return _id;
    }

    public void set_id(String id)
    {
        _id = id;
    }
}
```

(2) CustomerManager.java：

```java
package com.wrox.begjsp.ch17.mvc;

import java.util.ArrayList;
import java.util.List;
public class CustomerManager
{
    public List getCustomers()
    {
        return generateCustomers();
    }

    private List generateCustomers()
    {
```

```
            List rv = new ArrayList();

            for (int i = 0; i < 10; i++)
            {
                rv.add(getCustomer(String.valueOf(i)));
            }

            return rv;
    }

        public Customer getCustomer(String id)
        {
            return new Customer(id, id + "First", "Last" + id,
                "123 Caroline Road Fooville");
        }
}
```

3. 视图

(1) index.jsp：

```
<a href="controller? action=displaylist" target="_self">
View List of Customers
</a>
```

(2) displayList.jsp：

```
<%@ taglib prefix="c" uri="http://java.sun.com/jsp/jstl/core" %>
<html>
<head>
    <title>Display Customer List</title>
</head>
<body>
<table cellspacing="3" cellpadding="3" border="1" width="500">
<tr>
    <td colspan="4"><b>Customer List</b></td>
</tr>
<tr>
    <td><b>Id</b></td>
    <td><b>First Name</b></td>
    <td><b>Last Name</b></td>
    <td><b>Address</b></td>
</tr>
<c:forEach var="customer" items="${requestScope.customers}">
<tr>
    <td>
```

```
            <a href="controller? action=displaycustomer&id=${customer.id}">
                ${customer.id}
            </a>
        </td>
        <td>${customer.firstName}</td>
        <td>${customer.lastName}</td>
        <td>${customer.address}</td>
    </tr>
</c:forEach>
</table>
</body>
</html>
```

(3) displayCustomer.jsp：

```
<%@ taglib prefix="c" uri="http://java.sun.com/jsp/jstl/core" %>

<c:set var="customer" value="${requestScope.customer}"/>
<html>
<head>
    <title>Display Customer</title>
</head>
<body>

<table cellspacing="3" cellpadding="3" border="1" width="60%">
<tr>
    <td colspan="2"><b>Customer:</b>
      ${customer.firstName}
      ${customer.lastName}
    </td>
</tr>
<tr>
    <td><b>Id</b></td>
    <td>${customer.id}</td>
</tr>
<tr>
    <td><b>First Name</b></td>
    <td>${customer.firstName}</td>
</tr>
<tr>
    <td><b>Last Name</b></td>
    <td>${customer.lastName}</td>
</tr>
<tr>
    <td><b>Address</b></td>
```

```
            <td>${customer.address}</td>
        </tr>
        <tr>
            <td colspan="2">
                <a href="controller? action=editcustomer&id=${customer.id}">
                Edit This Customer
                </a>
            </td>
        </tr>
    </table>
</body>
</html>
```

(4) editCustomer.jsp：

```
<%@ taglib prefix="c" uri="http://java.sun.com/jsp/jstl/core" %>

<c:set var="customer" value="${requestScope.customer}"/>
<html>
<head>
    <title>Edit Customer</title>
</head>
<body>
<form method="post" action="controller? action=editcustomerexe">
<table cellspacing="3" cellpadding="3" border="1" width="60%">
<input type="hidden" name="id" value="${customer.id}">
<tr>
    <td><b>First Name:</b></td>
  <td><input type="text" name="firstname" value="${customer.firstName}"></td>
</tr>
<tr>
    <td><b>Last Name:</b></td>
  <td><input type="text" name="lastname" value="${customer.lastName}"></td>
</tr>
<tr>
    <td><b>Address:</b></td>
  <td><input type="text" size="50" name="address" value="${customer.address}">
  </td>
</tr>
<tr>
    <td colspan="2"><input type="submit" value="edit customer"></td>
</tr>
<tr><td colspan="2"><a href="controller? action=displaylist&id=
${customer.id}">
    Return customer list
```

```
        </a></td><tr>
    </table>
    </form>
    </body>
    </html>
```

运行结果如图 10.7 所示。

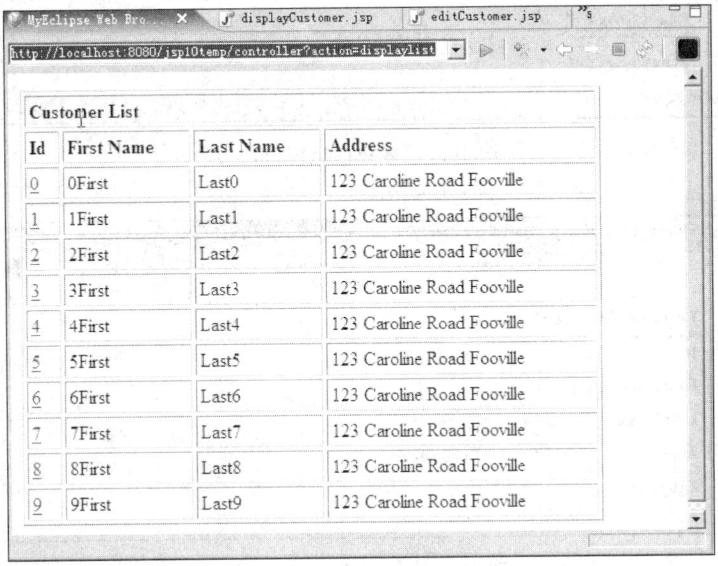

Customer List			
Id	First Name	Last Name	Address
0	0First	Last0	123 Caroline Road Fooville
1	1First	Last1	123 Caroline Road Fooville
2	2First	Last2	123 Caroline Road Fooville
3	3First	Last3	123 Caroline Road Fooville
4	4First	Last4	123 Caroline Road Fooville
5	5First	Last5	123 Caroline Road Fooville
6	6First	Last6	123 Caroline Road Fooville
7	7First	Last7	123 Caroline Road Fooville
8	8First	Last8	123 Caroline Road Fooville
9	9First	Last9	123 Caroline Road Fooville

图 10.7　客户信息窗口(一)

在图 10.7 中单击 Id 为 0 的超链接后，结果如图 10.8 所示。

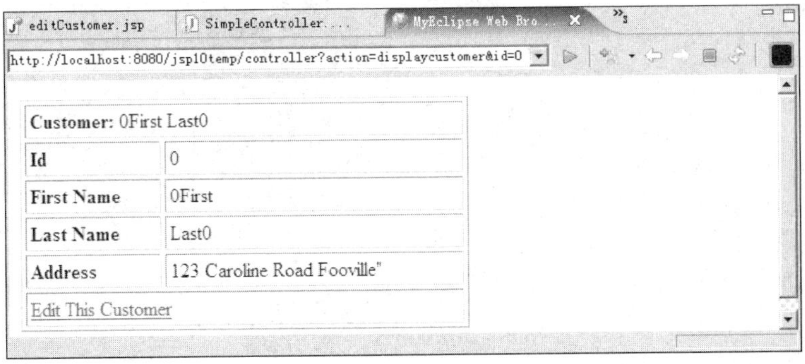

Customer: 0First Last0	
Id	0
First Name	0First
Last Name	Last0
Address	123 Caroline Road Fooville"
Edit This Customer	

图 10.8　客户信息窗口(二)

在图 10.8 中单击 Edit This Customer 超链接后，结果如图 10.9 所示。

修改 LastName 为 Last00 后，单击 edit customer 超链接后，结果如图 10.10 所示。

在图 10.10 中单击 Edit This Customer 超链接后，结果如图 10.9 所示，单击 Return customer list，如图 10.7 所示。

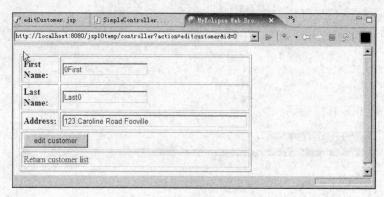

图 10.9 客户信息窗口(三)

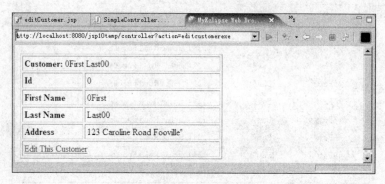

图 10.10 客户信息窗口(四)

第 11 章 BBS 论坛

随着网络的普及,商业网站纷纷在自己网站上开辟论坛,提供与网民交流的平台,同时技术支持和在线服务也在论坛中开展起来。

该论坛项目实现了注册、登录、发帖、浏览帖子、回复帖子等基本功能。

11.1 数据表

项目中所用数据库 bbs 中的数据表如表 11.1~表 11.3 所示。

表 11.1 用户信息表 user_pfc

列名	数据类型	约束	备注
id	int	primary key	自增长
name	varchar(20)	not null unique	
password	varchar(20)	not null	
score	int		积分

表 11.2 主题信息表 notice_pfc

列名	数据类型	约束	备注
id	int	primary key	
title	varchar(100)	not null	
content	varchar(1000)	not null	
user_id	int	not null,references user_pfc(id)	
publish_date	date	not null	getdate(),获取系统日期
browse_times	int default(0)	not null	
reply_times	int default(0)	not null	
ip_address	varchar(20)	not null	

表 11.3 回复信息表 reply_pfc

列 名	数据类型	约 束	备 注
id	int	primary key	
content	varchar(500)	not null	
user_id	int references user_pfc(id)	not null	
notice_id	int references notice_pfc(id)	not null,references user_pfc(id)	
publish_date	date	not null	getdate(),获取系统日期
ip_address	varchar(20)	not null	

11.2 数据表对应的 JavaBean

1. 用户信息表 user_pfc 对应 User 类

User.java：

```java
package com.pfc.bbs.model;
public class User {
    private int id;
    private String name;
    private String password;
    private String email;
    private int score;
    public String getEmail() {
        return email;
    }
    public void setEmail(String email) {
        this.email = email;
    }
    public int getId() {
        return id;
    }
    public void setId(int id) {
        this.id = id;
    }
    public String getName() {
        return name;
    }
    public void setName(String name) {
        this.name = name;
    }
    public String getPassword() {
```

```
        return password;
    }
    public void setPassword(String password) {
        this.password =password;
    }
    public int getScore() {
        return score;
    }
    public void setScore(int score) {
        this.score =score;
    }
}
```

2. 主题信息表 notice_pfc 对应 Notice 类

Notice.java：

```
package com.pfc.bbs.model;
import java.sql.*;
public class Notice {
    private int id;
    private String title;
    private String content;
    private User user;
    private Date publishDate;
    private String ipAddress;
    private int browseTimes;
    private int replyTimes;
    public int getBrowseTimes() {
        return browseTimes;
    }
    public void setBrowseTimes(int browseTimes) {
        this.browseTimes =browseTimes;
    }
    public String getContent() {
        return content;
    }
    public void setContent(String content) {
        this.content =content;
    }
    public int getId() {
        return id;
    }
    public void setId(int id) {
        this.id =id;
```

```java
        }
        public String getIpAddress() {
            return ipAddress;
        }
        public void setIpAddress(String ipAddress) {
            this.ipAddress = ipAddress;
        }
        public Date getPublishDate() {
            return publishDate;
        }
        public void setPublishDate(Date publishDate) {
            this.publishDate = publishDate;
        }
        public int getReplyTimes() {
            return replyTimes;
        }
        public void setReplyTimes(int replyTimes) {
            this.replyTimes = replyTimes;
        }
        public String getTitle() {
            return title;
        }
        public void setTitle(String title) {
            this.title = title;
        }
        public User getUser() {
            return user;
        }
        public void setUser(User user) {
            this.user = user;
        }
}
```

3. 回复信息表 reply_pfc 对应 Reply 类

Reply.java：

```java
package com.pfc.bbs.model;
import java.sql.*;
public class Reply {
    private int id;
    private String content;
    private User user;
    private Notice notice;
    private String ipAddress;
    private Date publishDate;
```

```java
    public String getContent() {
        return content;
    }
    public void setContent(String content) {
        this.content = content;
    }
    public int getId() {
        return id;
    }
    public void setId(int id) {
        this.id = id;
    }
    public String getIpAddress() {
        return ipAddress;
    }
    public void setIpAddress(String ipAddress) {
        this.ipAddress = ipAddress;
    }
    public Notice getNotice() {
        return notice;
    }
    public void setNotice(Notice notice) {
        this.notice = notice;
    }
    public Date getPublishDate() {
        return publishDate;
    }
    public void setPublishDate(Date publishDate) {
        this.publishDate = publishDate;
    }
    public User getUser() {
        return user;
    }
    public void setUser(User user) {
        this.user = user;
    }
}
```

11.3 创建 Dao 接口

Dao 接口 Dao.java：

```java
package com.pfc.bbs.dao;
```

```java
import com.pfc.bbs.model.*;
import java.util.*;
import java.sql.*;
public interface Dao {
    public boolean addUser(User u);
    public User getUser(String name,String password);
    public boolean addNotice(Notice not);
    public boolean addReply(Reply rep);
    public Notice getNotice(int notId);
    public ResultSet getAllNotice();
    public List getAllReply(int notId);
}
```

11.4 实现类 DaoFromDB

实现类 DaoFromDB 的 DaoFromDB.java：

```java
package com.pfc.bbs.dao;
import java.util.*;
import java.sql.*;
import com.pfc.bbs.model.*;
public class DaoFromDB implements Dao{
    private String driverClassName="sun.jdbc.odbc.JdbcOdbcDriver";
    private String databaseURL="jdbc:odbc:bbs";//数据源名字 bbs
    private String userName="sa";
    private String password="";
    private String userTableName="user_pfc";
    private String noticeTableName="notice_pfc";
    private String replyTableName="reply_pfc";
    private Connection con;
    public  DaoFromDB(){//建立数据库连接
        try{
            Class.forName(driverClassName);
            con=DriverManager.getConnection
            (databaseURL,userName,password);
        }catch(Exception e){
            e.printStackTrace();
        }
    }

    public boolean addNotice(Notice not) {//发帖
        PreparedStatement pstm=null;
        try{
```

```java
            pstm=con.prepareStatement("insert into "+noticeTableName+
                " (title,content,user_id,ip_address)"+
                "values(?,?,?,?)");
            pstm.setString(1,not.getTitle());
            pstm.setString(2,not.getContent());
            pstm.setInt(3,not.getUser().getId());
            pstm.setString(4,not.getIpAddress());
            int i=pstm.executeUpdate();
            if(i>0){
                addScore(not.getUser().getId(),20);//发帖成功加20分
                return true;
            }
        }catch(SQLException e){
            e.printStackTrace();
        }finally{
            if(pstm!=null)try{pstm.close();}catch(SQLException e){}
        }
        return false;
    }

    public boolean addReply(Reply rep) {//回帖
        PreparedStatement pstm=null;
        try{
            pstm=con.prepareStatement("insert into "+replyTableName+
                " (content,user_id,notice_id,ip_address)"+
                "values(?,?,?,?)");
            pstm.setString(1,rep.getContent());
            pstm.setInt(2,rep.getUser().getId());
            pstm.setInt(3,rep.getNotice().getId());
            pstm.setString(4,rep.getIpAddress());
            int i=pstm.executeUpdate();
            if(i>0){
                addScore(rep.getUser().getId(),5);//回复帖子成功加5分
                addReplyTimes(rep.getNotice().getId());
                //帖子回复次数加1
                return true;
            }
        }catch(SQLException e){
            e.printStackTrace();
        }finally{
            if(pstm!=null)try{pstm.close();}catch(SQLException e){}
        }
        return false;
    }
```

```java
public boolean addUser(User u) {//注册新用户,加入到用户表
    PreparedStatement pstm=null;
    try{
        pstm=con.prepareStatement("insert into "+userTableName+
        "values(?,?,?,1000)");
        pstm.setString(1,u.getName());
        pstm.setString(2,u.getPassword());
        pstm.setString(3,u.getEmail());
        int i=pstm.executeUpdate();
        if(i>0){
            return true;
        }
    }catch(SQLException e){
        e.printStackTrace();
    }finally{
        if(pstm!=null)try{pstm.close();}catch(SQLException e){}
    }
    return false;
}

public ResultSet getAllNotice() {//获取全部帖子
    Statement stm=null;
    ResultSet rs=null;
    try{
        stm=con.createStatement();
        rs=stm.executeQuery("select n.id,n.title,u.name,n.publish_date,
        n.browse_times,n.reply_times "+" from "+userTableName+" u,"+
        noticeTableName+" n "+" where u.id=n.user_id");
        return rs;
    }catch(SQLException e){
        e.printStackTrace();
    }
    return null;
}

public List getAllReply(int notId) {//根据帖子ID获取全部回帖
    Statement stm=null;
    ResultSet rs=null;
    List list=new LinkedList();
    try{
        stm=con.createStatement();
        rs=stm.executeQuery("select content,user_id,publish_date,
        ip_address from "+replyTableName+" where notice_id="+notId);
        while(rs.next()){
```

```java
            Reply rep=new Reply();
            rep.setContent(rs.getString("content"));
            rep.setUser(new DaoFromDB().getUser(rs.getInt("user_id")));
            rep.setPublishDate(rs.getDate("publish_date"));
            rep.setIpAddress(rs.getString("ip_address"));
            list.add(rep);
        }
        return list;
    }catch(SQLException e){
        e.printStackTrace();
    }finally{
        if(rs!=null)try{rs.close();}catch(SQLException e){}
        if(stm!=null)try{stm.close();}catch(SQLException e){}
    }
    return null;
}

public Notice getNotice(int notId) {
    //根据帖子 ID 获取帖子,浏览次数加 1
    Statement stm=null;
    ResultSet rs=null;
    try{
        stm=con.createStatement();
        rs=stm.executeQuery("select title,content,user_id,publish_date,ip_address,reply_times,browse_times "+" from "+noticeTableName+" where id="+notId);
        Notice not=new Notice();
        rs.next();
        not.setId(notId);
         not.setTitle(rs.getString("title"));
        not.setContent(rs.getString("content"));
        //not.setUser(this.getUser(rs.getInt("user_id")));
        not.setUser(new DaoFromDB().getUser(rs.getInt("user_id")));
        not.setPublishDate(rs.getDate("publish_date"));
        not.setIpAddress(rs.getString("ip_address"));
        not.setReplyTimes(rs.getInt("reply_times"));
        not.setBrowseTimes(rs.getInt("browse_times"));
        addBrowseTimes(notId);
        return not;
    }catch(SQLException e){
        e.printStackTrace();
    }finally{
        if(rs!=null)try{rs.close();}catch(SQLException e){}
        if(stm!=null)try{stm.close();}catch(SQLException e){}
```

```java
        }
        return null;
    }

    public User getUser(int userId){//根据用户 ID 获取用户
        Statement stm=null;
        ResultSet rs=null;
        try{
            stm=con.createStatement();
            rs=stm.executeQuery("select name,password,email,score from "+
            userTableName+" where id="+userId);
            if(rs.next()){
                User user=new User();
                user.setId(userId);
                user.setName(rs.getString("name"));
                user.setPassword(rs.getString("password"));
                user.setEmail(rs.getString("email"));
                user.setScore(rs.getInt("score"));
                return user;
            }
        }catch(SQLException e){
            e.printStackTrace();
        }finally{
            if(rs!=null)try{rs.close();}catch(SQLException e){}
            if(stm!=null)try{stm.close();}catch(SQLException e){}
        }
        return null;
    }

    public User getUser(String name,String password) {
        //根据用户名和密码获取用户
        Statement stm=null;
        ResultSet rs=null;
        try{
            stm=con.createStatement();
            rs=stm.executeQuery("select id,name,password,email,score from "+
            userTableName+" where name=\'"+name+"\' and password=\'"+password
            +"\'");
            if(rs.next()){
                User user=new User();
                user.setId(rs.getInt("id"));
                user.setName(rs.getString("name"));
                user.setPassword(rs.getString("password"));
                user.setEmail(rs.getString("email"));
```

```java
            user.setScore(rs.getInt("score"));
            return user;
        }
    }catch(SQLException e){
        e.printStackTrace();
    }finally{
        if(rs!=null)try{rs.close();}catch(SQLException e){}
        if(stm!=null)try{stm.close();}catch(SQLException e){}
    }
    return null;
}

private void addScore(int userId,int count){
    //根据用户 ID 给用户加分
    Statement stm=null;
    try{
        stm=con.createStatement();
        stm.executeUpdate("update "+userTableName+" set score=score+"+
            count+" where id="+userId);
    }catch(SQLException e){
        e.printStackTrace();
    }finally{
        if(stm!=null)try{stm.close();}catch(SQLException e){}
    }
}

private void addBrowseTimes(int noticeId){
    //根据帖子 ID 增加浏览次数 1
    Statement stm=null;
    try{
        stm=con.createStatement();
        stm.executeUpdate("update "+noticeTableName+" set browse_times=
            browse_times+1 where id="+noticeId);
    }catch(SQLException e){
        e.printStackTrace();
    }finally{
        if(stm!=null)try{stm.close();}catch(SQLException e){}
    }
}

private void addReplyTimes(int noticeId){
    //根据帖子 ID 增加回复次数 1
    Statement stm=null;
    try{
        stm=con.createStatement();
```

```
            stm.executeUpdate("update "+noticeTableName+" set reply_times=
            reply_times+1 where id="+noticeId);
        }catch(SQLException e){
            e.printStackTrace();
        }finally{
            if(stm!=null)try{stm.close();}catch(SQLException e){}
        }
    }
}
```

11.5 用户注册页面

register.html：

```
<html>
    <head>
        <title>用户注册</title>
    </head>
    <body background="img9.jpg">
        <font color="blue">
        <h4 align="center">============用户注册============</h4>
        <br>
        <hr>
        <form method="GET" action="register.jsp">
            用户名:<input type="text" name="userName"><p>
            密　码:<input type="password" name="passwd"><p>
            电　邮:<input type="text" name="email"><p>
            <input type="submit" value="提交">
            <input type="reset" value="清空">
        </form>
    </body>
</html>
```

在图 11.1 注册页面中，单击"提交"按钮，执行 register.jsp，结果如图 11.2 所示。
register.jsp：

```
<%@ page language="java" contentType="text/html;charset=GB 2312"
        import="com.pfc.bbs.model.*,com.pfc.bbs.dao.*"%>
<%@ page pageEncoding="GB 2312"%>
<html>
    <body>
        <%String name=request.getParameter("userName");
        String passwd=request.getParameter("passwd");
        String email=request.getParameter("email");
```

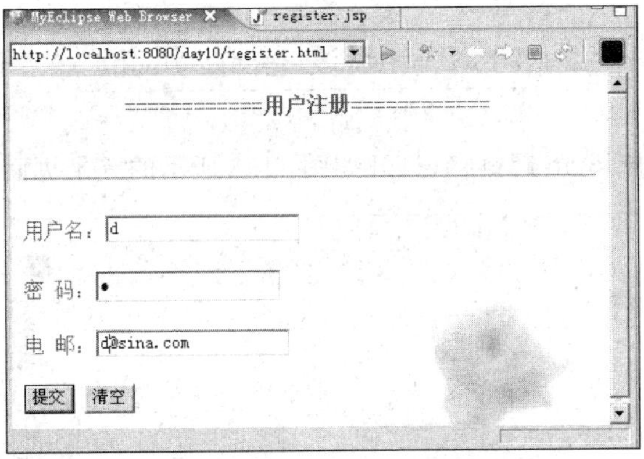

第11章 BBS论坛

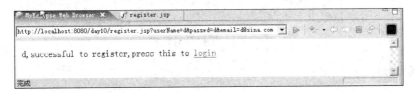

图 11.1 注册页面

图 11.2 register.jsp 的运行界面

```
        User user=new User();
        user.setName(name);
        user.setPassword(passwd);
        user.setEmail(email);
        Dao dao=new DaoFromDB();
        if(dao.getUser(name,passwd)!=null)
        {out.print("This user exists! click here to <a href=register.html>
        register</a>again");
        }
        else{
        if(dao.addUser(user)){
            out.print(user.getName()+",successful to register,press this to
            <a href=login.html>login</a>");
        }else{
            out.print("Sorry,failed to register! click here to <a href=
            register.html>register</a>again");
        }
        }
    %>
    </body>
</html>
```

11.6 用户登录页面

在图 11.2 中单击 login 超链接，打开如图 11.3 所示的登录页面。

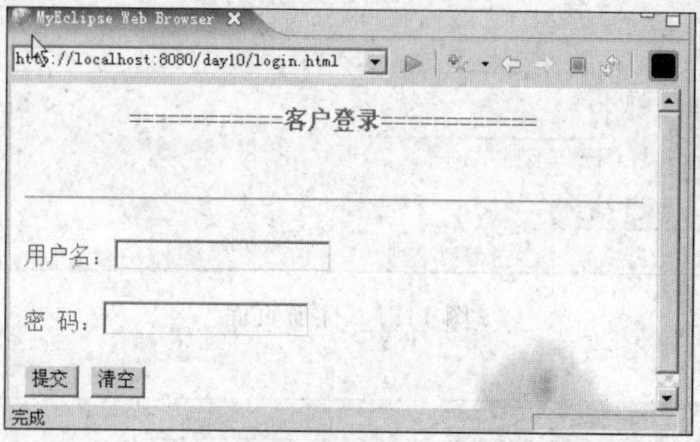

图 11.3 用户登录页面

login.html：

```
<html>
    <head>
        <title>用户登录</title>
    </head>
    <body background="img9.jpg" >
        <font color="blue">
        <h4 align="center">============客户登录============</h4>
        <br>
        <hr>
        <form method="GET" action="login.jsp">
            用户名:<input type="text" name="userName"><p>
            密  码:<input type="password" name="passwd"><p>
            <input type="submit" value="提交">
            <input type="reset" value="清空">
        </form>
    </body>
</html>
```

在图 11.3 中，用户名文本框输入"c"，密码输入"c"，单击"提交"按钮，执行 login.jsp。

```
<%@ page language="java" contentType="text/html; charset=GB 2312"
        import="com.pfc.bbs.model.*,com.pfc.bbs.dao.*"%>
<%@ page pageEncoding="GB 2312" %>
<html>
    <body>
        <%String name=request.getParameter("userName");
```

```
            String passwd=request.getParameter("passwd");
            Dao dao=new DaoFromDB();
            User user=dao.getUser(name,passwd);

            if(user!=null){
                    session.setAttribute("currentUser",user);
                    response.sendRedirect("mainpage.jsp");
            }else{
                out.print("Sorry , not found your information ,please <a href=
                register.html>Register</a>first!");
            }
        %>
    </body>
</html>
```

从程序中可以看出，如果输入的用户名和密码有效，则页面重定向到 mainpage.jsp，如图 11.4 所示，否则输出如图 11.5 所示。在图 11.4 中间部分是所有已发表的帖子。

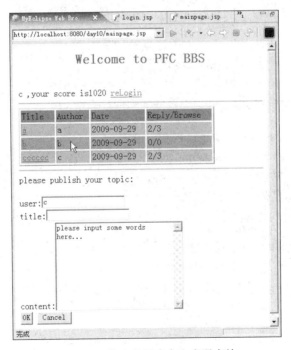

图 11.4 输入的用户名和密码有效

mainpage.jsp：

```
<%@ page language="java" contentType="text/html;charset=GB 2312"
    import="com.pfc.bbs.model.*,com.pfc.bbs.dao.*,java.sql.*"%>
<%@ page pageEncoding="GB 2312" %>
<html>
    <body>
```

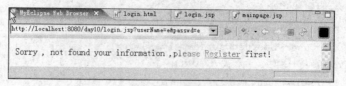

图 11.5 输入的用户名和密码无效

```
<font color="blue"><h2 align="center">Welcome to PFC BBS</h2></font>
<br>
<%
 User user=(User)session.getAttribute("currentUser");
if(user!=null){
    out.print(user.getName()+",your score is"+user.getScore()+
    "<a href=login.html>reLogin</a>");
}else{
    out.print("<a href=login.html>login</a>");
    out.print("<a href=register.html>Regist a new user</a>");
}
%>
<hr>
<table border=2 width=80%>
    <tr bgcolor="green"><td>Title</td><td>Author</td><td>
    Date</td><td>Reply/Browse</td></tr>
    <%
        Dao dao=new DaoFromDB();
        ResultSet set=dao.getAllNotice();//获取全部帖子
        int i=0;
        String color=null;

        while(set.next()){
            if(i%2==0){
                color="0x1c2b3d";
            }else{
                color="0xd8c3f1";
            }
            out.print("<tr bgcolor="+color+">");
            out.print("<td><a href=browse.jsp? noticeId="+
            set.getInt(1)+">"+set.getString(2)+"</a></td>");
            out.print("<td>"+set.getString(3)+"</td>");
            out.print("<td>"+set.getDate(4)+"</td>");
            out.print("<td>");
            int bro=set.getInt(5);
            int rep=set.getInt(6);
            out.print(rep);
```

```
                out.print("/");
                out.print(bro);
                out.print("</td>");
                out.print("</tr>");

                i++;
            }
            out.flush();
        %>
        </table>
        <hr>
        <%if(user!=null){
        %>
        please publish your topic:
        <form method="get" action="publishNotice.jsp">
            user:<input type="text" name="userName" value="<%=
            user.getName()%>"><br>
            title:<input type="text" name="title"><br>
            content:<textarea name="content" rows=10 cols=30>please input
            some words here...</textarea><br>
            <input type="submit" value="OK">
            <input type="reset" value="Cancel">
        </form>
        <%}else{
        %>
        please <a href=login.html>login</a> first to publish notices!
        <%}%>
    </body>
</html>
```

11.7 发　　帖

在图 11.4 中的标题文本框中输入"c2",在文本区中输入内容"c2c2c2",单击 OK 按钮,执行 publishNotice.jsp,之后页面重定向到 mainpage.jsp,结果如图 11.6 所示。注意发帖用户积分加 20 分。

publishNotice.jsp：

```
<%@ page language="java" contentType="text/html;charset=GB 2312"
        import="com.pfc.bbs.model.*,com.pfc.bbs.dao.*"%>
<%@ page pageEncoding="GB 2312" %>
<html>
    <body>
        <%
```

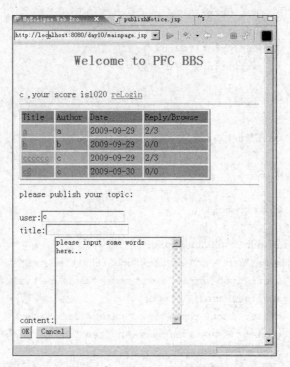

图 11.6　mainpage.jsp 的运行界面

```
User user=(User)session.getAttribute("currentUser");
String userName=request.getParameter("userName");
String title=request.getParameter("title");
String content=request.getParameter("content");
if(user.getName().equals(userName)){
    Dao dao=new DaoFromDB();
    Notice not=new Notice();
    not.setTitle(title);
    not.setContent(content);
    not.setUser(user);
    not.setIpAddress(request.getRemoteAddr().toString());
    if(dao.addNotice(not)){
    //out.print("ok");
        response.sendRedirect("mainpage.jsp");
    }else{
        out.print("Error on publish notice,please try again!");
    }
}else{
    out.print(userName+" is not current User ,please <a href=
    login.html>login</a>first!");
}
%>
```

```
        </body>
</html>
```

11.8 浏览帖子

已知图 11.6 中间部分是所有已发表的帖子。在标题一栏中每个标题都是一个超链接,单击标题为"b"的超链接,执行 browse.jsp,浏览该帖子,如图 11.7 所示。

注意:每浏览一次,该帖子的浏览次数加 1。

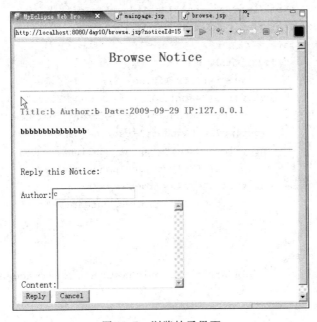

图 11.7 浏览帖子界面

从图 11.6 中可知帖子标题为"b",作者为 b,帖子内容为"bbbbbbbbbbbbbb"。
browse.jsp:

```
<%@ page language="java" contentType="text/html;charset=GB 2312"
        import="com.pfc.bbs.model.*,com.pfc.bbs.dao.*,java.util.*"%>
<%@ page pageEncoding="GB 2312" %>
<html>
    <body>
        <font color="blue"><h2 align="center">Browse Notice</h2></font><br>
        <hr>
        <%User user=(User)session.getAttribute("currentUser");
        int noticeId=Integer.parseInt(request.getParameter("noticeId"));
        Dao dao=new DaoFromDB();
        Notice not=dao.getNotice(noticeId);
        if(not!=null){
```

```jsp
                session.setAttribute("currentNotice",not);
                out.print("<font color=0x778899><h4>Title:"+not.getTitle());
                out.print("\tAuthor:"+ (not.getUser()).getName());
                //if(not.getUser()==null)
                //out.print("\tAuthor:"+"ERROR");
                //out.print("\tAuthor:"+user.getName());
                out.print("\tDate:"+not.getPublishDate());
                out.print("\tIP:"+not.getIpAddress());
                out.print("</h4></font><p>");
                out.print("<h5>     "+not.getContent()+"</h5><p><hr>");
                List list=dao.getAllReply(noticeId);
                Iterator it=list.iterator();
                int i=1;
                while(it.hasNext()){
                    Reply rep= (Reply)it.next();
                    out.print("<font color=red><h4>Floor:"+i);
                    out.print("Author:"+rep.getUser().getName());
                    //out.print("Author:"+user.getName());
                    out.print("Date:"+rep.getPublishDate());
                    out.print("IP:"+rep.getIpAddress());
                    out.print("</h4></font><p>");
                    out.print("<h5>"+rep.getContent()+"</h5><p><hr>");
                    i++;
                }
            }else{
                out.print("Error on browse notice,maybe notice was be delete!");
            }

        %>
        <p>
        <%if(user!=null){%>
        Reply this Notice:
        <form method="get" action="publishReply.jsp">
            Author:<input type="text" name="userName" value="<%=
            user.getName()%>"><br>
            Content:<textarea rows=20 cols=40 name="content"></textarea><br>
            <input type="submit" value="Reply">
            <input type="reset" value="Cancel">
        </form>
        <%}else{%>
            Please <a href=login.html>login</a>first to reply this notice!
        <%}%>
     <a href="mainpage.jsp">返回主页面</a>
    </body>
</html>
```

11.9 回复帖子

浏览帖子的同时，可以回复帖子。在图 11.7 的文本区中输入"ctob"，单击 Reply 按钮，执行 publishReply.jsp，结果如图 11.8 所示，可以看到帖子标题为"b"，作者为 b，回帖作者为 c，回帖内容为"ctob"。注意回帖用户积分加 5 分。在图 11.8 中还可以继续回帖。

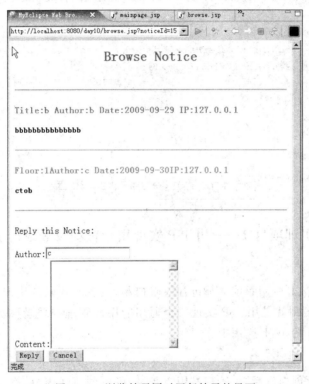

图 11.8 浏览帖子同时回复帖子的界面

publishReply.jsp：

```jsp
<%@ page language="java" contentType="text/html;charset=GB 2312"
    import="com.pfc.bbs.model.*,com.pfc.bbs.dao.*"%>
<%@ page pageEncoding="GB 2312" %>
<html>
    <body>
        <%
            User user=(User)session.getAttribute("currentUser");
            Notice not=(Notice)session.getAttribute("currentNotice");
            String userName=request.getParameter("userName");
            String content=request.getParameter("content");
            if(user.getName().equals(userName)){
                Dao dao=new DaoFromDB();
                Reply rep=new Reply();
```

```
                rep.setNotice(not);
                rep.setContent(content);
                rep.setUser(user);
                rep.setIpAddress(request.getRemoteAddr().toString());
                if(dao.addReply(rep)){
                response.sendRedirect("browse.jsp? noticeId="+not.getId());
                }else{
                    out.print("Error on publish reply,please try again!");
                }
            }else{
                out.print(userName+" is not current User ,please <a href=
                login.html>login</a> first!");
            }
        %>
    </body>
</html>
```

11.10 实验与训练指导

11.10.1 实训项目1——用JSP实现用户管理及登录模块

1. 工程背景

当今开发的Web应用系统大都包含权限控制,只有有权限的用户才能进入系统、执行相关操作。本案例就是用JSP实现一个通用的用户管理及登录模块,在实际应用中,可把它嵌入开发好的Web应用中。

2. 技术要求

用户管理模块创建好后,用管理员用户登录,可以创建新用户,修改用户信息以及删除用户。普通用户登录后,只能修改自己的用户密码。用户管理模块关系如图11.9所示。

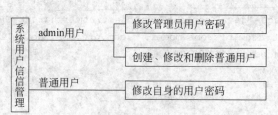

图11.9 用户管理模块关系图

3. 解决方案

1) 数据库设计

创建数据库regedit,创建用户信息表user_pfc,该表的结构及数据如表11.4和

表 11.5 所示。

表 11.4 user_pfc

列　名	数据类型	长　度	备　注
userName	varchar	50	
name	varchar	50	允许空
password	varchar	50	
id	int	4	主键

表 11.5 用户信息表 user_pfc 中数据

userName	name	password	id
admin	管理员	admin	5
a	a	a	17

2) 设计用户数据库访问类

为体现面向对象设计思路,将数据库中表封装到类中。该数据库只有一张表 user_pfc,创建对应类 Users,类中属性与表的字段对应。

Users.java:

```java
package pfc;
public class Users {
    private String userName;//用户名
    private String passWord;//用户密码
    private String name;//显示名称
    private int id;
    public int getId() {
        return id;
    }
    public void setId(int id) {
        this.id = id;
    }
    public String getUserName() {
        return userName;
    }
    public void setUserName(String userName) {
        this.userName = userName;
    }
    public String getPassWord() {
        return passWord;
    }
    public void setPassWord(String passWord) {
```

```
            this.passWord =passWord;
    }
    public String getName() {
        return name;
    }
    public void setName(String name) {
        this.name =name;
    }

}
```

数据访问接口即 DAO 接口如下：
DAO.java：

```
package pfc;
import java.sql.*;
public interface Dao {
    public boolean addUser(Users u);
    public Users getUser(String name,String password);
    public int deleteUser(int id);
    public Users getUsers(int id);
    public ResultSet getAll();
    public int updateUser(int id,String name);
    public int updateUserPw(String name,String passwd);
}
```

数据库访问实现类 DB，该案例使用 ODBC 数据源 regedit。
DB.java：

```
package pfc;
import java.sql.*;
public class DB implements Dao{
    private String driverClassName="sun.jdbc.odbc.JdbcOdbcDriver";
    private String databaseURL="jdbc:odbc:regedit";
    private String username="sa";
    private String password="";
    private String userTableName="user_pfc";
    private Connection con;
    public DB() {
        try{
            Class.forName(driverClassName);
            con=DriverManager.getConnection(databaseURL,username,password);
        }
        catch(Exception e){
            e.printStackTrace();
        }
```

```java
    }
    public boolean addUser(Users u){//增加用户
        PreparedStatement pstm=null;
        try{
            pstm=con.prepareStatement("insert into "+userTableName+
            " values(?,?,?)");
            pstm.setString(1,u.getUserName());
            pstm.setString(2,u.getName());
            pstm.setString(3,u.getPassWord());
            int i=pstm.executeUpdate();
            if(i>0){

                return true;
            }
        }
        catch(SQLException e){
            e.printStackTrace();
        }
        finally{
            if(pstm!=null)try{pstm.close();}catch(SQLException e){}
        }
        return false;
    }
    public Users getUser(String name,String password){
    //验证用户
        Statement stm=null;
        ResultSet rs=null;
        try{
            stm=con.createStatement();
            rs=stm.executeQuery("select userName,name,passWord from "+
            userTableName+" where userName=\'"+name+"\' and passWord=\'"+
            password+"\'");

    if(rs.next()){
    Users user=new Users();
    user.setUserName(rs.getString("userName"));
    user.setName(rs.getString("name"));
    user.setPassWord(rs.getString("passWord"));

    return user;
    }
    }
    catch(SQLException e){
        e.printStackTrace();
```

```java
        }
        finally{
            if(rs!=null) try{rs.close();}catch(SQLException e){}
            if(stm!=null) try{stm.close();}catch(SQLException e){}
        }
        return null;
    }
    public ResultSet getAll(){//获取结果集对象

        Statement stm=null;
        ResultSet rs=null;
        try{
          stm=con.createStatement(ResultSet.TYPE_SCROLL_SENSITIVE,
          ResultSet.CONCUR_UPDATABLE);
           rs=stm.executeQuery("select userName,name,id from user_pfc");
           return rs;

        }
        catch(SQLException e){
            e.printStackTrace();
        }
        return null;

    }
    public int deleteUser(int id){//删除用户
    PreparedStatement pstm=null;
    try{
        pstm=con.prepareStatement("delete from user_pfc where id='"+id+"';");
        int i=pstm.executeUpdate();
        if(i>0){

            return i;
        }
    }
    catch(SQLException e){
        e.printStackTrace();
    }
    finally{
        if(pstm!=null)try{pstm.close();}catch(SQLException e){}
    }
    return 0;
}

public Users getUsers(int id){//根据id获取用户姓名
```

```java
        Statement stm=null;
        ResultSet rs=null;
        try{
            stm=con.createStatement();
            rs=stm.executeQuery("select userName,name,passWord from "+
            userTableName+" where id=\'"+id+"\'");

    if(rs.next()){
        Users user=new Users();
user.setUserName(rs.getString("userName"));
user.setName(rs.getString("name"));
user.setPassWord(rs.getString("passWord"));
return user;
}
}
catch(SQLException e){
    e.printStackTrace();
}
finally{
    if(rs!=null) try{rs.close();}catch(SQLException e){}
    if(stm!=null) try{stm.close();}catch(SQLException e){}
}
return  null;
}
public int updateUser(int id,String name){//更改用户姓名
    PreparedStatement pstm=null;
    try{
        pstm=con.prepareStatement("update user_pfc set name='"+name+"'where id
        ='"+id+"';");
        int i=pstm.executeUpdate();
        if(i>0){

            return i;
        }
    }
    catch(SQLException e){
        e.printStackTrace();
    }
    finally{
        if(pstm!=null)try{pstm.close();}catch(SQLException e){}
    }
    return 0;
}
```

```
public int updateUserPw(String name,String passwd){//更改密码
    PreparedStatement pstm=null;
    try{
        pstm=con.prepareStatement("update user_pfc set passWord='"+passwd+"'
        where userName='"+name+"';");
        int i=pstm.executeUpdate();
        if(i>0){

            return i;
        }
    }
    catch(SQLException e){
        e.printStackTrace();
    }
    finally{
        if(pstm!=null)try{pstm.close();}catch(SQLException e){}
    }
    return 0;
}
}
```

3) 登录模块

登录模块页面流程图如图 11.10 所示。

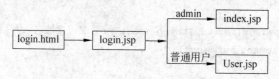

图 11.10　登录模块页面流程图

login.html：

```
<html>
  <head>
<meta http-equiv="Content-Type" content="text/html; charset=utf-8" />
<title>无标题文档</title>
<style type="text/css">
<!--
.STYLE3 {
    color: #33FFCC
}
.STYLE4 {color: #66FF66}
-->
</style>
<script language="javascript">
```

```
function Allcheck()
{
var T=true;
if(form1.userName.value=="" )
{
alert("用户名不能为空");
document.form1.userName.focus();
T=false;
}
else if(form1.passWord.value=="")
{
alert("密码不能为空");
document.form1.passWord.focus();
T=false;
}
/*
 else
 {
 document.write("");
 }
 */
 return T;
 }
 </script>
</head>

<body>
<form id="form1" name="form1" method="post" action="login.jsp" onsubmit=
"return Allcheck();">
  <table width="616" border="0" cellpadding="0" cellspacing="0" bgcolor=
  "#EFF4F8">
    <tr>
      <td height="76" colspan="3" bgcolor="#EFF4F8"><h4 align="center"
class="STYLE3">==============<span class="STYLE4">用户登录
</span>================</h4></td>
    </tr>
    <tr>
      <td width="116" height="35">用户名：</td>
      <td width="209"><label>
        <input type="text" name="userName" id="userName" />
      </label></td>
      <td width="291"> </td>
    </tr>
    <tr>
```

```html
      <td height="32">密码：</td>
      <td><label>
        <input type="password" name="passWord" id="passWord" />
      </label></td>
      <td> </td>
    </tr>
    <tr>
      <td> </td>
      <td> </td>
      <td><label>
        <input type="submit" name="button" id="button" value="登录" />
        <input type="reset" name="button2" id="button2" value="重置" />
      </label></td>
    </tr>
    <tr>
      <td colspan="3"> </td>
    </tr>
  </table>
</form>
</body>
</html>
```

运行登录界面如图11.11所示。

图11.11 登录界面

在图11.11中输入用户名和密码,单击"登录"按钮,提交login.jsp处理。

login.jsp：

```jsp
<%@ page language="java" import="pfc.*" pageEncoding="GBK"%>
<html>
<body>
  <%   String name=new String(request.getParameter("userName").getBytes
       ("ISO8859-1"));;
       String passwd=new String(request.getParameter("passWord").getBytes
       ("ISO8859-1"));
```

```
            session.setAttribute("currentUser",name);
            Dao dao=new DB();
            Users user=dao.getUser(name,passwd);
            if(user!=null){
                if(user.getUserName().equals("admin"))
                 response.sendRedirect("index.jsp");
                else
                 response.sendRedirect("User.jsp");
            }
            else
            {
                out.println("对不起，没有找到该用户或密码错误,请重新输入<a href=
                login.html>返回</a>");
            }
        %>
   </body>
</html>
```

在图 11.11 中输入用户名 admin,密码 admin,单击"登录"按钮,提交 login.jsp 处理,重定向到管理员登录界面 index.jsp,如图 11.12 所示。

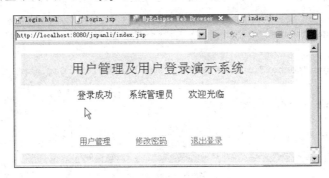

图 11.12　管理员登录界面

index.jsp：

```
<%@ page language="java"  pageEncoding="GBK"%>

<html>
<head>
<style type="text/css">
<!--
.STYLE3 {font-size: 24px}
.STYLE5 {font-size: 14px}
-->
</style>
</head>
```

```html
<body>
<table width="494" border="0" cellspacing="0" cellpadding="0">
  <tr>
    <td height="57" colspan="5" align="center" valign="middle" bordercolor=
    "#66FFCC" bgcolor="#66FFCC" class="STYLE3">用户管理及用户登录演示系统</td>
  </tr>
  <tr>
    <td width="82" height="37"> </td>
    <td width="104" align="center">登录成功</td>
    <td width="101" align="center">系统管理员</td>
    <td width="97" align="center">欢迎光临</td>
    <td width="110"> </td>
  </tr>
  <tr>
    <td height="45" colspan="5"> </td>
  </tr>

  <tr>
    <td height="37"> </td>
    <td align="center"><span class="STYLE5"><a href="UserList.jsp">用户管理
    </a></span></td>
    <td align="center" class="STYLE5"><a href="PwdChange.html">修改密码</a>
    </td>
    <td align="center" class="STYLE5"><a href="loginOut.jsp">退出登录</a>
    </td>
    <td> </td>
  </tr>
  <tr>
    <td height="19" colspan="5" bgcolor="#66FFCC"> </td>
  </tr>
</table>
</body>
</html>
```

在图 11.11 中输入用户名 a,密码 a,单击"登录"按钮,提交 login.jsp 处理,重定向到普通用户登录界面 User.jsp,如图 11.13 所示。

User.jsp:

```html
<%@ page language="java" pageEncoding="GBK"%>
<html>
  <head>
<style type="text/css">
<!--
.STYLE3 {font-size: 24px}
.STYLE5 {font-size: 14px}
```

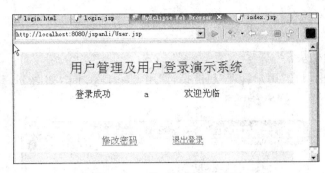

图 11.13 普通用户登录界面

```
-->
</style>
</head>

<body>
<table width="494" border="0" cellspacing="0" cellpadding="0">
  <tr>
    <td height="57" colspan="5" align="center" valign="middle" bordercolor=
    "#66FFCC" bgcolor="#66FFCC" class="STYLE3">用户管理及用户登录演示系统</td>
  </tr>
  <tr>
    <td width="86" height="37"> </td>
    <td width="95" align="center">登录成功</td>
    <td width="94" align="center"><%=session.getAttribute("currentUser")%>
    </td>
    <td width="109" align="center">欢迎光临</td>
    <td width="110"> </td>
  </tr>
  <tr>
    <td height="45" colspan="5"> </td>
  </tr>

  <tr>
    <td height="37"> </td>
    <td colspan="2" align="center"><a href="PwdChange.html">修改密码</a>
    </td>
    <td colspan="2" align="left" class="STYLE5"><a href="loginOut.jsp">退出登
    录</a></td>
  </tr>
  <tr>
    <td height="19" colspan="5" bgcolor="#66FFCC"> </td>
  </tr>
</table>
```

```
</body>
</html>
```

4）用户管理模块

在图 11.12 中单击"用户管理"超链接，调用 UserList.jsp，如图 11.14 所示显示用户管理模块界面。

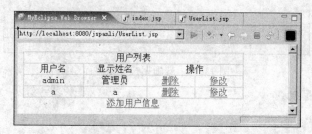

图 11.14　用户管理模块界面

在图 11.14 中，可以删除用户、修改过户和添加用户信息，页面流程图如图 11.15 所示。

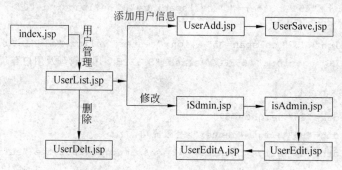

图 11.15　用户管理模块页面流程图

UserList.jsp：

```
<%@ page language="java" import="pfc.*,java.sql.*" pageEncoding="GBK"%>
<html>
<head>
<style type="text/css">
<!--
.STYLE2 {color: #FF0066}
-->
</style>
</head>
<body>
<table width="400" border="1" cellpadding="0" cellspacing="0" bordercolor=
"#33FF00">
  <tr>
    <td colspan="4" align="center" valign="middle">用户列表</td>
  </tr>
```

```
  <tr>
    <td width="108" align="center" valign="middle">用户名</td>
    <td width="113" align="center">显示姓名</td>
    <td colspan="2" align="center">操作</td>
  </tr>
<%
Dao dao=new DB();
ResultSet set=dao.getAll();
while(set.next()){

%>
  <tr>
    <td align="center"><%=set.getString("userName")%></td>
    <td align="center"><%=set.getString("name")%></td>
    <td align="center"><a href="UserDelt.jsp? id=<%=set.getInt("id")%>
    " onclick="javascript:return confirm('true');">删除</a></td>
    <td align="center"><a href="iSdmin.jsp? id=<%=set.getInt("id")%>">修改
    </a></td>
  </tr>
<%}%>
</table>
<table width="400" border="0" cellspacing="0" cellpadding="0">
  <tr>
    <td align="center" valign="middle"><span class="STYLE2"><a href=
    "UserAdd.jsp">添加用户信息</a></span></td>
  </tr>
</table>
</body>
</html>
```

在图 11.14 中,在"a"用户操作一栏单击"删除"超链接,到 UserDelt.jsp 执行。弹出删除确认界面,如图 11.16 所示,单击"确定"按钮,删除成功。

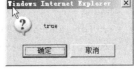

图 11.16 删除确认界面

UserDelt.jsp：

```
<%@ page language="java" import="pfc.*" pageEncoding="GBK"%>
<html>
<body>

<%
int k;
int id=Integer.parseInt(request.getParameter("id"));

    Dao u=new DB();
```

```
        k=u.deleteUser(id);
        if(k>0){
            out.println("删除成功<a href=UserList.jsp>返回</a>");
            }
        else
        {
            out.println("操作失败<a href=UserList.jsp>返回</a>");
        }
    %>
</body>
</html>
```

在图 11.14 中,单击"添加用户信息"超链接,执行 UserAdd.jsp。如图 11.17 所示,允许添加用户信息。

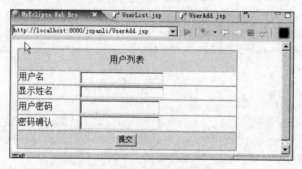

图 11.17 添加用户信息

UserAdd.jsp:

```
<%@ page language="java"  pageEncoding="GBK"%>
<html>
<head>
<script language="javascript">
  function Allcheck()
  {
  var T=true;
  if(form1.userName.value=="")
  {
  alert("用户名不能为空");
  document.form1.userName.focus();
  T=false;
  }
   if(form1.name.value=="")
  {
  alert("显示姓名不能为空");
  document.form1.name.focus();
  T=false;
```

```
            }
            if(form1.passWord1.value=="")
            {
            alert("密码不能为空");
            document.form1.passWord1.focus();
            T=false;
            }
            if(form1.passWord2.value=="")
            {
            alert("密码不能为空");
            document.form1.passWord2.focus();
            T=false;
            }
            return T;
            }
            </script>
</head>

    <body>
    <form id="form1" name="form1" method="post" onsubmit="return Allcheck();" action="UserSave.jsp">
      <table width="400" border="1" cellspacing="0" cellpadding="0">
        <tr>
          <td height="38" colspan="2" align="center" valign="middle" bgcolor="#33FF00">用户列表</td>
        </tr>
        <tr>
          <td width="112">用户名</td>
          <td width="282" bordercolor="#CCCCCC"><label>
            <input type="text" name="userName" id="userName" />
          </label></td>
        </tr>
        <tr>
          <td>显示姓名</td>
          <td><label>
            <input type="text" name="name" id="name" />
          </label></td>
        </tr>
        <tr>
          <td>用户密码</td>
          <td><label>
            <input type="password" name="passWord1" id="passWord1" />
          </label></td>
        </tr>
```

```
      <tr>
        <td>密码确认</td>
        <td><label>
          <input type="password" name="passWord2" id="passWord2" />
        </label></td>
      </tr>
      <tr>
        <td height="32" colspan="2" align="center" valign="middle" bgcolor=
        "#33FF00"><label>
          <input type="submit" name="button" id="button" value="提交" />
        </label></td>
      </tr>
    </table>
  </form>
</body>
</html>
```

在图 11.17 中,输入数据,单击"提交"按钮,调用 UserSave.jsp,添加用户信息成功,如图 11.18 所示。

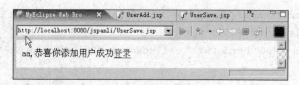

图 11.18 添加用户信息成功界面

UserSave.jsp:

```
<%@ page language="java" import="pfc.*" pageEncoding="GBK"%>
<html>
<body>
    <%  String userName=new String(request.getParameter("userName").getBytes
        ("ISO8859-1"));
        String passwd=request.getParameter("passWord1");
        String name=new String(request.getParameter("name").getBytes
        ("ISO8859-1"));
        Dao dao=new DB();
        Users u=new Users();
        Users user=dao.getUser(name,passwd);

        if(user!=null){
            out.println("对不起,该用户已经存在,请重新添加用户<a href=
            UserAdd.jsp>返回</a>");
        }
        else
```

```
            {
                u.setUserName(userName);
                u.setPassWord(passwd);
                u.setName(name);
                if(dao.addUser(u)){
                   out.print(u.getUserName()+",恭喜你添加用户成功<a href=
                   login.html>登录</a>");
                   }
                else{
                out.print("对不起,注册失败 <a href=UserAdd.jsp>返回</a>");
                }

            }
        %>
    </body>
</html>
```

在图 11.14 中,在"aa"用户操作一栏单击"修改"超链接,到 iSdmin.jsp 执行,如图 11.19 所示,要求用户身份验证。

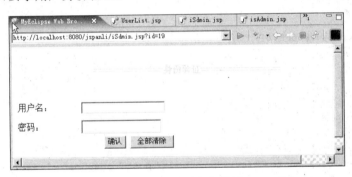

图 11.19 用户身份验证

iSdmin.jsp:

```
<%@ page language="java"  pageEncoding="GBK"%>
<%
 String id=request.getParameter("id");
 session.setAttribute("id",id);
 %>

<html>
<head>
<script language="javascript">
  function Allcheck()
  {
  var T=true;
```

```
            if(form1.userName.value=="")
            {
            alert("用户名不能为空");
            document.form1.userName.focus();
            T=false;
            }
            else if(form1.passWord.value=="")
            {
            alert("密码不能为空");
            document.form1.passWord.focus();
            T=false;
            }
            return T;
            }
           </script>
<style type="text/css">
<!--
.STYLE3 {
    color: #33FFCC
}
.STYLE4 {color: #66FF66}
-->
</style>
</head>

<body>

<form id="form1" name="form1" method="post" onsubmit="return Allcheck();" action="isAdmin.jsp">
  <table width="616" border="0" cellpadding="0" cellspacing="0" bgcolor="#EFF4F8">
    <tr>
      <td height="76" colspan="3" bgcolor="#EFF4F8"><h4 align="center" class="STYLE3">==============<span class="STYLE4">身份验证</span>===============</h4></td>
    </tr>
    <tr>
      <td width="116" height="35">用户名：</td>
      <td width="209"><label>
        <input type="text" name="userName" id="userName" />
      </label></td>
      <td width="291"> </td>
    </tr>
    <tr>
```

```
        <td height="32">密码：</td>
        <td><label>
          <input type="password" name="passWord" id="passWord" />
        </label></td>
        <td> </td>
      </tr>
      <tr>
        <td> </td>
        <td align="center"><label>
          <input type="submit" name="button" id="button" value="确认" />
        </label>
        <label>
          <input type="reset" name="button2" id="button2" value="全部清除" />
        </label></td>
        <td><label></label></td>
      </tr>
      <tr>
        <td colspan="3"> </td>
      </tr>
    </table>
  </form>
</body>
</html>
```

在图11.19中，输入用户名和密码单击"确认"按钮，到isAdmin.jsp执行，如果输入用户名为"admin"，重定向到UserEdit.jsp执行，如图11.20所示。

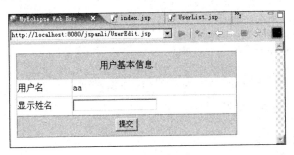

图11.20 修改用户显示姓名

isAdmin.jsp：

```
<%@ page language="java" import="pfc.*" pageEncoding="GBK"%>
<html>
<body>
  <%  String name=request.getParameter("userName");
      String passwd=request.getParameter("passWord");
      Dao dao=new DB();
```

```jsp
            Users user=dao.getUser(name,passwd);
            if(user!=null){
               if(user.getUserName().equals("admin"))
                  response.sendRedirect("UserEdit.jsp");
               else
                  out.println("对不起,你没有修改权限,请与管理员联系 <a href=login.
                  html>返回</a>");
            }
            else
            {
                out.println("对不起,没有找到该用户或密码错误,请重新输入<a href=
                login.html>返回</a>");
            }
      %>
  </body>
</html>
```

UserEdit.jsp：

```jsp
<%@ page language="java" import="pfc.*" pageEncoding="GBK"%>
<%!int k;%>
<%
int id=Integer.parseInt((String)session.getAttribute("id"));
Dao dao=new DB();
Users user=dao.getUsers(id);
%>
<html>
  <head>
   <script language="javascript">
   function Allcheck()
   {
   var T=true;
   if(form1.nane.value=="")
   {
   alert("密码不能为空");
   document.form1.name.focus();
   T=false;
   }
   return T;
   }
   </script>
  </head>

  <body>
<form id="form1" name="form1" method="post" onsubmit="return Allcheck();"
```

```html
    action="UserEditA.jsp">
      <table width="400" border="1" cellspacing="0" cellpadding="0">
        <tr>
          <td height="46" colspan="2" align="center" valign="middle" bgcolor=
          "#CCCCCC">用户基本信息</td>
        </tr>
        <tr>
          <td width="99" height="30" bordercolor="#33FF00">用户名</td>
          <td width="295" bordercolor="#33FF00"><%=user.getName()%></td>
        </tr>
        <tr>
          <td height="34" bordercolor="#33FF00">显示姓名</td>
          <td bordercolor="#33FF00"><label>
            <input type="text" name="name" id="name" />
          </label></td>
        </tr>
        <tr>
          <td height="37" colspan="2" align="center" valign="middle" bgcolor=
          "#CCCCCC"><label>
            <input type="submit" name="button" id="button" value="提交" />
          </label></td>
        </tr>
      </table>
    </form>
  </body>
</html>
```

在图 11.20 显示姓名文本框中输入"王永茂",单击"提交"按钮,到 UserEditA.jsp 执行,修改操作成功。

UserEditA.jsp：

```jsp
<%@ page language="java" import="pfc.*" pageEncoding="GBK"%>
<html>
  <body>
    <%
int k;
int id=Integer.parseInt((String)session.getAttribute("id"));
String name=new String(request.getParameter("name").getBytes("ISO8859-1"));
Dao dao=new DB();
k=dao.updateUser(id,name);
if(k>0)
out.println("修改操作成功 <a href=UserList.jsp>返回</a>");
else
out.println("修改操作失败 <a href=UserList.jsp>返回</a>");
%>
```

```
</body>
</html>
```

5）修改密码模块

修改密码模块页面流程如图 11.21 所示。

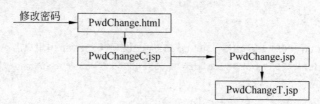

图 11.21　修改密码模块页面流程图

在图 11.12 单击"修改密码"超链接，到 PwdChange.html 执行，如图 11.22 所示。

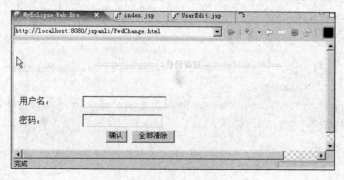

图 11.22　用户身份验证

PwdChange.html：

```
<html>
<head>
<title>无标题文档</title>
<style type="text/css">
<!--
.STYLE3 {
    color: #33FFCC
}
.STYLE4 {color: #66FF66}
-->
</style>
<script language="javascript">
  function Allcheck()
  {
  var T=true;
  if(form1.userName.value=="")
  {
```

```
            alert("用户名不能为空");
            document.form1.userName.focus();
            T=false;
            }
            else if(form1.passWord.value=="")
            {
            alert("密码不能为空");
            document.form1.passWord.focus();
            T=false;
            }
            /*
            else
            {
            document.write("");
            }
            */
            return T;
            }
            </script>
</head>

<body>

<form id="form1" name="form1" method="post" onsubmit="return Allcheck();" action="PwdChangeC.jsp">
  <table width="616" border="0" cellpadding="0" cellspacing="0" bgcolor="#EFF4F8">
    <tr>
      <td height="76" colspan="3" bgcolor="#EFF4F8"><h4 align="center" class="STYLE3">==============<span class="STYLE4">身份验证</span>===============</h4></td>
    </tr>
    <tr>
      <td width="116" height="35">用户名：</td>
      <td width="209"><label>
        <input type="text" name="userName" id="userName" />
      </label></td>
      <td width="291"> </td>
    </tr>
    <tr>
      <td height="32">密码：</td>
      <td><label>
        <input type="password" name="passWord" id="passWord" />
      </label></td>
```

```html
        <td> </td>
      </tr>
      <tr>
        <td> </td>
        <td align="center"><label>
          <input type="submit" name="button" id="button" value="确认" />
        </label>
        <label>
          <input type="reset" name="button2" id="button2" value="全部清除" />
        </label></td>
        <td><label></label></td>
      </tr>
      <tr>
        <td colspan="3"> </td>
      </tr>
    </table>
  </form>
</body>
</html>
```

在图 11.22 中输入用户名 admin，密码 admin，单击"确认"按钮，到 PwdChangeC.jsp 执行。

PwdChangeC.jsp：

```jsp
<%@ page language="java" import="pfc.*" pageEncoding="GBK"%>
<html>
<body>
    <%   String userName=request.getParameter("userName");
         String passwd=request.getParameter("passWord");
         Dao dao=new DB();
         session.setAttribute("userName",userName);
         Users user=dao.getUser(userName,passwd);
         if(user!=null){
             response.sendRedirect("PwdChange.jsp");
         }
         else
         {
             out.println("对不起，没有找到该用户或密码错误,请重新输入<a href=
             login.html>返回</a>");
         }
     %>
</body>
</html>
```

如果输入用户存在，重定向到 PwdChange.jsp，如图 11.23 所示。

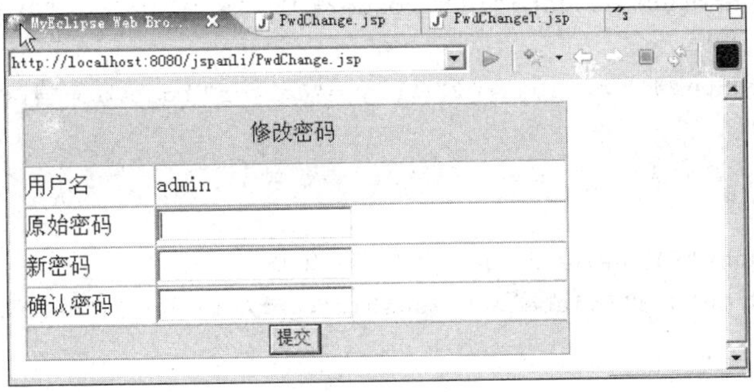

第11章 BBS论坛

图 11.23 修改密码

PwdChange.jsp：

```
<%@ page language="java" pageEncoding="GBK" %>
<html>
<head>
<script language="javascript">
  function Allcheck()
  {
  var T=true;
  if(form1.passWord.value=="")
  {
  alert("密码不能为空");
  document.form1.passWord.focus();
  T=false;
  }
  if(form1.passWord1.value=="")
  {
  alert("密码不能为空");
  document.form1.passWord1.focus();
  T=false;
  }
  if(form1.passWord2.value=="")
  {
  alert("密码不能为空");
  document.form1.passWord2.focus();
  T=false;
  }
  return T;
  }
  </script>
</head>
<body>
<form id="form1" name="form1" method="post"  onsubmit="return Allcheck();" action="PwdChangeT.jsp">
```

```
        <table width="400" height="182" border="1" cellpadding="0" cellspacing="0">
          <tr>
            <td height="41" colspan="2" align="center" bgcolor="#CCCCCC">修改密码
            </td>
          </tr>
          <tr>
            <td width="94" height="30">用户名</td>
            <td width="300"><label><%=session.getAttribute("userName")%></label>
            </td>
          </tr>
          <tr>
            <td height="29">原始密码</td>
            <td><label>
              <input type="password" name="passWord" id="passWord" />
            </label></td>
          </tr>
          <tr>
            <td height="28">新密码</td>
            <td><label>
              <input type="password" name="passWord1" id="passWord1" />
            </label></td>
          </tr>
          <tr>
            <td height="26">确认密码</td>
            <td><label>
              <input type="password" name="passWord2" id="passWord2" />
            </label></td>
          </tr>
          <tr>
            <td colspan="2" align="center" bgcolor="#CCCCCC"><label>
              <input type="submit" name="button" id="button" value="提交" />
            </label></td>
          </tr>
        </table>
    </form>
  </body>
</html>
```

在图 11.23 中，输入原始密码"admin"，新密码"aa"，单击"提交"按钮，执行 PwdChangeT.jsp，修改成功。

PwdChangeT.jsp：

```
<%@ page language="java" import="pfc.*" pageEncoding="GBK"%>
<html>
<body>
  <%int i=0;%>
```

```
<%String name= (String)session.getAttribute("userName");
String passwd=new String(request.getParameter("passWord").getBytes
("ISO8859-1"));
String passwd1=new String(request.getParameter("passWord1").getBytes
("ISO8859-1"));
String passwd2=new String(request.getParameter("passWord2").getBytes
("ISO8859-1"));
Dao dao=new DB();
Users user=dao.getUser(name,passwd);
//i=dao.updateUserPw(name,passwd1);
if(passwd1.equals(passwd2))
{
    if(user!=null){
        i=dao.updateUserPw(name,passwd1);
        if(i>0){out.println("修改成功 <a href=User.jsp>返回</a>");
        }
        else{out.println("密码修改不成功  <a href=PwdChange.jsp>返回
        </a>");
        }
    }
    else{out.println("输入用户不存在,请重新输入 <a href=
    PwdChange.jsp>返回</a>");
    }
}
else{
out.println("两次输入的密码不一致,请重新输入 <a href=PwdChange.jsp>返回
</a>");
}
%>
</body>
</html>
```

6) 退出登录模块

退出登录模块页面流程如图 11.24 所示。

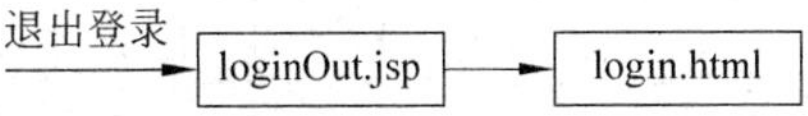

在图 11.12 中单击"退出登录"超链接,调用 loginOut.jsp,重定向到 login.html。

图 11.24 退出登录模块页面流程图

loginOut.jsp:

```
<%@ page language="java"  pageEncoding="gbk"%>
<html>
<body>
<%
session.invalidate();
response.sendRedirect("login.html");
%>
```

```
</body>
</html>
```

11.10.2 实训项目2——PFC购书网

1. 需求分析

（1）只允许图书管理员添加和修改图书信息，查看、修改、删除注册用户，查看、删除订单，修改订单付款状态和发货状态。

（2）注册时需要输入基本信息，注册用户可以修改个人基本信息。

（3）注册用户登录后，可以任意选书，输入购买数量，修改购买数量，删除已选择的图书，取消购买，提交购买下达订单确认一次购买成功。

（4）购书后可以查看订单付款状态和发货状态。

2. 系统分析设计

1）功能模块分析

前台用户模块主要实现注册用户浏览图书和购买图书功能。

后台管理模块针对管理员实现其对系统的管理功能，如图11.25所示。

2）数据库结构设计

（1）数据库逻辑结构设计。

由图11.25可见，PFC购书网服务对象有两类，即管理员和注册用户。因此首先需要如下两个数据实体。

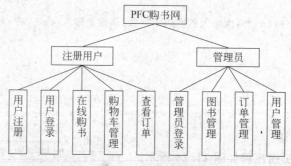

图11.25 功能模块结构

① 管理员数据实体：记录管理员用户名和密码。

② 注册用户数据实体：用户名、密码、真实姓名、性别、联系地址、邮编、电话、电子邮箱等信息，这些信息用户自己维护，管理员可以根据这些信息了解用户。

在购书网上，图书自然是最重要的，这就需要如下两个数据实体。

① 图书类别数据实体：包括类别名称和编号。

② 图书信息数据实体：包括图书名、作者、出版社、书号、定价、总数量、图书简介、图书类别。这些数据由管理员录入和维护，供用户选书时进行浏览。

对于购书网来说，需要随时记录和更新顾客的购买信息，需要如下两个数据实体。

① 用户订单数据实体：包括用户身份编号、订单的编号、订单的名称、下订单日期、

付款状态、发货状态、管理员可根据实际状况修改部分状态信息,用户可随时查看订单状态信息。

② 订单图书数据实体:记录所有订单包含图书信息,包括订单编号、图书编号。

这6个数据实体如图11.26所示。

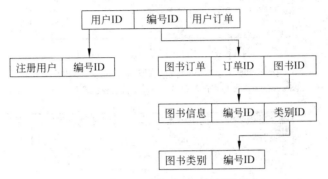

图 11.26　数据库的逻辑结构

(2) 创建数据库。

数据库命名 dbhouse,创建表如图11.27～图11.32所示。

列名	数据类型	长度	允许空
AdminUser	varchar	20	√
AdminPass	varchar	50	√

图 11.27　管理员表(My_BookAdminUser)

列名	数据类型	长度	允许空
Id	int	4	
UserName	varchar	20	
PassWord	varchar	50	
[Names]	varchar	20	√
Sex	varchar	2	√
Address	varchar	150	√
Phone	varchar	25	√
Post	varchar	8	√
Email	varchar	50	√
RegTime	datetime	8	√
RegIpAddress	varchar	20	√

图 11.28　注册用户表(My_Users)

注:UserName 为购物用户名,[Names]为用户联系用的姓名。

列名	数据类型	长度	允许空
Id	int	4	
ClassName	varchar	30	

图 11.29　图书类别表(My_BookClass)

列名	数据类型	长度	允许空
Id	int	4	
BookName	varchar	40	
BookClass	int	4	
Author	varchar	25	√
Publish	varchar	150	√
BookNo	varchar	30	√
Content	varchar	4000	√
Prince	float	8	√
Amount	int	4	√
Leav_number	int	4	√
RegTime	datetime	8	

图 11.30　图书信息表(My_Book)

注:Prince 为书的价钱。

列名	数据类型	长度	允许空
Id	int	4	
IndentNo	varchar	20	
UserId	int	4	
SubmitTime	datetime	8	
ConsignmentTime	varchar	20	✓
TotalPrice	float	8	
content	varchar	400	✓
IPAddress	varchar	20	✓
IsPayoff	int	4	✓
IsSales	int	4	✓

图 11.31 用户-订单表(My_Indent)

注：ConsignmentTime 为交货时间，Content 为用户备注，IsPayoff 为用户是否已经付款，IsSalse 为是否已发货。

列名	数据类型	长度	允许空
Id	int	4	
IndentNo	int	4	
BookNo	int	4	
Amount	int	4	✓

图 11.32 订单-图书表(My_IndentList)

注：Amount 为订货数量。

3．界面设计

1) 用户注册

用户注册后才能在此网络书店系统上购书。用户注册界面输入的个人信息要添加到数据库用户表(My_Users)中，如图 11.33 所示。

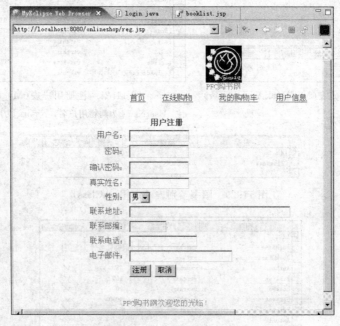

图 11.33 用户注册界面

2) 用户登录

登录时，输入用户名和密码，系统根据数据库用户表(My_Users)中的记录核实用户

如果某文件资源没有找到,服务器要报 404 错误,按上述配置则会调用\webapps\ROOT\notFileFound.jsp。如果执行的某个 JSP 文件产生 NullPointerException,则会调用\webapps\ROOT\null.jsp(响应状态码,在百度搜索 HttpStatusCode 可查到)。

3. 会话超时的设置

设置 session 的过期时间,单位是分钟。

```
<session-config>
  <session-timeout>30</session-timeout>
</session-config>
```

4. 过滤器的设置

```
<filter>
  <filter-name>FilterSource</filter-name>
  <filter-class>project4.FilterSource</filter-class>
</filter>
<filter-mapping>
  <filter-name>FilterSource</filter-name>
  <url-pattern>/WwwServlet</url-pattern>
  (<url-pattern>/haha/*</url-pattern>)
</filter-mapping>
```

过滤:

(1) 身份验证的过滤 Authentication Filters。
(2) 日志和审核的过滤 Logging and Auditing Filters。
(3) 图片转化的过滤 Image conversion Filters。
(4) 数据压缩的过滤 Data compression Filters。
(5) 加密过滤 Encryption Filters。
(6) Tokenizing Filters。
(7) 资源访问事件触发的过滤 Filters that trigger resource access events。
(8) XSL/T 过滤 XSL/Tfilters。
(9) 内容类型的过滤 Mime-type chain Filter。

注意监听器的顺序,如先安全过滤,然后资源过滤,内容类型过滤等,这个顺序可以用户自己确定,但最好要合理。

A.3　安装和配置 MyEclipse

A.3.1　配置 JDK

(1) 选择 Window 菜单下 Preferences,弹出 Preferences 窗口,单击 Java 选项下的 Installed JREs,如图 A.9 所示。

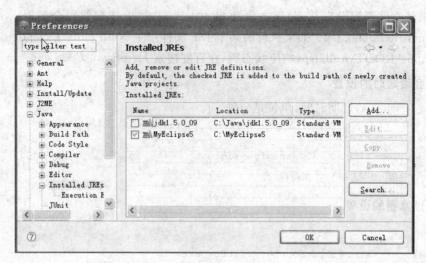

图 A.9　Preferences 窗口

(2) 单击 Add 按钮,弹出图 A.10 所示的对话框。

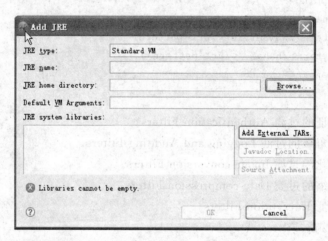

图 A.10　Add JRE 对话框(一)

(3) 单击 Browse 按钮,选择 JRE home directory 的安装位置,本机为 C:\Java\jdk1.5.0_09,结果如图 A.11 所示,单击 OK 按钮,配置完毕。

A.3.2　配置服务器

(1) 选择 Window 菜单下的 Preferences,弹出 Preferences 对话框,单击 MyEclipse/Application Servers/Tomcat 5 选项,选中 Enable 单选按钮,单击 Browse 按钮,选择 Tomcat Home Directory,如图 A.12 所示,单击 OK 按钮。

(2) 单击 Tomcat 5 选项下的 JDK 项,如图 A.13 所示,配置 JDK。

输入的登录信息合法后,用户才能登录此系统,如图11.34所示。

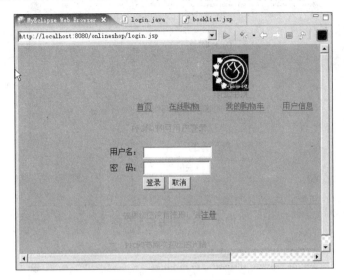

图 11.34　用户登录界面

3）用户在线购书

用户在线购书界面如图11.35所示。

图 11.35　图书列表界面

在图11.35中,单击"详细资料"超链接,查看图书详细信息,如图11.36所示。

在图11.36中,单击"购买"超链接,即可将图书添加到购物车,购买图书界面如图11.37所示。

4）用户查看订单

用户选完图书后,提交购物车结账。用户要能查看购物车里自己选了哪些图书,图书

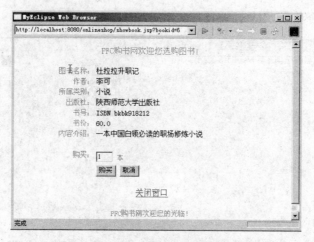

图 11.36 图书信息界面

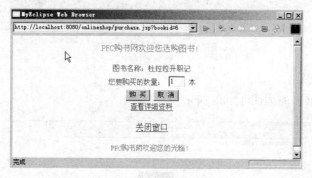

图 11.37 购买图书界面

数量和图书相关信息,还要能删除已选图书、提交购物车和清空购物车操作。购物车管理界面如图 11.38 所示。

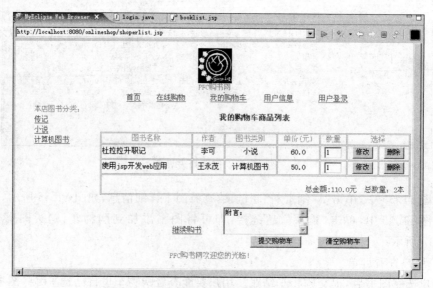

图 11.38 用户信息界面

用户提交购物车后,系统自动生成订单。订单由管理员管理,用户可以查看自己下达订单的信息。订单查看界面如图 11.39 所示。

图 11.39　查看订单界面

5）购物网站首页

购物网站首页如图 11.40 所示。

图 11.40　购物网站首页

6）管理员登录

在首页单击"网站管理",进入管理员登录界面,如图 11.41 所示。

7）图书管理

在图 11.41 中输入用户名 admin 和密码 admin,单击"登录"按钮,结果如图 11.42 所示。

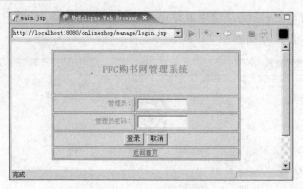

图 11.41　管理员登录界面

图 11.42　管理员查看订单界面

在图 11.42 中，单击"商店图书查询"超链接，结果如图 11.43 所示。

图 11.43　管理员查看图书情况界面

在图11.43中,单击"添加图书资料"超链接,结果如图11.44所示。

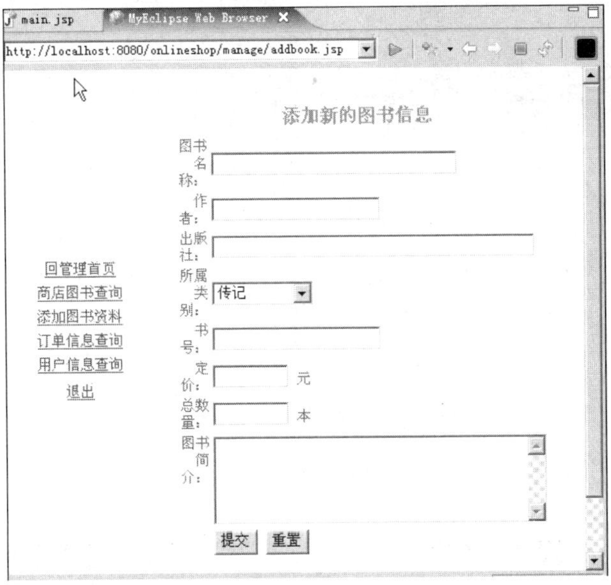

图11.44 添加图书界面

8)订单管理

在图11.44中,单击"订单信息查询"超链接,结果如图11.45所示。

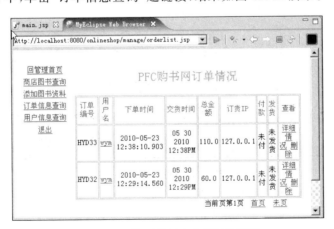

图11.45 管理员再次查看订单界面

在图11.45中,单击"详细情况"超链接,结果如图11.46所示。

9)用户管理

在图11.45中,单击"用户信息查询"超链接,结果如图11.47所示。

4. 代码实现

1)通用模块

(1)将连接数据库操作封装成一个类DBConnectionManager.java。

DBConnectionManager.java:

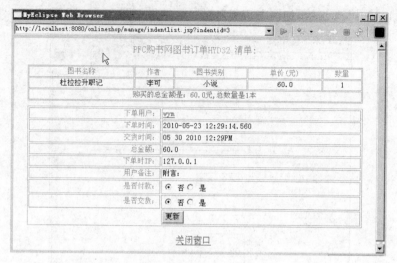

图 11.46 管理员查看图书订单详细信息界面

图 11.47 管理员查看用户情况界面

```
package org.pan.util;
import java.sql.*;
public class DBConnectionManager {
    private String driverName ="sun.jdbc.odbc.JdbcOdbcDriver";
    private String url ="jdbc:odbc:Myhousedb";
    private String user ="sa";
    private String password ="";
    public void setDriverName(String newDriverName) {
        driverName =newDriverName;
    }
    public String getDriverName() {
```

```java
        return driverName;
    }

    public void setUrl(String newUrl) {
        url = newUrl;
    }
    public String getUrl() {
        return url;
    }
    public void setUser(String newUser) {
        user = newUser;
    }
    public String getUser() {
        return user;
    }
    public void setPassword(String newPassword) {
        password = newPassword;
    }
    public String getPassword() {
        return password;
    }

    public Connection getConnection() {
        try {
            Class.forName(driverName);
            return DriverManager.getConnection(url, user, password);
        } catch (Exception e) {
            e.printStackTrace();
            return null;
        }
    }
}
```

（2）把对数据库进行的各种操作封装到一个 DataBase.java 类中。
DataBase.java：

```java
package org.pan.web;
import java.sql.*;
import org.pan.util.*;
public class DataBase {
    protected Connection conn = null;
    protected Statement stmt = null;
    protected ResultSet rs = null;
    protected PreparedStatement prepstmt = null;
```

```java
        protected String sqlStr;
        protected boolean isConnect=true;

        public DataBase() {
            try
            {
                sqlStr ="";
                DBConnectionManager dcm =new DBConnectionManager();
                conn =dcm.getConnection();
                stmt =conn.createStatement();
            }
            catch (Exception e)
            {
                System.out.println(e);
                isConnect=false;
            }

        }

        public Statement getStatement() {
            return stmt;
        }

        public Connection getConnection() {
            return conn;
        }

        public PreparedStatement getPreparedStatement() {
            return prepstmt;
        }

        public ResultSet getResultSet() {
            return rs;
        }

        public String getSql() {
            return sqlStr;
        }

        public boolean execute() throws Exception  {
            return false;
        }

        public boolean insert() throws Exception {
```

```
        return false;
    }

    public boolean update() throws Exception  {
        return false;
    }

    public boolean delete() throws Exception  {
        return false;
    }
    public boolean query() throws Exception {
        return false;
    }

    public void close() throws SQLException {
        if ( stmt !=null )
        {
            stmt.close();
            stmt =null;
        }
        conn.close();
        conn =null;
    }

}
```

2) 用户注册

用户注册界面是 reg.jsp 文件。

3) 用户登录

用户登录界面是 login.jsp 文件。

4) 用户在线购书

图书列表界面是 booklist.jsp 文件。

图书信息界面是 showbook.jsp 文件。

购买图书界面是 purchase.jsp 文件。

5) 用户查看订单

用户信息界面是 userinfo.jsp 文件。

查看订单界面是 showindent.jsp 文件。

6) 管理员登录

管理员登录界面是 manage/login.jsp 文件。

7) 图书管理

添加图书界面是 manage/addbook.jsp 文件。

查看图书列表界面是 manage/booklist.jsp 文件。

查看图书信息界面是 manage/showbook.jsp 文件。

修改图书资料界面是 manage/modibook.jsp 文件。

8）订单管理

查看订单列表界面是 manage/orderlist.jsp 文件。

查看订单详情界面是 manage/indentlist.jsp 文件。

9）管理用户

查看用户列表界面是 manage/userlist.jsp 文件。

查看用户详细信息是 manage/showuser.jsp 文件。

上述 2)～9)中文件的具体代码在此省略（代码可以在清华大学出版社网站上下载）。

附录 A JSP 程序的运行环境

A.1 安装和配置 JDK

A.1.1 安装 JDK

JDK 5.0 下载地址为 http://java.sun.com，版本可以自己选择。假定把 JDK 安装在 C:\Java 目录下。

A.1.2 配置 JDK 环境变量

（1）右击"我的电脑"图标，单击"属性"→"高级"→"环境变量"，修改系统变量 Path 的值，增加"C:\Java\jdk1.5.0_09\bin;"等项，各项之间以分号间隔，如图 A.1 所示。

（2）之后修改系统变量 classpath 的值，增加";C:\Java\jdk1.5.0_09\lib;"等项，各项之间以分号间隔，如图 A.2 所示。

图 A.1 设置系统变量 Path

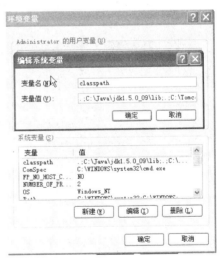

图 A.2 设置系统变量 classpath

（3）在命令行窗口中，输入 java -version 并按 Enter 键，如图 A.3 所示，表明 JDK 配置正确。

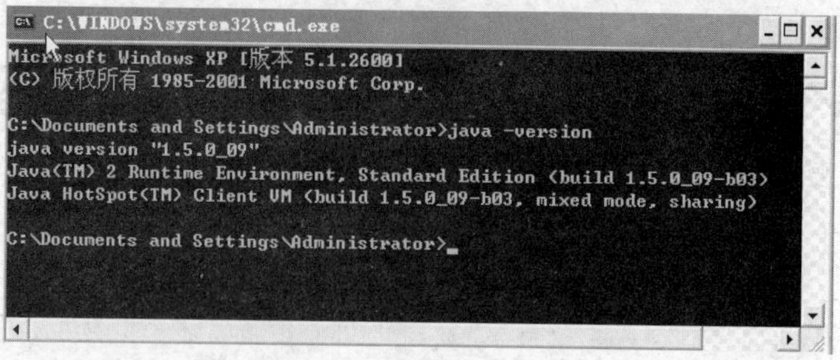

图 A.3　命令窗口

A.2　Tomcat 简介

Tomcat 是 jakarta 项目中的一个重要的子项目,是 Sun 公司推荐的运行 Servlet 和 JSP 的容器,其源代码是完全公开的。

A.2.1　获取 Tomcat 安装程序包

登录 http://jakarta.apache.org,单击 Ex-jakarta 选项下的 Tomcat,链接到 http://tomcat.apache.org,单击 Download 选项下的 Tomcat 5.5,链接到 http://tomcat.apache.org/download-55.cgi,如图 A.4 所示。

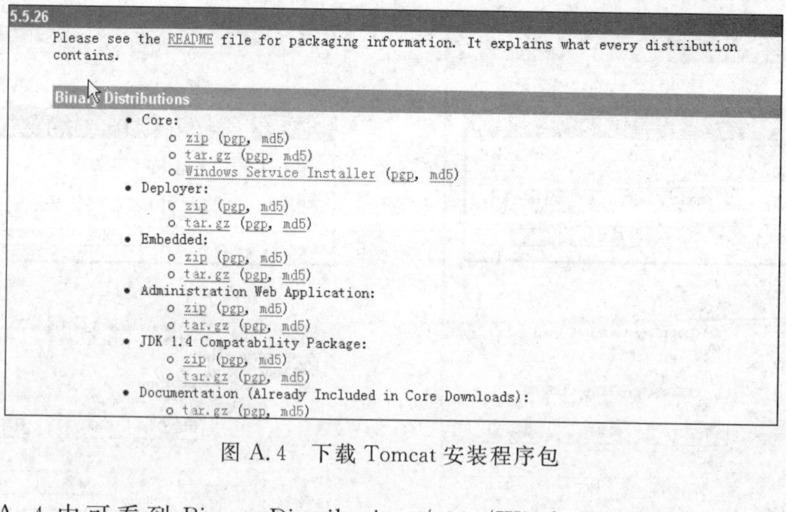

图 A.4　下载 Tomcat 安装程序包

从图 A.4 中可看到 Binary Distributions/core/Windows Services Installer（pgp,md5）,单击它下载。

A.2.2　安装

在使用 apache-tomcat-5.5.26.exe 安装 Tomcat 之前,计算机上必须安装有 J2SE 5.0 的 JRE(Java Runtime Environment,Java 运行时环境)部分,在 apache-tomcat-5.5.26.

exe 程序安装过程中,它会自动寻找 J2SE 5.0 的 JRE 主目录位置,并提示用户确认。

A.2.3　Tomcat 的子目录

(1) bin:放置 Tomcat 可执行文件和脚本执行文件。
(2) conf:放置 Tomcat 的配置文件(server.xml 和 web.xml)。
(3) logs:放置 Tomcat 的日志记录文件。
(4) webapps:Web 应用程序的主要发布目录。
(5) work:Tomcat 工作目录,JSP 文件翻译成的 Servlet 源文件和 class 文件放置在这里。
(6) common/lib:放置 Tomcat 运行需要的库文件(JARS)。

A.2.4　Tomcat 的启动和停止

1. 使用 Tomcat 5 快捷菜单

单击"开始"→"程序"→Apache Tomcat 5.5→Monitor Tomcat,在任务栏右下角出现 Apache Tomcat 图标,双击该图标,弹出图 A.5 所示对话框。

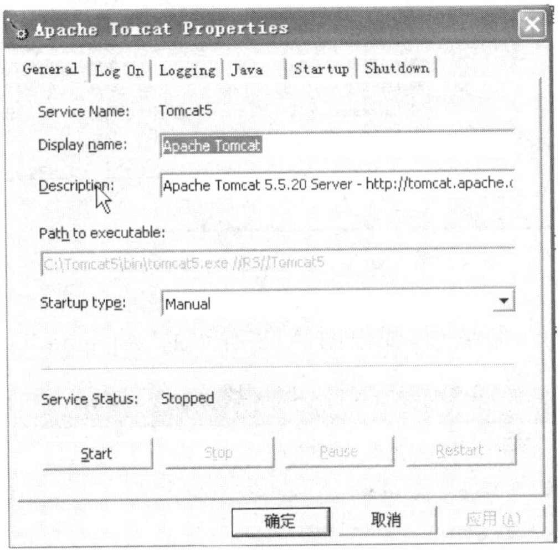

图 A.5　启动 Tomcat 的对话框

单击 Start 按钮,启动 Tomcat。在任务栏右下角 Apache Tomcat 图标变为,启动后,单击 Stop 按钮,停止 Tomcat。

如果 Tomcat 服务程序正常启动,在浏览器地址栏中输入 http://localhost:8080,就可显示图 A.6 所示页面。

2. 使用 Tomcat.exe

双击 Tomcat 5 安装目录/bin/tomcat5.exe,启动 Tomcat。
停止 Tomcat,只需按 Ctrl+C 键。

3. 使用 Tomcat 服务程序

单击"开始"→"程序"→"管理工具"→"服务",弹出图 A.7 所示窗口。

图 A.6　Tomcat 服务程序启动后界面

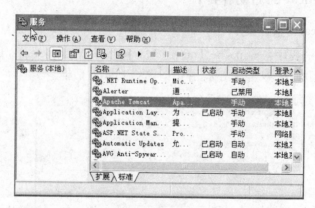

图 A.7　"服务"窗口

双击 Apache Tomcat 服务项,弹出图 A.8 所示的"Apache Tomcat 的属性"对话框。

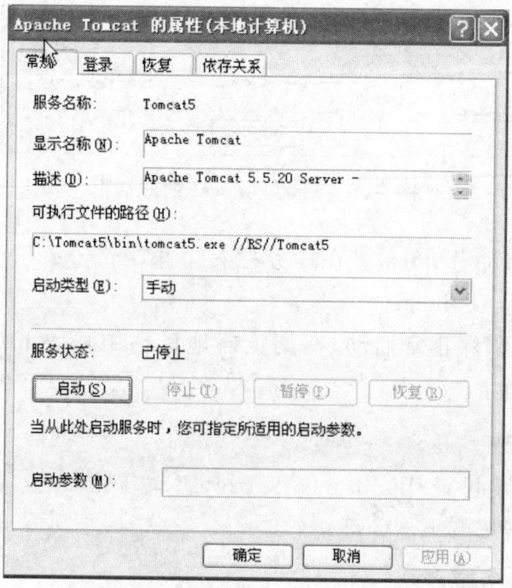

图 A.8　"Apache Tomcat 的属性"对话框

单击"启动"按钮,启动 Tomcat;单击"停止"按钮,停止 Tomcat。

A.2.5　server.xml 配置简介

```xml
<!--server.xml -->
<Server port="8005" shutdown="SHUTDOWN">
  <Service name="Catalina">
    <Connector
    port="8080"
    maxHttpHeaderSize="8192"
    maxThreads="150" minSpareThreads="25" maxSpareThreads="75"
    enableLookups="false" redirectPort="8443" acceptCount="100"
    connectionTimeout="20000" disableUploadTimeout="true" />
    <Engine name="Catalina" defaultHost="localhost">
     <Host name="localhost" appBase="webapps"
     unpackWARs="true" autoDeploy="true"
     xmlValidation="false" xmlNamespaceAware="false">
        <Context path="" docBase="." debug="0"/>
     </Host>
     <Host name="site1" appBase="d:\virtualHost1"
     unpackWARs="true" autoDeploy="true"
     xmlValidation="false" xmlNamespaceAware="false">
        <Context path="" docBase="." debug="0"/>
     </Host>
     <Host name="site2" appBase="d:\virtualHost2"
     unpackWARs="true" autoDeploy="true"
     xmlValidation="false" xmlNamespaceAware="false">
        <Context path="" docBase="." debug="0"/>
     </Host>
    </Engine>
  </Service>
</Server>
```

(1) server:
- port 指定一个端口,这个端口负责监听关闭 Tomcat 的请求。
- shutdown 指定向端口发送的命令字符串。

(2) service:name 指定 service 的名字。

(3) Connector 表示客户端和 service 之间的连接。
- port 指定服务器端要创建的端口号,并在这个端口监听来自客户端的请求。
- enableLookups 如果为 true,则可以通过调用 request.getRemoteHost() 进行 DNS 查询来得到远程客户端的实际主机名,若为 false 则不进行 DNS 查询,而是返回其 IP 地址。
- redirectPort 指定服务器正在处理 http 请求时收到了一个 SSL 传输请求后重定

向的端口号。
- acceptCount 指定当所有可以使用的处理请求的线程数都被使用时,可以放到处理队列中的请求数,超过这个数的请求将不予处理。
- connectionTimeout 指定超时的时间数(以毫秒为单位)。

(4) Engine 表示指定 service 中的请求处理机,接收和处理来自 Connector 的请求。defaultHost 指定默认的处理请求的主机名,它至少与其中的一个 host 元素的 name 属性值是一样的。

(5) Context 表示一个 Web 应用程序。
- docBase 表示应用程序的路径或是 WAR 文件存放的路径。
- path 表示此 Web 应用程序的 url 的前缀,这样请求的 url 为 http://localhost:8080/path/****。
- reloadable 这个属性非常重要,如果为 true,则 Tomcat 会自动检测应用程序的 /WEB-INF/lib 和 /WEB-INF/classes 目录的变化,自动装载新的应用程序,我们可以在不重起 Tomcat 的情况下改变应用程序。

(6) host 表示一个虚拟主机。
- name 指定主机名。
- appBase 应用程序基本目录,即存放应用程序的目录。
- unpackWARs 如果为 true,则 Tomcat 会自动将 WAR 文件解压,否则不解压,直接从 WAR 文件中运行应用程序。

A.2.6 web.xml 配置简介

1. 默认(欢迎)文件的设置

在 tomcat5\conf\web.xml 中,<welcome-file-list>元素用于设置 Web 目录的默认网页文档列表。

```xml
<welcome-file-list>
    <welcome-file>index.html</welcome-file>
    <welcome-file>index.htm</welcome-file>
    <welcome-file>index.jsp</welcome-file>
</welcome-file-list>
```

2. 报错文件的设置

```xml
<error-page>
   <error-code>404</error-code>
   <location>/notFileFound.jsp</location>
</error-page>
<error-page>
   <exception-type>java.lang.NullPointerException</exception-type>
   <location>/null.jsp</location>
</error-page>
```

附录A JSP程序的运行环境　343

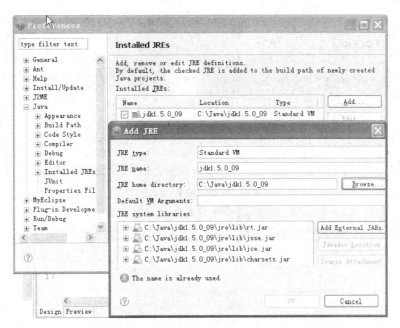

图 A.11　Add JRE 对话框(二)

图 A.12　配置 Application Servers

(3) 单击 Tomcat 5 选项下的 Launch 项,如图 A.14 所示,配置 Launch 为 Run mode。

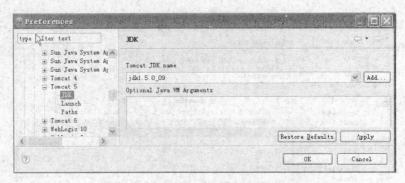

图 A.13 配置 JDK

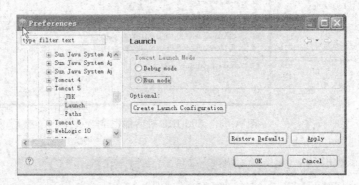

图 A.14 配置 Launch 为 Run mode

（4）创建编辑 Web 工程，启动服务器并发布。

附录 B 表 单

表单在 HTML 和 JSP 中经常用到。当用户填写完信息后，通过浏览器将表单所包含的数据提交给服务器进行处理，服务器再将相关信息反馈给客户端，从而使网页具有交互性。

B.1 表单标签

表单标签格式为<form></form>，用来定义表单。<form></form>中包含很多控件来实现表单交互功能，另外，表单标签还要很多属性来协助完成交互功能。表单标签的主要属性如表 B.1 所示。

表 B.1 表单标签的主要属性

属性名称	功　能
name	表单的名字
method	method 属性其作用就是定义表单数据用什么方法传送给服务器，其值可以取 get 或 post
action	设置处理当前表单的程序
target	设置显示表单内容的窗口
onsubmit	设置被发送事件

B.1.1 method 属性

method 属性指定了发送表单的方法，可以是 Post 或者 Get。Post 方法是将 form 的输入信息进行包装，而不用附加在 action 属性的 url 之后，其传送的信息数据量基本上没有限制，而且在浏览器的地址栏中不会显示表单域的值。Get 方法是将 form 的输入信息作为字符串附加到 action 属性的 url 之后，中间用"?"隔开，每个表单域之间用"&"隔开，然后把整个字符串传送到服务器端。由于系统环境变量的长度限制了字符串的长度，使得 Get 方法所得到的信息不能很多，一般在 4000 个字符左右，而且不能含有非 ASCII 字符，并且在浏览器的地址栏中将以明文形式显示表单中各个表单域的值。

B.1.2 target 属性

target 属性简单来说就是设置表单提交后以什么方式打开之后的页面,其值可以取 _blank、_parent、_self、_top。其中 _blank 是将反馈信息在新的窗口中显示,_parent 将反馈信息在父级窗口中显示,_self 是将反馈信息在当前窗口中显示,_top 是将反馈信息在顶级浏览器窗口中显示,该属性在表单中并不常用。

B.2 控 件

控件就是表单标记中的实体内容。
其语法为:

```
<form action="aa.jsp" method="post" name="testForm">
    <!--具有输入性质的控件和按钮类控件的基本语法 -->
    <input type="控件类型" name="控件名">
    <!--具有列表性质的控件的基本语法 -->
    <select name/id="列表名">
        <option value="处理层收到的数据">"显示在 Web 页的内容"
    </select>
</form>
```

常用的控件如表 B.2 所示。

表 B.2 常用的控件

type 取值	对应的含义
text	文本框
password	密码框,输入后为不可见状态以 * 显示
radio	单选按钮
button	普通按钮
checkbox	复选框
submit	提交按钮
reset	重置按钮
hidden	隐藏域,并不在浏览器上显示,但其数据会被提交到处理层
file	文件域

B.2.1 text 控件

text 控件是表单中使用比较频繁的控件。其 Web 显示方式为:单行的可输入文本的输入框。

text 基本语法:

`<input type="text" name="控件名">`

其他的属性如表 B.3 所示。

表 B.3 text 控件的属性

属性名	含义
name	该控件的名字,用于和其他控件相区分
size	该控件在 Web 中显示时的长度
maxlength	允许输入的最大字符数
value	输入框中默认显示值

B.2.2 password 控件

password 控件的实例就是我们登录网站时或注册账号时见到的密码输入框。其特点就是输入信息后自动以"*"或其他符号显示,而不明确显示输入的内容。

语法为:

`<input type="password" name="控件名">`

B.2.3 复选框

复选框可以让用户选择多个选项。

基本语法:

`<input type="checkbox" name="名称" value="被提交的值" checked>`

其中,checked 参数的含义为:默认选择该项,为非必需的参数。

B.2.4 单选按钮

顾名思义就是在多个选项中只允许选择其中的一项。其功能与 checkbox 的多项复选不同。

基本语法:

`<input type="radio" name="名称" value="被提交的值" checked>`

其中,checked 与控件 checkbox 中的功能一样。

B.2.5 提交按钮 submit 和重置按钮 reset

submit 控件,实际上就是常见的提交按钮。用来将用户输入信息提交到服务器。

submit 的基本语法：

`<input type="submit" name="名称" value="显示在 Web 按钮上的文字">`

reset 控件，实际上就是常见的重置按钮，所起作用就是初始化当前表单中控件的状态，使其还原成表单的默认状态。

reset 的基本语法：

`<input type="reset" name="名称" value="显示在 Web 按钮上的文字">`

B.2.6 普通按钮 button

在表单中，除了上面介绍的提交按钮和重置按钮，还有一类普通按钮，其使用比较灵活。其功能由事件 onclick（单击事件）的值决定。onclick 的值可以是脚本中的方法，也可以是系统默认的函数，如 window.open()、window.close() 等。

其语法为：

`<input type="button" name="名称" value="显示在 Web 按钮上的文字" onclick="要执行的函数">`

B.2.7 列表项 select

列表项就是在一个特殊的小窗口中显示制定的选项，它可以复选。

其语法为：

```
<select name="名称" size="显示的列表选项数量" multiple>
    <option value="选项值" select>页面中显示的内容
    <option value="选项值">页面中显示的内容
</select>
```

其中，multiple 表明该列表项可以多选。select 表示默认选择的项。

B.2.8 file 文件域

常用在文件提交的时候选择提交的路径。

其语法为：

`<input type="file" name="名称">`

B.2.9 hidden 隐藏域

隐藏域顾名思义就是不需要显示的，其作用为向处理层提交一些不需要在客户页面上显示的数据。

其语法为：

```
<input type="hidden" name="名称" value="值">
```

B.2.10 文本域 textarea

文本域为多行文本输入控件。用户可以在文本域中输入文本。在文本域中,可输入的字符字数不受限制。

其语法为:

```
<textarea name="名称" rows="行数" cols="列数"></textarea>
```

B.3 常用的表单事件

常用的表单事件如表 B.4 所示。

表 B.4 常用的表单事件

属性	当以下情况发生时,出现此事件	属性	当以下情况发生时,出现此事件
onblur	元素失去焦点	onmouseover	鼠标被移到某元素之上
onchange	用户改变域的内容	onmouseup	某个鼠标键被松开
onclick	鼠标单击某个对象	onreset	重置按钮被单击
onfocus	元素获得焦点	onselect	文本被选定
onmousedown	某个鼠标键被按下	onsubmit	提交按钮被单击
onmousemove	鼠标被移动	onunload	用户退出页面
onmouseout	鼠标从某元素移开		

B.4 表单实例

register.html:

```
<html>
    <head>
        <title>表单与 JS 组成的注册实例</title>
        <meta http-equiv="keywords" content="keyword1,keyword2,keyword3">
        <meta http-equiv="content-type" content="text/html; charset=UTF-8">
        <!--该实例中仅仅使用了 JavaScript 中的常用事件与方法,目的是让读者能对
        JavaScript 如何操作表单中的数据与验证表单数据的合法性有个初步的了解。-->
<script type="text/javascript">
//用户名验证规则
function checkName(){
var s1=null;
```

```javascript
var name1=document.register.uname.value;        //获取表单中的值
if (name1=="") {
s1="用户名不能为空!";
document.getElementById("msg1").innerHTML=s1;
//通过getElementById("msg1")找到表单中id位msg1的元素,
//再将s1通过内置innerHTML属性将s1写入
register.uname.select();                        //select()选中指定的表单元素
return false;
}
if(!(name1.charAt(0)>='A' && name1.charAt(0)<='z')){
s1="用户名首字母不是英文!";
document.getElementById("msg1").innerHTML=s1;
register.uname.select();
return false;
}
if (name1.length <4 ‖ name1.length >18) {
s1="用户名输入的长度4-18个字符!";
document.getElementById("msg1").innerHTML=s1;
register.uname.select();
return false;
}
var charname1=name1.toLowerCase();
//name1.toLowerCase()作用为将对象name1获取的字符串转化为小写
for (var i=0; i<name1.length; i++) {
var charname=charname1.charAt(i);
if (!(charname >=0 && charname <=9) && (!(charname >='a' && charname <='z')) && (charname !='_')) {
s1="用户名包含非法字母,只能包含字母,数字和下划线";
document.getElementById("msg1").innerHTML=s1;
register.uname.select();
return false;
}
}
document.getElementById("msg1").style.display ="none";
return true;
}

//密码验证规则
function checkPassword(){
var s2=null;
var password=document.register.psw1.value;
if (password=="") {
s2="密码不能为空!";
document.getElementById("msg2").innerHTML=s2;
```

```
register.psw1.select();
return false;
}
var charpsw = password.toLowerCase();     //将获取的 password 转化为小写
for (var i = 0; i < charpsw.length; i++) {
var charpsw1 = password.charAt(i);
if (!(charpsw1 >= 0 && charpsw1 <= 9) && (!(charpsw1 >= 'a' && charpsw1 <= 'z')) &&
(charpsw1 != '_')) {
s2 = "密码包含非法字母,只能包含字母,数字和下划线";
document.getElementById("msg2").innerHTML = s2;
register.password.select();
return false;
}
}
if (password.length < 6 || password.length > 18) {
s2 = "密码长度 6-18 位";
document.getElementById("msg2").innerHTML = s2;
register.psw1.select();
return false;
}
document.getElementById("msg2").style.display = "none";
return true;
}

//密码确认的验证规则
function checkRepassword(){
var password = document.register.psw1.value;
var repass = document.register.psw2.value;
if (password != repass) {
document.getElementById("msg3").innerHTML = "输入密码和确认密码不一致";
register.psw1.select();
return false;
}
document.getElementById("msg3").style.display = "none";
return true;
}
/*
//电子邮件验证规则,没有使用正则表达式
function checkEmail(){
var email = document.register.email.value;
var sw = email.indexOf("@ ", 0);
var sw1 = email.indexOf(".", 0);
var s3;
if (email.length == 0) {
```

```
s3="电子邮件不能为空";
document.getElementById("msg4").innerHTML=s3;
register.email.select();
return false;
}
if (email.indexOf("@ ", 0) ==-1) {
s3="电子邮件格式不正确,必须包含@ 符号!";
document.getElementById("msg4").innerHTML=s3;
register.email.select();
return false;
}
if (email.indexOf(".", 0) ==-1) {
s3="电子邮件格式不正确,必须包含.符号!";
document.getElementById("msg4").innerHTML=s3;
register.email.select();
return false;
}
else {
return true;
}
document.getElementById("msg4").style.display ="none";
return true;
}
*/
//使用正则表达式,规定E-mail的格式
function checkEmail(){
    var strEmail=document.register.email.value;
    var myReg =/^[-a-z0-9\._]+@ ([-a-z0-9\-]+\.)+[a-z0-9]{2,3}$/i;
    if(!myReg.test(strEmail)){
        document.getElementById("msg4").innerHTML="电子格式不正确!请认真检查!";
        //register.email.select();
        return false;
    }
    document.getElementById("msg4").style.display ="none";
    return true;
    }
//显示提交的数据
function output1()
{
    if (checkName() && checkPassword() && checkRepassword() && checkEmail()){
    var s="";
    s=s+"用户名:"+register.uname.value;
    for(var i=0;i<register.sex.length;i++)        //获取单选按钮的值
    {
```

```javascript
            if(register.sex[i].checked)
             {
                 s=s+"</br>Sex:"+register.sex[i].value
             }
         }
         var list=register.s1;
         for(var i=0;i<list.options.length;i++)
         {
             if(list.options[i].selected)
                 s=s+"<br>证件类型:"+list.options[i].text;    //下拉选框数组
         }
//下拉选框数组,下面为获取复选框的值
     s=s+"<br>证件号码:"+register.psc.value+"<br>"+
     "出生日期:"+register.date.value;
     s=s+"<br>爱好:";
     if(register.interestsa1.checked)
     s=s+"  "+"上网";
     if(register.interestsa2.checked)
     s=s+"  " +"游戏";
     if(register.interestsa3.checked)
     s=s+"  "+"交友";
     if(register.interestsa4.checked)
     s=s+"  "+"购物"
     if(register.interestsa5.checked)
     s=s+"  "+"星座";
     if(register.interestsa6.checked)
     s=s+"  " +"摄影";
     if(register.interestsa7.checked)
     s=s+"  "+"旅游";
     if(register.interestsa8.checked)
     s=s+"  "+"电影"
     s=s+"<br>其他:"+register.other.value;
     //alert(s);        //使用警告窗口提示
     document.write(s);       //在新的页面中显示
     }
     if (!checkName()‖!checkPassword()‖!checkRepassword()‖!checkEmail()){
         alert("数据非法!请检查并更正后再提交. (*^__^*)……");
     }
}
//检查表单是否全部通过验证
function check(){
if (checkName() && checkPassword() && checkRepassword() && checkEmail())
{
alert("注册成功!");
```

```
            return true;
        }
        else {
            return false;
        }
    }
    </script>

    </head>
    <body>
        <h2 style="color: red">
            注册页面
        </h2>
        <hr width="70%" align="left">
        <form action="" onsubmit="return check()" name="register">
            【带<font color="#FF0000"><font
            color="#FF0000">*</font></font>号的为必填字段】
            <table border="0" align="left" valign="top">
                <tr>
                    <td bgColor="#c0c0c0">
                        <font color="red">*</font>用户名:
                    </td>
                    <td width="600">
                        <input type="text" name="uname" size="20" maxlength=
                        "20" onblur="checkName();">
                        用户名的长度为 4~18 位,只能是字母、下划线、数字和减号,并且以字
                        母开头
                        <div id="msg1" style="color:red"></div>
                    </td>
                </tr>
                <tr>
                    <td bgColor="#c0c0c0">
                        <font color="red">*</font>密码:
                    </td>
                    <td>
                        <input type="password" id="psw1" id="psw1" size="20"
                        maxlength="20" onblur="checkPassword()">
                        密码的长度为 6~18 位,只能是字母、下划线、数字和减号
                        <div id="msg2" style="color:red"></div>
                    </td>
                </tr>
                <tr>
                    <td bgColor="#c0c0c0">
                        <font color="red">*</font>密码确认:
```

```html
        </td>
        <td>
            <input type="password" id="psw2" size="20" maxlength=
            "20" onblur="checkRepassword()">
            输入和上面一致的密码
            <div id="msg3" style="color:red"></div>
        </td>
    </tr>
    <tr>
        <td bgColor="#c0c0c0">
            <font color="red">*</font>E-mail
        </td>
        <td>
            <input type="text" id="email" size="20" maxlength="20"
            onblur="checkEmail()">
            <div id="msg4" style="color:red"></div>
        </td>
    </tr>
    <tr>
        <td bgColor="#c0c0c0">
            证件类型：
        </td>
        <td>
            <select id="s1">
                <option value="身份证" selected="selected">身份证
                <option value="护照">护照
                <option value="学生证">学生证
            </select>
        </td>
    </tr>
    <tr>
        <td bgColor="#c0c0c0">证件号码:</td>
        <td>
            <input type="text" name="psc" size="30"></td>
    </tr>
    <tr>
        <td bgColor="#c0c0c0">出生日期:</td>
        <td>
            <input type="text" name="date"></td>
    </tr>
    <tr>
        <td bgColor="#c0c0c0">性别:</td>
        <td>
            <input type="radio" name="sex" value="男" checked>男
```

```html
            < input type="radio" name="sex" value="女" >女
        </td>
    </tr>
    <tr>
        <td bgColor="#c0c0c0" align="left">
            爱     好:
        </td>
        <td>
            < input name="interestsa1"  type="checkbox" value=
            "上网" />上网
            < input name="interestsa2"  type="checkbox" value=
            "游戏" />游戏
            < input name="interestsa3"  type="checkbox" value=
            "交友" />交友
            < input name="interestsa4"  type="checkbox" value=
            "购物" />购物
            </br>
            < input name="interestsa5"  type="checkbox" value=
            "星座" />星座
            < input name="interestsa6"  type="checkbox" value=
            "摄影" />摄影
            < input name="interestsa7"  type="checkbox" value=
            "旅游" />旅游
            < input name="interestsa8"  type="checkbox" value=
            "电影" />电影
    <tr>
        <td bgColor="#c0c0c0" colspan="2"></td>
    </tr>
    <tr>
        <td colspan="2" bgColor="#c0c0c0">
            其他
            </br>
            <textarea cols="82" rows="5" name="other">北京北大方正软
            件技术学院.</textarea>
        </td>
    </tr>
    <tr>
        <td colspan="2">
            <input type="submit" name="submit" value="Register">
              
            <input type="reset" name="reset" value="Reset">
              
            <input type="button" name="show" value="Show" onclick=
            "output1()">
```

```
        </td>
</tr></table></form></body></html>
```

效果如图 B.1 所示。

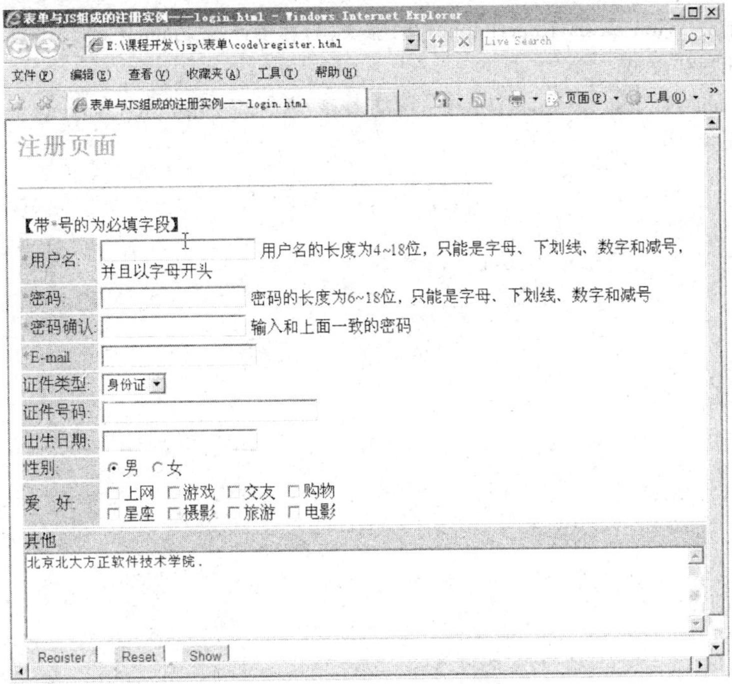

图 B.1 表单与 JS 组成的注册页面

参考文献

[1] Vivek Chopra,Jon Eaves,Rupert Jones 著. 张文静,林琪译. Beginning JavaServer Pages. 北京：人民邮电出版社,2006
[2] Bryan Basham,Kathy Sierra,Bert Bates 著. 苏钰函,林剑译. Head First Servlets & JSP. 北京：中国电力出版社,2006